安徽省高等学校“十二五”规划教材
安徽省高等学校电子教育学会推荐用书

高等学校规划教材·应用型本科电子信息系列

总主编　吴先良

数字电子技术基础

主　编　王艳春
副主编　鲁世斌　颜　红　倪　琳
编　委（按姓氏笔画排序）
王姝敏　王艳春　孙长伟
罗少轩　倪　琳　鲁世斌
颜　红

北京师范大学出版集团
BEIJING NORMAL UNIVERSITY PUBLISHING GROUP
安徽大学出版社

图书在版编目(CIP)数据

数字电子技术基础/王艳春主编. —合肥:安徽大学出版社,2018. 5
(2024. 1 重印)

高等学校规划教材. 应用型本科电子信息系列/吴先良总主编

ISBN 978-7-5664-1420-5

Ⅰ. ①数… Ⅱ. ①王… Ⅲ. ①数字电路-电子技术-高等学校-教材
Ⅳ. ①TN79

中国版本图书馆 CIP 数据核字(2017)第 149169 号

数字电子技术基础 **王艳春** 主编

出版发行: 北京师范大学出版集团
安 徽 大 学 出 版 社
(安徽省合肥市肥西路 3 号 邮编 230039)
www. bnupg. com
www. ahupress. com. cn

印　　刷: 安徽利民印务有限公司
经　　销: 全国新华书店
开　　本: 787 mm×1092 mm 1/16
印　　张: 14. 5
字　　数: 352 千字
版　　次: 2018 年 5 月第 1 版
印　　次: 2024 年 1 月第 4 次印刷
定　　价: 39. 00 元
ISBN 978-7-5664-1420-5

策划编辑: 刘中飞 张明举
责任编辑: 张明举
责任印制: 赵明炎

装帧设计: 李 军
美术编辑: 李 军

编委会名单

编写说明

Introduction

当前我国高等教育正处于全面深化综合改革的关键时期,《国家中长期教育改革和发展规划纲要(2010—2020年)》的颁发再一次激发了我国高等教育改革与发展的热情。地方本科院校转型发展,培养创新型人才,为我国本世纪中叶以前完成优良人力资源积累并实现跨越式发展,是国家对高等教育做出的战略调整。教育部有关文件和国家职业教育工作会议等明确提出地方应用型本科高校要培养产业转型升级和公共服务发展需要的一线高层次技术技能人才。

电子信息产业作为一种技术含量高、附加值高、污染少的新兴产业,正成为很多地方经济发展的主要引擎。安徽省战略性新兴产业"十二五"发展规划明确将电子信息产业列为八大支柱产业之首。围绕主导产业发展需要,建立紧密对接产业链的专业体系,提高电子信息类专业高复合型、创新型技术人才的培养质量,已成为地方本科院校的重要任务。

在分析产业一线需要的技术技能型人才特点以及其知识、能力、素质结构的基础上,为适应新的人才培养目标,编写一套应用型电子信息类系列教材以改革课堂教学内容具有深远的意义。

自2013年起,依托安徽省高等学校电子教育学会,安徽大学出版社邀请了省内十多所应用型本科院校二十多位学术技术能力强、教学经验丰富的电子信息类专家、教授参与该系列教材的编写工作,成立了编写委员会,定期开展系列教材的编写研讨会,论证教材内容和框架,建立主编负责制,以确保系列教材的编写质量。

该系列教材有别于学术型本科和高职高专院校的教材,在保障学科知识体系完整的同时,强调理论知识的"适用、够用",更加注重能力培养,通过大量的实践案例,实现能力训练贯穿教学全过程。

该教材从策划之初就一直得到安徽省十多所应用型本科院校的大力支持和重视。每所院校都派出专家、教授参与系列教材的编写研讨会,并共享其应用型学科平台的相关资源,为教材编写提供了第一手素材。该系列教材的显著特点有:

1. 教材的使用对象定位准确

明确教材的使用对象为应用型本科院校电子信息类专业在校学生和一线产业技术人员，所以教材的框架设计主次分明，内容详略得当，文字通俗易懂，语言自然流畅，案例丰富多彩，便于组织教学。

2. 教材的体系结构搭建合理

一是系列教材的体系结构科学。本系列教材共有14本，包括专业基础课和专业课，层次分明，结构合理，避免前后内容的重复。二是单本教材的内容结构合理。教材内容按照先易后难、循序渐进的原则，根据课程的内在联系，使教材各部分之间前后呼应，配合紧密，同时注重质量，突出特色，强调实用性，贯彻科学的思维方法，以利于培养学生的实践和创新能力。

3. 学生的实践能力训练充分

该系列教材通过简化理论描述、配套实训教材和每个章节的案例实景教学，做到基本知识到位而不深难，基本技能训练贯穿教学始终，遵循"理论一实践一理论"的原则，实现了"即学即用，用后反思，思后再学"的教学和学习过程。

4. 教材的载体丰富多彩

随着信息技术的飞速发展，静态的文字教材将不再像过去那样在课堂中扮演不可替代的角色，取而代之的是符合现代学生特点的"富媒体教学"。本系列教材融入了音像、动画、网络和多媒体等不同教学载体，以立体呈现教学内容，提升教学效果。

本系列教材涉及内容全面系统，知识呈现丰富多样，能力训练贯穿全程，既可以作为电子信息类本科、专科学生的教学用书，亦可供从事相关工作的工程技术人员参考。

吴先良

2015年2月1日

《数字电子技术》课程是电子、电气、计算机等信息类专业的专业基础课，实践性很强。本教材按照高等学校电气、电子信息类电子技术基础课程教学基本要求，针对应用型本科高校人才培养定位，结合多年课程教学经验和课程建设成果而编写。本教材融合了EDA技术，运用EDA仿真软件Multisim辅助课程教学，为学生自主学习搭建平台，加强了学生工程实践能力和创新能力的培养。

本教材是安徽省高等学校"十二五"规划教材应用型本科电子信息类系列教材（项目编号:2013ghjc246)之一，是安徽省精品资源共享课程《数字电子技术》项目(项目编号:2012gxk105)建设成果，也是安徽省电子信息工程专业综合改革试点项目(项目编号:2012zy076)建设成果。

本教材主要特点是：

第一，突出针对性与实用性。为适应电子技术的发展及社会对人才培养的要求，本着"保证基础、精简内容、联系实际、利于学习"的编写原则，针对应用型本科人才培养目标，重视基础教育，强调知识的综合运用，体现应用型，在保证知识体系完整的同时，精选内容，力求反映现代电子技术的新成果、新技术和新方法。

第二，注重工程实践能力培养。EDA技术是现代电子设计的核心，Multisim是一款优秀的电子线路分析与设计的EDA仿真软件，通过对电路的仿真模拟和测试分析，可完善电路设计，提高电路设计水平。本教材融合EDA技术，针对每章重点内容，编写了一定数量的Multisim仿真实例，使理论知识阐述、典型电路分析和仿真实例并举，以引导学生自主学习，加强学生工程实践能力的培养。

第三，加强数字化教学资源建设。为最大程度地满足教师教学和学生学习的需要，开发了与教材相配套的多媒体课件、习题库、试题库、仿真实例等数字化教学资源。在习题的开发和选择上，更注重应用性和实用性，且题型多样化，以利于学生学习。

本教材共9章，由蚌埠学院王艳春担任主编，合肥师范学院鲁世斌、蚌埠学院颜红和铜陵学院倪琳担任副主编。第1章由蚌埠学院王艳春编写，第2章由蚌埠学院罗少轩编写，第 3 章和第 8 章由合肥师范学院鲁世斌编写，第 4 章由蚌埠学院孙长伟编写，第 5 章由铜陵学院倪琳编写，第 6 章由蚌埠学院王姝敏编写，第 7 章和第 9 章由蚌埠学院颜红编写。全书由王艳春审稿、统编与定稿。

限于编者水平，书中难免有不妥之处，敬请业界同仁和读者批评指正。

编　者

2017 年 6 月

目 录
Contents

逻辑代数基本概念、公式和定理

本章主要介绍数制的基本概念和转换，逻辑代数的基本概念、公式和定理，逻辑函数的公式化简法和卡诺图化简法，几种常用函数的表示方法及其相互间的转换等内容。

1.1 概述

1.1.1 数字信号与数字电路

在自然界中，绝大多数物理量都是模拟量，其信号在时间和数值上都具有连续性，如温度、压力等参数的变化，模拟信号波形如图 1-1 所示。对模拟信号进行传输、加工和处理的电子电路称为模拟电路。

数字信号在时间和数值上都是离散的信号，其波形如图 1-2 所示。如记录生产线上输出零件个数时，每次数值的增减变化都是 1 的整数倍。对数字信号进行传输、加工和处理的电子电路称为数字电路。

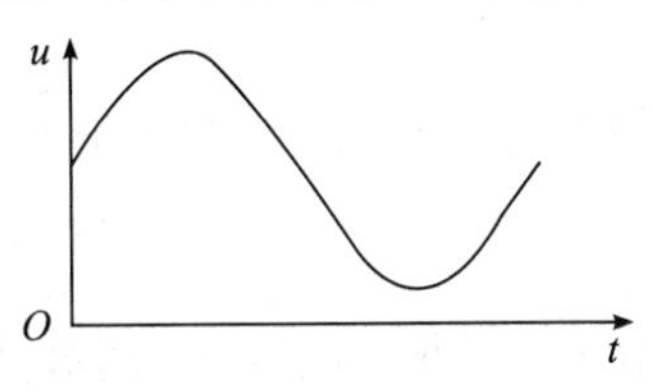

图 1-1　模拟信号波形示例

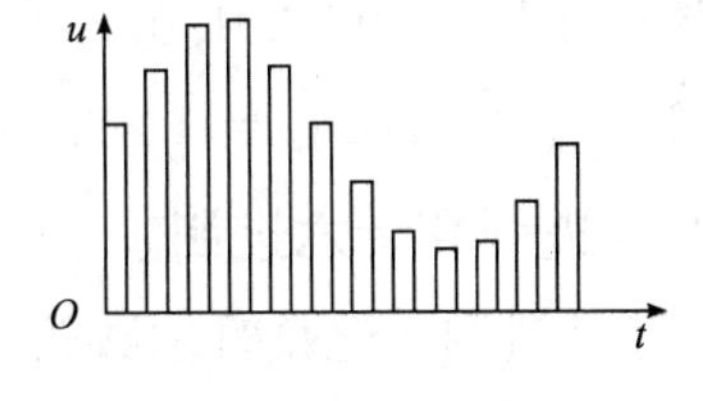

图 1-2　数字信号波形示例

1.1.2 数字电路特点

数字电路研究的主要问题是逻辑问题。逻辑问题是指输出信号状态与输入信号状态之间的逻辑关系，因此数字电路又称为逻辑电路。信号的状态一般用 1 和 0 表示。在构建数字电路时，用高、低电平来分别表示 1 和 0 两种状态。

数字电路应用广泛，如数字通信、数字仪表、数字计算机等。与模拟电路相比，数字电路具有结构简单、便于集成化、抗干扰能力强、可靠性高、精度高等优点。

1.1.3 数制与 BCD 码

在多位数码中，每位的构成方法以及从低位到高位的进位规则称为数制。在日常生活中，最常用的是十进制，而在数字电路中最常用的是二进制、十六进制和八进制。

1. 十进制

十进制是最常见的数制，它包含0、1、2、3、4、5、6、7、8、9十个数码，所以计数的基数是10。当数大于9时，需要用多位表示，低位向高位的进位规则为“逢十进一”，每一位的权为10^i，其中i为位数，例如：

$(156.32)_{10}=1\times10^2+5\times10^1+6\times10^0+3\times10^{-1}+2\times10^{-2}$

任意一个正十进制数D都可以展开为：

$$(D)_{10}=\sum k_i\,10^i \tag{1-1}$$

其中k_i为第i位的系数，为0～9中的任一数码。若D有n位整数、m位小数，则整数部分i的取值从小数点往左依次取$0\sim n-1$，小数部分从小数点往右依次取$-1\sim-m$。

2. 二进制

二进制是数字电路中应用最广泛的数制，它只包含0和1两个数码，因此计数的基数为2，低位向高位的进位规则为“逢二进一”，每一位的权为2^i，任意一个二进制数的展开形式为：

$$(D)_2=\sum k_i 2^i \tag{1-2}$$

此时k_i为0或者1，i的取值规则与十进制一样。

【例1-1】 写出$(1001.01)_2$的展开式。

解： $(1001.01)_2=1\times2^3+0\times2^2+0\times2^1+1\times2^0+0\times2^{-1}+1\times2^{-2}$

3. 八进制和十六进制

由于二进制在记数时位数较多，因此数字电路中又增加了八进制和十六进制，这两种数制和二进制互相转换比较方便，而且相比二进制记数简洁，因此在计算机中应用较多。

在八进制中，数码包含0～7八个数字，计数基数为8，进位规则为“逢八进一”，每一位的权为8^i，任意一个八进制数的展开形式为：

$$(D)_8=\sum k_i 8^i \tag{1-3}$$

【例1-2】 写出$(324.31)_8$的展开式。

解： $(324.31)_8=3\times8^2+2\times8^1+4\times8^0+3\times8^{-1}+1\times8^{-2}$

在十六进制中，共有16个数码，除了0～9十个阿拉伯数字外，数码10～15分别用A、B、C、D、E、F表示，计数基数为16，进位规则为“逢十六进一”，每一位的权为16^i，任意一个十六进制数的展开形式为：

$$(D)_{16} = \sum k_i 16^i \tag{1-4}$$

【例 1-3】 写出$(3AE.7F)_{16}$的展开式。

解： $(3AE.7F)_{16} = 3\times16^2 + A\times16^1 + E\times16^0 + 7\times16^{-1} + F\times16^{-2}$

$= 3\times16^2 + 10\times16^1 + 14\times16^0 + 7\times16^{-1} + 15\times16^{-2}$

若用 N 代替基数，就可以得到 N 进制数的展开形式

$$(D)_N = \sum k_i N^i \tag{1-5}$$

4. 常用数制之间的转换

(1)任意进制数转换为十进制数。

任意进制数转换为十进制数，只需要将展开式的结果计算出来即可。

【例 1-4】 将以下各数转换为十进制数：$(1011.11)_2$，$(53.6)_8$，$(7A.D4)_{16}$。

解： $(1011.11)_2 = 1\times2^3 + 0\times2^2 + 1\times2^1 + 1\times2^0 + 1\times2^{-1} + 1\times2^{-2}$

$= 11.75$

$(53.6)_8 = 5\times8^1 + 3\times8^0 + 6\times8^{-1} = 43.75$

$(7A.D4)_{16} = 7\times16^1 + A\times16^0 + D\times16^{-1} + 4\times16^{-2} = 122.83$

(2)十进制数转换为二进制数。

十进制数转换成二进制数常用的方法是整数部分除 2 逆取余法，小数部分乘 2 正取整法，即将十进制的整数部分除以 2，然后取余数，最后将余数按倒序排列即得到相应的二进制数，而小数部分则需乘以 2 取整数，再把整数部分按正序排列，就可得到相应的二进制数。

【例 1-5】 将$(124.48)_{10}$转换为二进制数，并保留 4 位小数。

解： 先转换整数部分

2|124 ………………… 余数为 0

2|62 ………………… 余数为 0

2|31 ………………… 余数为 1

2|15 ………………… 余数为 1

2|7 ……………… 余数为 1

2|3 ……………… 余数为 1

2|1 ………… 余数为 1

0

将余数按倒序排列后可得：$(1111100)_2$。

再转换小数部分

$0.48\times2 = 0.96$ …… 整数为 0

$0.96\times2 = 1.92$ …… 整数为 1

0.92×2=1.84 …… 整数为 1

0.84×2=1.68 …… 整数为 1

将整数按正序排列后可得:$(0111)_2$。

则$(124.48)_{10}$转换为二进制数为$(1111100.0111)_2$。

(3)二进制数和八进制数之间的转换。

二进制数转换成八进制数时,由于每 3 位二进制数对应八进制数 0~7 中 1 位,因此转换整数部分时,只需要从小数点左边开始依次将 3 位二进制数划为一组,然后各自转换为八进制数即可,若高位不足 3 位时,用 0 补齐。小数部分则从小数点右边开始每 3 位转换为 1 位八进制数,若低位不足 3 位时,用 0 补齐。

【例 1-6】 将$(1011011.11)_2$转换为八进制数。

解:

$(\underline{001}\ \ \underline{011}\ \ \underline{011}.\ \ \underline{110})_2$

$=(1\ \ 3\ \ 3.\ \ 6)_8$

八进制数转换成二进制数时,将每 1 位八进制数转换为 3 位二进制数即可。

【例 1-7】 将$(521.3)_8$转换为二进制数。

解:

$(5\ \ 2\ \ 1.\ \ 3)_8$

$=(101\ \ 010\ \ 001.\ \ 011)_2$

(4)二进制数和十六进制数之间的转换。

二进制数和十六进制数之间的转换与二进制转八进制之间的转换类似,只不过将 3 位二进制一组换成 4 位二进制一组。

【例 1-8】 将$(1011111001010.11)_2$转换为十六进制数。

解:

$(\underline{0001}\ \ \underline{0111}\ \ \underline{1100}\ \ \underline{1010}.\ \ \underline{1100})_2$

$=(1\ \ 7\ \ C\ \ A.\ \ C)_{16}$

【例 1-9】 将$(8FAE.C5)_{16}$转换为二进制数。

解:

$(8\ \ F\ \ A\ \ E.\ \ C\ \ 5)_{16}$

$=(1000\ \ 1111\ \ 1010\ \ 1110.\ \ 1100\ \ 0101)_2$

5. 常见的 BCD 码

用数字、文字、符号等表示特定对象的过程叫作编码。在数字电路中,二进制数用电路比较容易实现,因此一般用二进制数来表示数值的大小,称为二进制代码。例如,用 4 位二进制代码表示十进制的十个数字 0~9,称为二—十进制编码,也称 BCD 码。常用的 BCD 码为 8421BCD 码,如表 1-1 所示。这种代码是用 4 位二进制的位权 8、4、2、1 来命名的，按权展开后得到的结果即为对应的十进制数。

表 1-1　8421BCD 码

十进制数字	8421 BCD 码			
	B_3	B_2	B_1	B_0
0	0	0	0	0
1	0	0	0	1
2	0	0	1	0
3	0	0	1	1
4	0	1	0	0
5	0	1	0	1
6	0	1	1	0
7	0	1	1	1
8	1	0	0	0
9	1	0	0	1
位权	8	4	2	1

1.2　逻辑代数

在普通代数中学习的是数值间大小的运算，而数值间逻辑关系的运算称为逻辑代数，又称布尔代数或者开关代数。逻辑关系指的是事物间的因果关系，逻辑代数则是反映和处理逻辑关系的数学工具。

与普通代数一样，逻辑代数也用字母来表示变量，称为逻辑变量。逻辑变量的取值只有 1 和 0 两种可能，分别表示两种对立的逻辑状态，如高电平与低电平、真与假、是与非、开与关等。

逻辑代数中的很多运算定理或公式与普通代数类似，但有些也完全不同。普通代数中的基本运算为加、减、乘、除，而逻辑代数的基本运算为与、或、非三种。常用的逻辑运算为这三种基本运算的组合，如与非、或非、与或非、异或等。

1.2.1　三种基本逻辑运算

1. 与逻辑关系

与逻辑关系表示当决定一件事的所有条件都具备时，事件才发生。图 1-3 给出了与、或、非三种基本运算的电路图示例，其中图(a)为与逻辑关系电路图，开关 A、B 为串联关系，只有当开关 A、B 都闭合时，灯 Y 才会亮，即为与逻辑关系。根据电路图可以列出表 1-2 所示的功能表。经过设定变量和状态赋值后，可以将电路的功能表转换为反映开关状态与灯亮灭之间因果关系的数学表达形式——逻辑真值表，简称真值表。

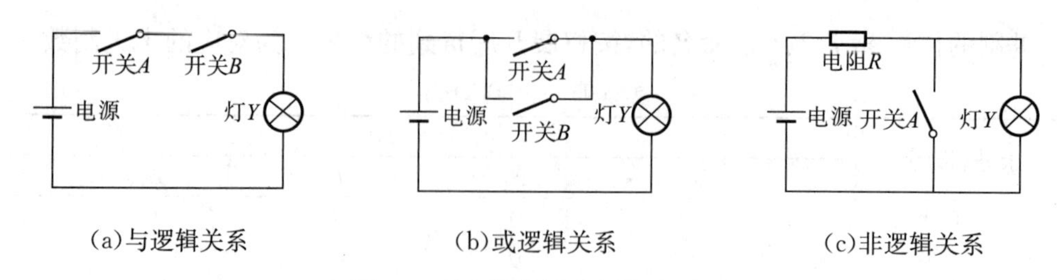

(a)与逻辑关系　　(b)或逻辑关系　　(c)非逻辑关系

图 1-3　基本逻辑关系电路图示例

用英文字母表示事物的过程称为设定变量，如设定开关 A、B 分别对应变量 A、B，灯 Y 对应变量 Y，这种变量称为逻辑变量，其取值只有 0 和 1 两种可能。

用 0 和 1 来表示事物状态的过程称为状态赋值，如规定 0 表示开关断开，1 表示开关闭合，同时规定 0 表示灯灭，1 表示灯亮，则表 1-2 所示的与逻辑电路功能表可以转换为表 1-3 所示的真值表。

表 1-2　与逻辑电路功能表

开关 A	开关 B	灯 Y
断开	断开	灭
断开	闭合	灭
闭合	断开	灭
闭合	闭合	亮

表 1-3　与逻辑真值表

A	B	Y
0	0	0
0	1	0
1	0	0
1	1	1

显然 Y 的取值随 A、B 的变化而变化，其中 A、B 称为输入逻辑变量，Y 称为输出逻辑变量。与普通代数一样，用函数表达式表示 Y 与 A、B 间的关系，称为逻辑函数，记作 $Y=F(A,B,C)$。与逻辑函数表达式为

$$Y = A \cdot B \tag{1-6}$$

读作 Y 等于 A 与 B，相应的这种运算称为逻辑与运算，简称与运算。与运算的写法、运算方法和普通算术中的乘法一样，也称作逻辑乘法运算，其中的乘号"·"可以省略。

2. 或逻辑关系

或逻辑关系表示当决定一件事的所有条件中，只要有一个或一个以上具备时，事件就会发生。如图 1-3(b)所示，开关 A、B 并联，只要有一个或两个开关闭合时，灯 Y 亮，即为或逻辑关系。根据电路图可以列出或逻辑关系的功能表，如表 1-4 所示，对应的真值表如表 1-5 所示。

表 1-4　或逻辑电路功能表

开关 A	开关 B	灯 Y
断开	断开	灭
断开	闭合	亮
闭合	断开	亮
闭合	闭合	亮

表 1-5　或逻辑真值表

A	B	Y
0	0	0
0	1	1
1	0	1
1	1	1

由真值表可知，A、B 只要有 1，Y 就为 1，只有 A、B 全为 0 的时候，Y 才为 0，

这与普通代数的加法类似，因此其逻辑函数表达式为

$$Y = A + B \tag{1-7}$$

读作 Y 等于 A 或 B，或者 Y 等于 A 加 B，因此或运算又称为逻辑加法运算。

3. 非逻辑关系

非逻辑关系表示当决定一件事的条件具备时，事件不会发生，反之当条件不具备时，事件一定发生。如图 1-3(c)所示，开关 A 与灯 Y 并联，当开关 A 闭合时，灯 Y 被短接不亮，反之断开时，灯 Y 接通电源点亮，即为非逻辑关系。根据电路图可以列出非逻辑关系的功能表，如表 1-6 所示，对应的真值表如表 1-7 所示。

表 1-6　非逻辑电路功能表

开关 A	灯 Y
断开	亮
闭合	灭

表 1-7　非逻辑真值表

A	Y
0	1
1	0

由真值表可知，A 取 0 时，Y 为 1，而 A 取 1 时，Y 为 0，其逻辑函数表达式为

$$Y = \overline{A} \tag{1-8}$$

读作 Y 等于 A 非，或者 Y 等于 A 反。变量上面的“—”表示非运算。变量上面无“—”的称为原变量，有“—”的称为反变量。

1.2.2　常用的复合逻辑运算

除基本的与、或、非运算外，还有一些常用的由基本运算构成的复合运算，如与非、或非、与或非、异或、同或等。

1. 与非运算

与非运算是与运算和非运算的组合，运算顺序为先与后非。与非运算表示当决定事件的所有条件中，只要有一个条件不具备，事件就发生，即变量有 0，则 Y 值为 1；变量全 1 时，Y 值才为 0，其逻辑表达式为

$$Y = \overline{AB} \tag{1-9}$$

2. 或非运算

或非运算是或运算和非运算的组合，运算顺序为先或后非。或非运算表示当决定事件的所有条件中，只要有一个条件具备，事件就不发生，即变量有 1，则 Y 值为 0；变量全 0 时，Y 值才为 1，其逻辑表达式为

$$Y = \overline{A + B} \tag{1-10}$$

3. 与或非运算

与或非运算是与、或、非三种基本运算的组合，运算顺序是先与后或再非，其逻辑表达式为

$$Y = \overline{AB + CD} \tag{1-11}$$

式中只要有任何一组与项取值为 1，则 Y 值为 0。

4. 异或运算

异或的逻辑关系为当决定事件的两个条件状态不同时，事件发生，即变量 A、B 取不同值时，Y 值为 1；A、B 取相同值时，Y 值为 0，其逻辑表达式为

$$Y = \overline{A}B + A\overline{B} = A \oplus B \tag{1-12}$$

其中符号“$\oplus$”表示异或运算。

5. 同或运算

同或的逻辑关系为当决定事件的两个条件状态相同时，事件发生，即变量 A、B 取相同值时，函数值为 1；A、B 取不同值时，函数值为 0，其逻辑表达式为

$$Y = \overline{A}\,\overline{B} + AB = A \odot B \tag{1-13}$$

其中符号“$\odot$”表示同或运算。同或与异或运算是互为反函数关系，即 $\overline{A \oplus B} = A \odot B$ 或 $\overline{A \odot B} = A \oplus B$。

1.2.3 基本和常用逻辑运算的逻辑符号

在数字电路中，实现逻辑运算的电路叫作门电路，在绘制电路图时，需要用到逻辑符号来表示各种门电路。表 1-8 给出了实现基本和常用逻辑运算的逻辑符号。这些给出的符号都有具体的逻辑电路器件存在，其画法不能随便臆造。

表 1-8 基本和常用逻辑运算的逻辑符号

名称	国标符号	曾用符号	美国符号
与门	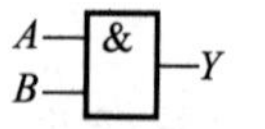 A, B — & — Y	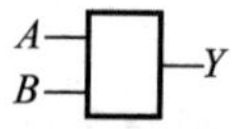 A, B — Y	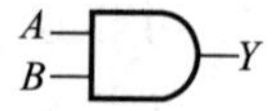 A, B — Y
或门	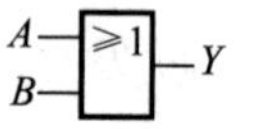 A, B — ≥1 — Y	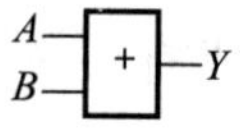 A, B — + — Y	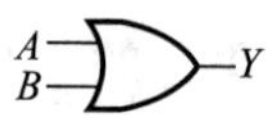 A, B — Y
非门	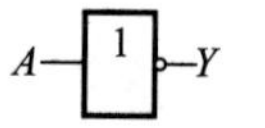 A — 1 — Y	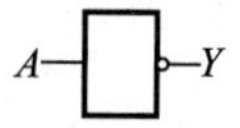 A — Y	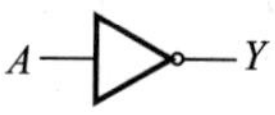 A — Y
与非门	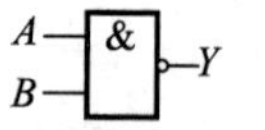 A, B — & — Y	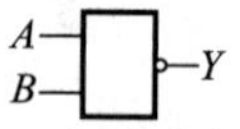 A, B — Y	 A, B — Y
或非门	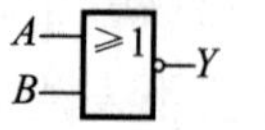 A, B — ≥1 — Y	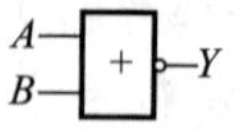 A, B — + — Y	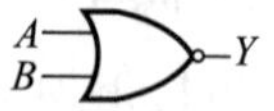 A, B — Y
与或非门	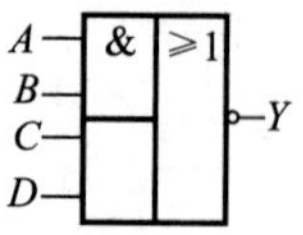 A, B, C, D — & ≥1 — Y	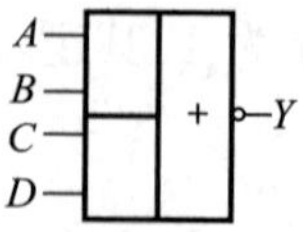 A, B, C, D — + — Y	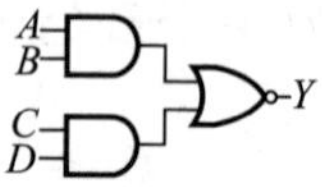 A, B, C, D — Y
异或门	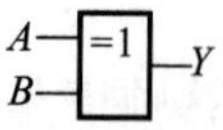 A, B — =1 — Y	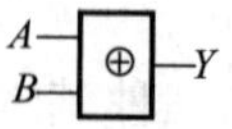 A, B — ⊕ — Y	 A, B — Y
同或门	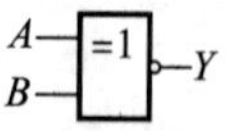 A, B — =1 — Y	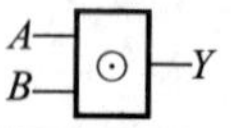 A, B — ⊙ — Y	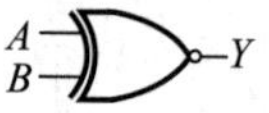 A, B — Y

1.3　逻辑代数的公式和规则

逻辑代数的很多公式和定理与普通代数相似，但也有些完全不同，使用时切勿混淆。

1.3.1　逻辑代数的基本公式

表1-9列举了常用的基本公式。

表1-9　逻辑代数的基本公式

序号	公式	备注	序号	公式	备注
1	$0\cdot0=0$	常量之间的关系	15	$A\cdot B=B\cdot A$	交换律
2	$0\cdot1=0$		16	$A+B=B+A$	
3	$1\cdot1=1$		17	$(A\cdot B)\cdot C=A\cdot(B\cdot C)$	结合律
4	$1+1=1$		18	$(A+B)+C=A+(B+C)$	
5	$1+0=1$		19	$A\cdot(B+C)=A\cdot B+A\cdot C$	分配律
6	$0+0=0$		20	$A+B\cdot C=(A+B)\cdot(A+C)$	
7	$\overline{0}=1$		21	$\overline{A\cdot B}=\overline{A}+\overline{B}$	德·摩根定理
8	$\overline{1}=0$		22	$\overline{A+B}=\overline{A}\cdot\overline{B}$	
9	$A\cdot1=A$	常量与变量之间的关系	23	$A\cdot A=A$	同一律
10	$A\cdot0=0$		24	$A+A=A$	
11	$A\cdot\overline{A}=0$		25	$\overline{\overline{A}}=A$	还原律
12	$A+0=A$				
13	$A+1=1$				
14	$A+\overline{A}=1$				

其中公式21与22是著名的德·摩根(De. Morgan)定理，也称反演律或反演定理。此定理实现了与和或的互相转换，也能用于将长非号化为短非号，因此在逻辑函数的化简或变换中经常使用。

为书写方便，在逻辑表达式中，乘号“·”一般可省略不写，例如$A\cdot B+C\cdot D$可写成$AB+CD$。

【例1-10】 证明公式$A+BC=(A+B)(A+C)$。

解： 将变量所有的取值依次代入等式左右两边，进行验证，结果见表1-10。

表 1-10 例 1-10 的真值表

A	B	C	$A+BC$	$(A+B)(A+C)$
0	0	0	0	0
0	0	1	0	0
0	1	0	0	0
0	1	1	1	1
1	0	0	1	1
1	0	1	1	1
1	1	0	1	1
1	1	1	1	1

由表 1-10 可知，变量的所有取值都使等式的两边相等，因此公式成立。

【例 1-11】 证明摩根定理$\overline{AB}=\overline{A}+\overline{B}$。

解： 将变量所有的取值依次代入等式左右两边，进行验证，结果见表 1-11。

表 1-11 例 1-11 的真值表

A	B	$\overline{AB}$	$\overline{A}+\overline{B}$
0	0	1	1
0	1	1	1
1	0	1	1
1	1	0	0

由表 1-11 可知，变量的所有取值都使等式的两边相等，因此公式成立。

1.3.2 逻辑代数的重要规则

1. 代入规则

在任何逻辑等式中，如果将等式两边的所有同一变量用同一个函数替换，则等式仍然成立，称为代入规则。例如将 $A+BC=(A+B)(A+C)$中的 C 用 CD 替换，得到

$$A+BCD=(A+B)(A+CD)=(A+B)(A+C)(A+D)$$

等式仍然成立。

此规则可用于公式的推广，如摩根定理的推广，将$\overline{AB}=\overline{A}+\overline{B}$中的 B 用 BC 替换，则可得

$$\overline{ABC}=\overline{A}+\overline{BC}=\overline{A}+\overline{B}+\overline{C}$$

2. 反演规则

对于任意一个函数表达式 Y，如果将 Y 中所有的“与”换成“或”，“或”换成“与”，“0”换成“1”，“1”换成“0”，原变量换成反变量，反变量换成原变量，则可以得到 Y 的反函数$\overline{Y}$，此规则称为反演规则。利用此规则可以很方便地求出函数的反函数。

在运用反演规则时，需要注意以下两点：

①运算的优先顺序与普通代数类似，先括号，再与，最后或；

②长非号在运算时保持不变，长非号指包含多个变量的非号。

【例 1-12】 求出下列函数的反函数。

(1) $Y_1 = (A + B)\overline{C} + 0$；

(2) $Y_2 = A + \overline{BC + \overline{A + C}}$。

解： (1) $\overline{Y}_1 = (\overline{A}\,\overline{B} + C) \cdot 1 = \overline{A}\,\overline{B} + C$

(2) $\overline{Y}_2 = \overline{A} \cdot \overline{(\overline{B} + \overline{C}) \cdot \overline{\overline{A} \cdot \overline{C}}} = \overline{A} \cdot \overline{(\overline{B} + \overline{C}) \cdot (A + C)}$

3. 对偶规则

对于任何一个逻辑表达式 Y，如果将 Y 中所有的“与”换成“或”，“或”换成“与”，“0”换成“1”，“1”换成“0”，而变量保持不变，就得到一个新的表达式，称为 Y 的对偶式，记作 Y'。

可以证明，若两个逻辑式相等，则它们的对偶式也相等，这就是对偶规则。

例如，已知 $A \cdot (B+C) = A \cdot B + A \cdot C$，根据对偶规则有

$$A + B \cdot C = (A+B)(A+C)$$

利用对偶规则，可证明恒等式，帮助减少对公式的记忆量。

需要注意的是，使用对偶规则求一个逻辑表达式的对偶式时，同样要遵照逻辑运算优先顺序的规定。

1.3.3 逻辑代数的常用公式

根据前面的基本公式和规则，可以推导出一些常用公式，如表 1-12 所示，应用这些常用公式，可以方便化简逻辑函数。

表 1-12　逻辑代数的常用公式

序号	公式	备注
1	$AB + A\overline{B} = A(B + \overline{B}) = A$	吸收律Ⅰ
2	$A + AB = A(1 + B) = A$	吸收律Ⅱ
3	$A + \overline{A}B = (A + \overline{A})(A + B) = A + B$	吸收律Ⅲ
4	$AB + \overline{A}C + BC = AB + \overline{A}C$	冗余定理
5	$\overline{A\overline{B} + \overline{A}B} = AB + \overline{A}\,\overline{B}$ $\overline{A \oplus B} = A \odot B$	同或和异或的转换

公式 1 表明当两个乘积项相加时，若两个乘积项中分别包含了同一变量的原变量和反变量，如 B 和 $\overline{B}$，而其他因子都相同时，则两项可以合并，并消去此变量。

公式 2 表明当两个乘积项相加时，如果一个乘积项是另外一个乘积项的因子，则另外一个乘积项可消除。此式可利用代入规则进一步推广，$A + ABC = A(1$

$+BC)=A$。

公式 3 表明当两个乘积项相加时，如果其中一项的取反后作为另一项的因子，则此因子可消除。

公式 4 表明，在与或表达式中，若两个乘积项中分别包含了原变量和反变量，则除此变量之外的其余变量组成的乘积项是冗余项，可消除。

证明：

$AB+\overline{A}C+BC$

$=AB+\overline{A}C+BC(A+\overline{A})$

$=AB+\overline{A}C+ABC+\overline{A}BC$

$=AB+\overline{A}C$

推广：$AB+\overline{A}C+BCD=AB+\overline{A}C$。

公式 5 表明同或和异或互为反函数，可以用摩根定理进行证明。

证明： $\overline{A\overline{B}+\overline{A}B}=\overline{A\overline{B}}\cdot\overline{\overline{A}B}=(\overline{A}+B)\cdot(A+\overline{B})=AB+\overline{A}\,\overline{B}$

1.4 逻辑函数的化简方法

逻辑函数的表达式不是唯一的，如 $Y=AB+A\overline{B}$、$Y=A(B+\overline{B})$、$Y=A$ 表示的就是同一个函数，很明显最后一个表达式最简单。逻辑函数的表达式越简单，实现电路也就越简单，其可靠性、经济性也就越高，因此通常在设计逻辑电路时，都先要进行逻辑函数的化简。逻辑函数的化简方法通常有两种：公式化简法和卡诺图化简法。

化简后的表达式称为最简表达式，按照式中运算方式的不同，可以分成最简与或式、最简与非—与非式、最简或与式、最简或非—或非式、最简与或非式。这些最简式之间是可以互相转换的。一般情况下，在进行逻辑化简时，都先化成最简与或式，然后再根据需要转换成其他形式。

1.4.1 标准与或式与最简式

1. 标准与或式

逻辑函数的标准与或式指表达式中每一个乘积项都是最小项，即最小项之和，如三变量函数 $Y=F(A,B,C)=AB\overline{C}+A\overline{B}C+\overline{A}BC+ABC$。

(1)最小项的定义。

所谓最小项，是指包含所有变量的乘积项，其中的变量可以是原变量也可以是反变量，对于 n 个输入变量就有 2^n 个最小项。例如三个变量 A、B、C 则可构成 $\overline{A}\,\overline{B}\,\overline{C}$、$\overline{A}\,\overline{B}C$、$\overline{A}B\overline{C}$、$\overline{A}BC$、$A\overline{B}\,\overline{C}$、$A\overline{B}C$、$AB\overline{C}$、$ABC$ 8 个最小项。这 8 个最小项

与 8 种取值组合 000～111 一一对应，对应原则为反变量表示取 0，原变量表示取 1。根据上述的例子，可总结出最小项的特点和性质：

①n 个输入变量对应 2^n 个最小项；

②每个最小项包含所有 n 个输入变量，且每个变量以原变量或反变量的形式只出现一次；

③每个最小项都有一组也只有一组使其值为 1 的对应取值组合，如：$\overline{A}\overline{B}\overline{C}$ 对应的取值组合为 000；

④任意两个不同的最小项之积恒为 0；

⑤全部最小项之和恒为 1。

(2)最小项的编号。

由于最小项与取值组合一一对应，将取值转换成十进制后，可以得到最小项的编号。例如，$\overline{A}\overline{B}C$ 对应的取值组合为 001，将 001 转换成十进制即为 1，那么 $\overline{A}\overline{B}C$ 的编号记为 m_1。表 1-13 列举了三变量 A、B、C 的全部最小项及编号。

表 1-13　三变量 A、B、C 的全部最小项及编号

ABC	$\overline{A}\overline{B}\overline{C}$	$\overline{A}\overline{B}C$	$\overline{A}B\overline{C}$	$\overline{A}BC$	$A\overline{B}\overline{C}$	$A\overline{B}C$	$AB\overline{C}$	ABC
	m_0	m_1	m_2	m_3	m_4	m_5	m_6	m_7
000	1	0	0	0	0	0	0	0
001	0	1	0	0	0	0	0	0
010	0	0	1	0	0	0	0	0
011	0	0	0	1	0	0	0	0
100	0	0	0	0	1	0	0	0
101	0	0	0	0	0	1	0	0
110	0	0	0	0	0	0	1	0
111	0	0	0	0	0	0	0	1

(3)逻辑函数的标准与或式。

任何函数都可以表示为标准与或式，而逻辑函数的标准与或式是唯一的，因此，利用前面所学的公式和定理，可以将任何逻辑函数展开或变换成标准与或式。

【例 1-13】 写出函数 $Y=AB+AC+BC$ 的标准与或式。

解：

$$\begin{aligned} Y &= AB+AC+BC \\ &= AB(C+\overline{C})+AC(B+\overline{B})+BC(A+\overline{A}) \\ &= ABC+AB\overline{C}+ABC+A\overline{B}C+ABC+\overline{A}BC \\ &= \overline{A}BC+A\overline{B}C+AB\overline{C}+ABC \end{aligned}$$

可简化为：

$$Y = m_3 + m_5 + m_6 + m_7$$
$$= \sum m(3,5,6,7)$$
$$= \sum(3,5,6,7)$$

2. 最简与或式

逻辑函数的标准与或式是唯一的，但不一定是最简的。最简与或式要求为：乘积项的个数最少、并且每个乘积项中相乘的变量个数也最少的与或式，例如 $Y=AB+AC$。

3. 最简与非—与非式

最简与非—与非式要求为：非号最少，并且每个非号下面相乘的变量个数也最少的与非—与非式。要注意的是，单个变量上面的非号不算，只算作反变量。

最简与非—与非式可以通过最简与或式转换得到，具体方法是：对最简与或式进行两次求反，保留上面的反号不动，用摩根定理去掉下面的反号，即可得到最简与非—与非式。

【例 1-14】 写出函数 $Y=AB+AC$ 的最简与非—与非式。

解： $Y = \overline{\overline{AB + AC}} = \overline{\overline{AB} \cdot \overline{AC}}$

4. 最简或与式

最简或与式要求为：括号的个数最少，并且每个括号中相加的变量的个数也最少的或与式。

最简或与式也可以通过最简与或式得到，具体方法是：先根据反演规则写出最简与或式的反函数，再对此反函数取反，然后利用摩根定理将反号去掉，最后化成最简或与式。

【例 1-15】 写出函数 $Y=AB+AC$ 的最简或与式。

解： 利用反演定理，写出 Y 的反函数，并整理得：

$$\overline{Y} = (\overline{A}+\overline{B}) \cdot (\overline{A}+\overline{C})$$
$$= \overline{A} + \overline{A}\,C + \overline{A}\,\overline{B} + \overline{B}\,\overline{C}$$
$$= \overline{A} + \overline{B}\,\overline{C}$$
$$Y = \overline{\overline{A} + \overline{B}\,\overline{C}}$$
$$= A \cdot \overline{\overline{B}\,\overline{C}}$$
$$= A \cdot (B + C)$$

当然，此函数直接利用公式 19 提出变量 A，也可以直接得到其最简或与式。

5. 最简或非—或非式

最简或非—或非式要求为：非号个数最少，并且非号下面相加的变量个数也最少的或非—或非式。

通过在最简或与式的基础上，两次取反，再用摩根定理去掉下面的反号，即可得到最简或非—或非式。

【例 1-16】 写出函数 $Y=AB+AC$ 的最简或非—或非式。

解：

$$
\begin{aligned}
Y &= AB+AC \\
&= A(B+C) \\
&= \overline{\overline{A(B+C)}} \\
&= \overline{\overline{A}+\overline{B+C}}
\end{aligned}
$$

6. 最简与或非式

最简与或非式要求为：非号下面相加的乘积项的个数最少，并且每个乘积项中相乘的变量个数也最少的与或非式。

先求出反函数的最简与或式，然后求反，即可得到最简与或非式。

【例 1-17】 写出函数 $Y=AB+AC$ 的最简与或非式。

解： 反函数的最简与或式为 $\overline{Y}=\overline{A}+\overline{B}\,\overline{C}$，取反得

$$Y=\overline{\overline{A}+\overline{B}\,\overline{C}}$$

从以上的介绍可以看出，五种最简形式都可以由最简与或式转换得来，因此，在公式化简法和卡诺图化简法的介绍中，都以与或式为例进行介绍。

1.4.2　逻辑函数的公式化简法

逻辑函数的公式化简法主要是利用 1.3 节介绍的公式和规则，对逻辑函数进行化简。在化简中，常用的方法有以下几种：

1. 并项法

利用公式 $AB+A\overline{B}=A$，合并乘积项，消去一个变量。

【例 1-18】 化简函数 $Y=AB+CD+A\overline{B}+\overline{C}D$。

解： 利用并项法可得

$$
\begin{aligned}
Y &= AB+CD+A\overline{B}+\overline{C}D \\
&= A(B+\overline{B})+D(C+\overline{C}) \\
&= A+D
\end{aligned}
$$

在化简时，利用代入法则可以扩大公式的应用范围。

【例 1-19】 化简函数 $Y=ABC+A\overline{BC}+B\overline{C}$。

解： 利用并项法可得

$$
\begin{aligned}
Y &= ABC+A\overline{BC}+B\overline{C} \\
&= A+B\overline{C}
\end{aligned}
$$

2. 吸收法

①利用公式 $A+AB=A$，吸收多余的乘积项；

②利用公式 $A+\overline{A}B=A+B$，吸收乘积项中的多余因子。

【例 1-20】 化简函数 $Y=\overline{AB}+\overline{A}C+\overline{B}C$。

解： 利用公式 $A+AB=A$ 化简得

$$
\begin{aligned}
Y &= \overline{AB}+\overline{A}C+\overline{B}C \\
&= \overline{A}+\overline{B}+\overline{A}C+\overline{B}C \\
&= \overline{A}+\overline{B}
\end{aligned}
$$

【例 1-21】 化简函数 $Y=\overline{AB}+AC+BD$。

解： 利用公式 $A+\overline{A}B=A+B$ 化简得

$$
\begin{aligned}
Y &= \overline{AB}+AC+BD \\
&= \overline{A}+\overline{B}+AC+BD \\
&= \overline{A}+\overline{B}+C+D
\end{aligned}
$$

3. 消去法

利用公式 $AB+\overline{A}C+BC=AB+\overline{A}C$ 和 $AB+\overline{A}C+BCD=AB+\overline{A}C$ 消去多余项。

【例 1-22】 化简函数 $Y=AB+\overline{A}CD+BCDE$。

解： 化简得 $Y=AB+\overline{A}CD$

【例 1-23】 化简函数 $Y=AB\overline{C}+\overline{A}D+CD+BD$。

解：

$$
\begin{aligned}
Y &= AB\overline{C}+\overline{A}D+CD+BD \\
&= AB\overline{C}+(\overline{A}+C)D+BD \\
&= AB\overline{C}+\overline{A\overline{C}}D+BD \\
&= AB\overline{C}+\overline{A\overline{C}}D
\end{aligned}
$$

4. 配项法

有时候为了消去更多因子，特意加上多余项。应用的公式主要有 $A+\overline{A}=1$，$A+A=A$，$AB+\overline{A}C+BC=AB+\overline{A}C$ 等。

【例 1-24】 化简函数 $Y=AB+\overline{A}C+\overline{B}C$。

解：

$$
\begin{aligned}
Y &= AB+\overline{A}C+\overline{B}C \\
&= AB+\overline{A}C+BC+\overline{B}C \\
&= AB+\overline{A}C+C \\
&= AB+C
\end{aligned}
$$

【例 1-25】 化简函数 $Y=\overline{A}BC+A\overline{B}C+AB\overline{C}+ABC$。

解：

$$
\begin{aligned}
Y &= \overline{A}BC+A\overline{B}C+AB\overline{C}+ABC \\
&= \overline{A}BC+A\overline{B}C+AB\overline{C}+ABC+ABC+ABC \\
&= BC+AC+AB
\end{aligned}
$$

在实际化简中，经常要综合应用以上的方法和各种公式、定理。

【例 1-26】 化简 $Y=AC+A\overline{C}+AB+\overline{A}D+BC+ADEG+\overline{B}EG+CEGH$。

解：

$$
\begin{aligned}
Y &= AC+A\overline{C}+AB+\overline{A}D+BC+ADEG+\overline{B}EG+CEGH \\
&= A+AB+\overline{A}D+BC+ADEG+\overline{B}EG+CEGH \qquad (AB+A\overline{B}=A) \\
&= A+\overline{A}D+BC+ADEG+\overline{B}EG+CEGH \qquad (A+AB=A) \\
&= A+D+BC+ADEG+\overline{B}EG+CEGH \qquad (A+\overline{A}B=A+B) \\
&= A+D+BC+\overline{B}EG \qquad (\text{冗余定理})
\end{aligned}
$$

1.4.3　逻辑函数的卡诺图化简法

卡诺图是将逻辑函数的最小项以方块图的形式表现出来。用卡诺图进行化简比公式法更形象直观，易于掌握，只要熟悉化简规则，便可十分迅速准确地将函数化简为最简式。

1. 卡诺图的画法

卡诺图是将逻辑函数的最小项按一定规律排列成的方格矩阵，每一个方格对应一个最小项，所以，卡诺图又叫最小项方格图，画卡诺图的步骤如下：

(1)确定变量数与方块数。

n 个变量对应 2^n 个最小项，则所画的卡诺图也有 2^n 个方块。若 n 为偶数，列变量与行变量个数一致，方块排列成正方形；若为奇数，则排列成列多于行的长方形，如图 1-4 所示。一般当变量多于六个时，画图十分麻烦，卡诺图的优点不复存在，无实用价值。

(2)将逻辑相邻的最小项按照位置上几何相邻的原则排列。

逻辑相邻是指两个最小项中只有一个变量为互反变量，其余变量均相同，如 ABC 和 $AB\overline{C}$。逻辑相邻的最小项可以合并为一项，同时消除互反变量，如 $ABC+AB\overline{C}=AB$。

几何相邻包含三种情况：

①相接——紧挨着。

②相对——一行或一列的两头。

③相重——对折起来后位置重合。

实现了几何相邻的最小项在逻辑上也相邻，就可以通过圈出几何相邻项来进行化简。

(3)将最小项对应的函数值填入方格中。

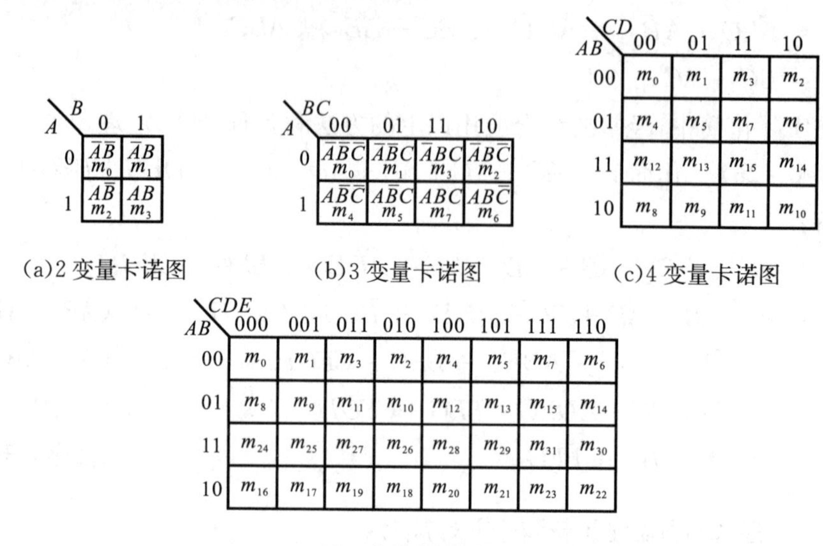

(a)2 变量卡诺图　(b)3 变量卡诺图　(c)4 变量卡诺图

(d)5 变量卡诺图

图 1-4　2～5 变量的卡诺图

2. 逻辑函数的卡诺图

在用卡诺图化简逻辑函数之前，必须先画出逻辑函数的卡诺图。由真值表和逻辑表达式都可以方便地画出卡诺图。

(1)由真值表画卡诺图。

真值表中的每组变量取值与最小项是一一对应的，因此只需要将其值对应地填入卡诺图中的小方格中，函数值为 1 的最小项对应的小方格中填 1，函数值为 0 的最小项对应的小方格中填 0 或不填。

【例 1-27】　画出表 1-14 的卡诺图。

表 1-14　例 1-27 的真值表

A	B	C	Y
0	0	0	1
0	0	1	1
0	1	0	0
0	1	1	1
1	0	0	0
1	0	1	0
1	1	0	0
1	1	1	1

解：　由真值表可知函数包含 3 个变量，因此先画出 3 变量的卡诺图，再根据真值表将函数值填入小方格中，如图 1-5 所示。

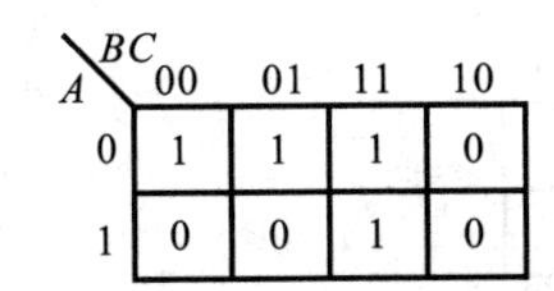

图 1-5　例 1-27 的卡诺图

(2)由逻辑表达式画卡诺图。

方法:首先由表达式确定函数包含几个输入变量,如果表达式是标准与或式,则将函数中包含的最小项的小方格填 1,未包含的最小项填 0 或不填,所得到的就是函数的卡诺图;如果表达式是一般的与或表达式,则在卡诺图中含有与或表达式中乘积项公因子的最小项的小方格填入 1,其余的小方格填入 0 或不填。

【例 1-28】　画出逻辑函数 $Y=AC+AB+BC$ 的卡诺图。

解:　函数中有 3 个输入变量,含有 AC 公因子的最小项有 ABC 和 $A\overline{B}C$,含有 AB 公因子的最小项有 ABC 和 $AB\overline{C}$,含有 BC 公因子的最小项有 ABC 和 $\overline{A}BC$,把以上最小项对应的小方格里填上 1,其余不填,如图 1-6 所示。

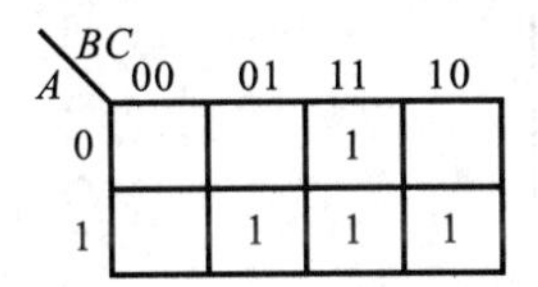

图 1-6　例 1-28 的卡诺图

3. 卡诺图中最小项合并规律

在卡诺图中,凡是几何相邻的最小项均可合并,合并后变量取值相同的保留,取值不同的被消除。在消除变量时,2 个相邻最小项合并可以消去 1 个因子,4 个相邻最小项合并可以消去 2 个因子,依此类推,2^n 个最小项合并时可以消去 n 个变量。在化简时,可将相邻项圈在一起,称为卡诺圈。图 1-7、图 1-8 和图 1-9 分别给出了 2 个、4 个和 8 个最小项相邻合并的情况。

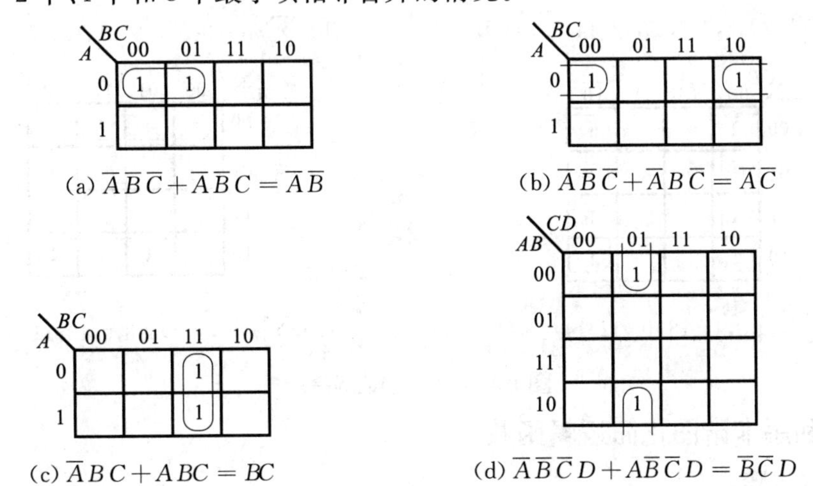

(a) $\overline{A}\,\overline{B}\,\overline{C}+\overline{A}\,\overline{B}C=\overline{A}\,\overline{B}$

(b) $\overline{A}\,\overline{B}\,\overline{C}+\overline{A}B\overline{C}=\overline{A}\,\overline{C}$

(c) $\overline{A}BC+ABC=BC$

(d) $\overline{A}\,\overline{B}\,\overline{C}D+A\overline{B}\,\overline{C}D=\overline{B}\,\overline{C}D$

图 1-7　2 个最小项的合并

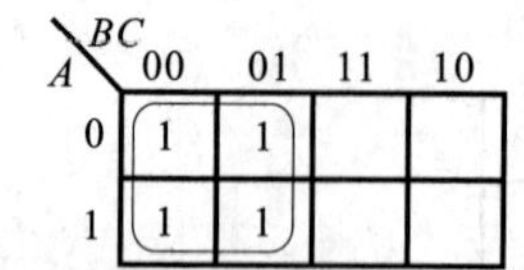

(a) $\overline{A}\overline{B}\overline{C}+\overline{A}\overline{B}C+A\overline{B}\overline{C}+A\overline{B}C=\overline{B}$　(b) $\overline{A}\overline{B}\overline{C}+\overline{A}\overline{B}C+\overline{A}B\overline{C}+\overline{A}BC=\overline{A}$

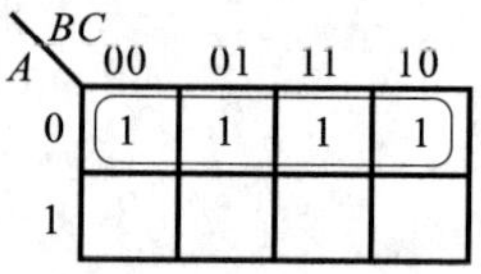

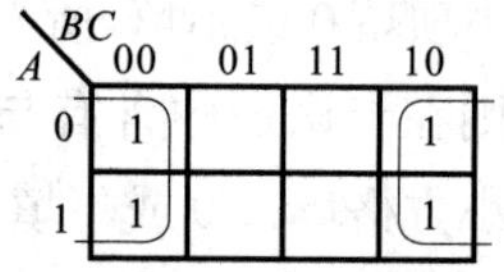

(c) $\overline{A}\overline{B}\overline{C}+\overline{A}B\overline{C}+A\overline{B}\overline{C}+AB\overline{C}=\overline{C}$　(d) $\overline{A}\overline{B}\overline{C}D+\overline{A}B\overline{C}D+AB\overline{C}D+A\overline{B}\overline{C}D=\overline{C}D$

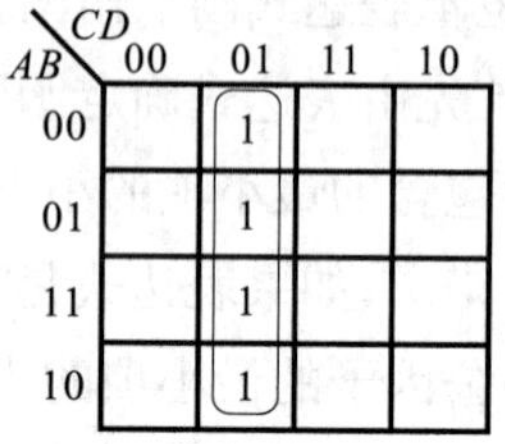

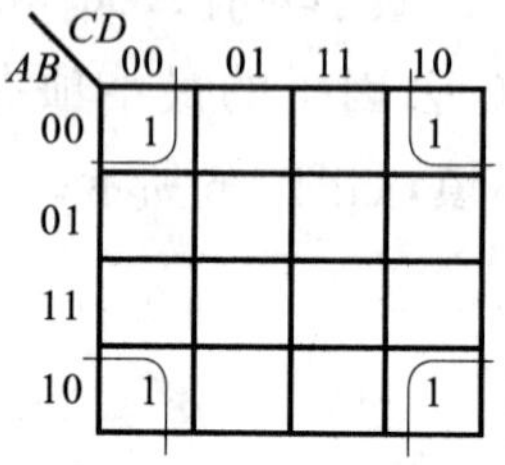

(e) $\overline{A}\overline{B}\overline{C}\overline{D}+\overline{A}\overline{B}C\overline{D}+A\overline{B}\overline{C}\overline{D}+A\overline{B}C\overline{D}=\overline{B}\overline{D}$　(f) $\overline{A}\overline{B}\overline{C}D+\overline{A}\overline{B}CD+A\overline{B}\overline{C}D+A\overline{B}CD=\overline{B}D$

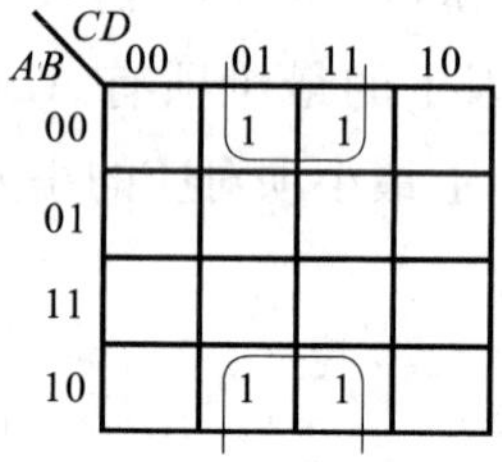

图 1-8　4 个最小项的合并

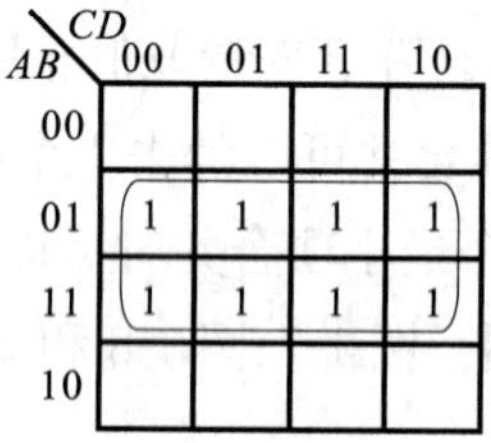

(a) $\sum m(4,5,6,7,12,13,14,15)=B$ 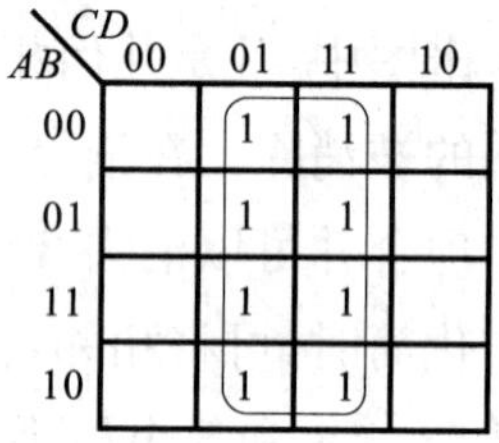　(b) $\sum m(1,3,5,7,9,11,13,15)=D$

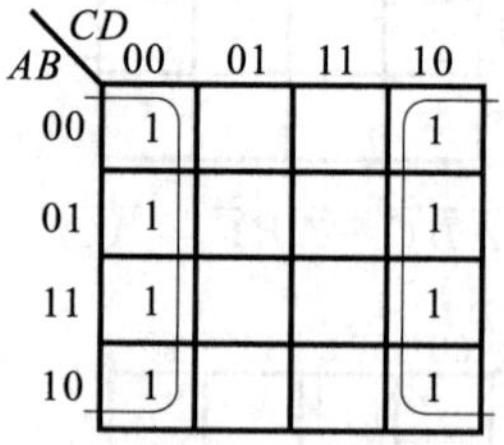

(c) $\sum m(0,2,4,6,8,10,12,14)=\overline{D}$ 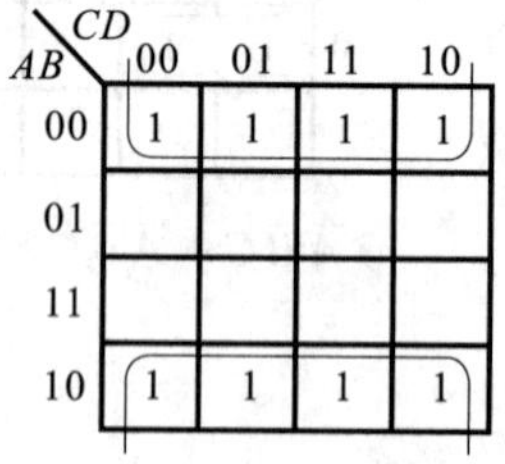　(d) $\sum m(0,1,2,3,8,9,10,11)=\overline{B}$

图 1-9　8 个最小项的合并

4. 利用卡诺图化简逻辑函数

基本步骤：

①画出逻辑函数的卡诺图。

②合并几何相邻的最小项，即将几何相邻的最小项圈在一起。画圈时应注意：先圈孤立项，再圈仅有一种合并方式的最小项；圈越大越好，圈的个数越少越好；最小项可以被重复圈，但每个圈中至少有一个新的最小项；必须把组成函数的全部最小项圈完，并做认真比较、检查。

③写出最简与或式。

另外，合并值为0的最小项，可以得到$\overline{Y}$的最简与或式。

【例1-29】 用卡诺图化简逻辑函数$Y=\overline{A}\,\overline{B}C+\overline{A}B\overline{C}+\overline{A}BC+A\overline{B}\,\overline{C}+ABC+AB\overline{C}$。

解： ①由表达式可知，输入变量为3个，画出卡诺图如图1-10

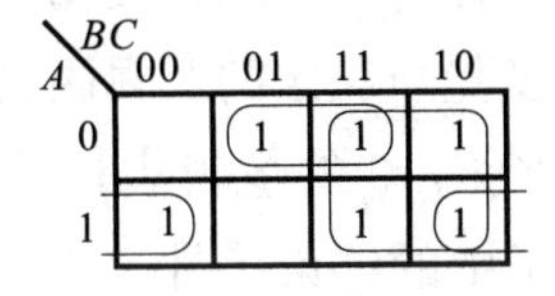

图1-10　例1-29的卡诺图

②合并最小项

$\sum m(1,3)=\overline{A}C$

$\sum m(4,6)=A\overline{C}$

$\sum m(2,3,6,7)=B$

③写出最简与或表达式

$Y=\overline{A}C+A\overline{C}+B$

1.4.4　具有约束的逻辑函数的化简

逻辑函数在实际应用时，经常会遇到这样或那样的约束条件。在化简时，如果能合理地利用这些约束条件，则可以使逻辑函数大为简化。

1. 约束、约束项和约束条件

约束是指逻辑函数中各个变量之间互相制约的关系，表现在逻辑函数的取值上即为有些取值组合不可能出现，这些组合对逻辑函数值没有影响，所以这些取值对应的最小项称为约束项或无关项。

【例1-30】 变量A、B、C同一时刻只能有一个为1，此时输出为1，三个同时为0时，输出才为0，设Y表示其输出，试分析该逻辑问题。

解： 由于在任何时候只能有一个为1，不允许有两个或两个以上变量同时为1，因此取值组合只可能是001、010、100和000中的一种，其他组合均不能出现。列出功能表如表1-15所示。

表 1-15　例 1-30 的功能表

A	B	C	Y	说明
0	0	0	0	
0	0	1	1	
0	1	0	1	
0	1	1		不能出现
1	0	0	1	
1	0	1		不能出现
1	1	0		不能出现
1	1	1		不能出现

例 1-30 中的 A、B、C 称为具有约束的逻辑变量，而 011、101、110 和 111 对应的最小项为约束项。由有约束的变量所决定的逻辑函数，称为有约束的逻辑函数。

将约束项加起来构成的恒等于 0 的逻辑表达式称为约束条件。约束条件的表示方法有很多种，如上述例子中的约束条件为

$\overline{A}BC + AB\overline{C} + A\overline{B}C + ABC = 0$

或 $m_3 + m_5 + m_6 + m_7 = 0$

或 $\sum d(3,5,6,7)$

或最简表达式 $AB + AC + BC = 0$

在真值表和卡诺图中，约束项用“×”表示，如例 1-30 的真值表可表示为表 1-16，其卡诺图如图 1-11 所示。

表 1-16　例 1-30 的真值表

A	B	C	Y
0	0	0	0
0	0	1	1
0	1	0	1
0	1	1	×
1	0	0	1
1	0	1	×
1	1	0	×
1	1	1	×

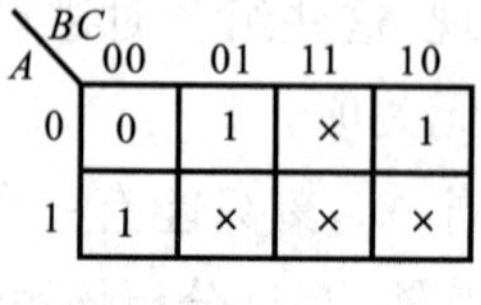

A \ BC	00	01	11	10
0	0	1	×	1
1	1	×	×	×

图 1-11　例 1-30 的卡诺图

2. 具有约束的逻辑函数化简

由于约束项是不可能出现的最小项，它们的取值对逻辑函数没有任何影响，因此约束项即可取 1 也可取 0，具体取何值，可以根据逻辑函数化简的需要而定。

(1)约束项在公式化简法中的应用。

在公式法化简中，可以根据需要加上或去掉约束项，然后再用公式法进行化简。

【例 1-31】 化简函数$\begin{cases} Y = ABC; \\ \overline{A}\,\overline{B}\,C + \overline{A}BC + A\overline{B}\,C = 0。\end{cases}$

解：

$$
\begin{aligned}
Y &= ABC + \overline{A}\,\overline{B}\,C + \overline{A}BC + A\overline{B}\,C \\
&= BC + \overline{B}C \\
&= C
\end{aligned}
$$

(2)约束项在图形法中的应用。

由于约束项即可为1也可为0，因此在画圈合并最小项时，可以根据需要包含或去掉约束项，使函数表达式更简化。

例如利用卡诺图化简例 1-31，如图 1-12 所示，同样可以得到最简式 $Y=C$。

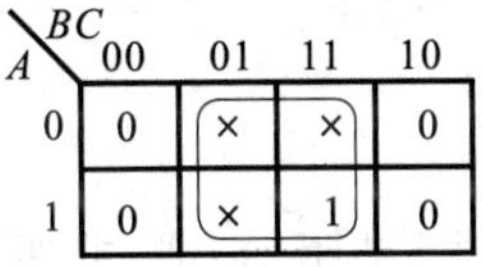

A \ BC	00	01	11	10
0	0	×	×	0
1	0	×	1	0

图 1-12　例 1-31 的卡诺图

【例 1-32】 化简函数 $Y = \sum m(0,1,2,8,9) + \sum d(10,11,12,13,14,15)$，并求其反函数。

解： ①画出 Y 的卡诺图。如图 1-13(a)所示，m_0、m_1、m_2、m_8、m_9 为等于 1 的最小项，m_{10}、m_{11}、m_{12}、m_{13}、m_{14}、m_{15} 是约束项，在小方块中用“×”标记。

②合并最小项。将 m_{10} 当“1”处理，合并之后可得 $Y = \overline{B}\overline{C} + \overline{B}\overline{D}$。对约束项同样进行化简，将 m_{12}、m_{13}、m_{14}、m_{15} 合并为 AB，将 m_{10}、m_{11}、m_{14}、m_{15} 合并为 AC，则约束项化简为 $AB+AC=0$，因此函数化简后的表达式为

$$
\begin{cases} Y = \overline{B}\,\overline{C} + \overline{B}\,\overline{D} \\ AB + AC = 0 \end{cases}
$$

③求反函数 $\overline{Y}$，即合并为 0 的项，如图 1-13(b)所示。将 m_{11}、m_{12}、m_{13}、m_{14}、m_{15} 作“0”处理，合并可得 $\overline{Y} = B + CD$。其函数表达式为

$$
\begin{cases} \overline{Y} = B + CD \\ AB + AC = 0 \end{cases}
$$

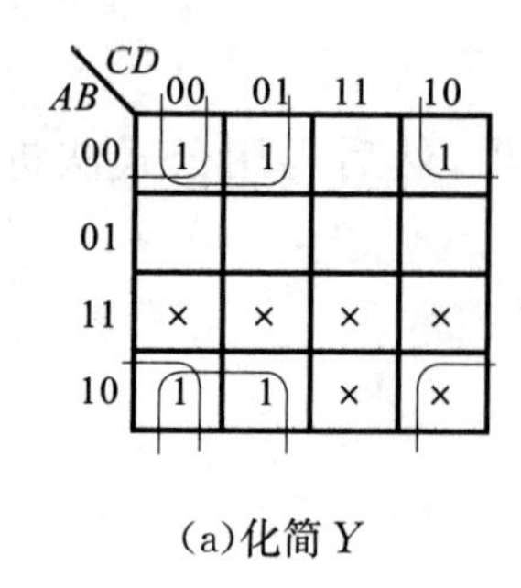

(a)化简 Y

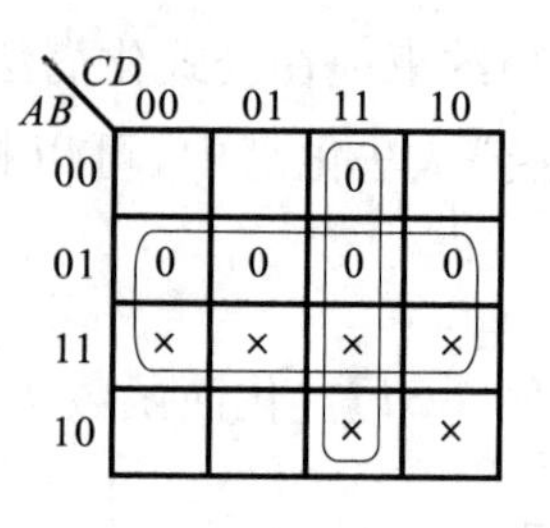

(b)化简 $\overline{Y}$

图 1-13　例 1-32 的卡诺图

1.5　逻辑函数的表示方法和转换

常用逻辑函数的表示方法有 5 种:逻辑表达式、真值表、卡诺图、逻辑图和波形图,这些表示方法之间可以互相转换。

1.5.1　逻辑函数的表示方法

1. 逻辑表达式

逻辑表达式也称逻辑函数式,是用与、或、非等运算来表示逻辑函数中各个变量之间逻辑关系的代数式,如 $Y = AB + \overline{A}C + \overline{B}\overline{C}$。

逻辑表达式的优点是书写简洁、方便,可以灵活地运用公式和定理进行运算或变换,缺点是在逻辑表达式比较复杂时,难以直接从变量的取值看出函数值,不如真值表和卡诺图直观。

2. 真值表

真值表是反映输入逻辑变量的取值组合与输出函数值之间对应关系的表格。每一个输入逻辑变量都有 0 和 1 两种取值可能,因此当输入变量有 n 个时,则取值组合有 2^n 种。

【例 1-33】 列出 $Y = AB + \overline{A}C + \overline{B}\overline{C}$ 的真值表。

解: 按 000～111 的顺序依次列出 A、B、C 三个变量的八种取值,再依次计算出各与项的取值,得到 Y 的取值,最后列出真值表如表 1-17 所示。

表 1-17　例 1-33 的真值表

A	B	C	Y
0	0	0	1
0	0	1	1
0	1	0	0
0	1	1	1

续表

A	B	C	Y
1	0	0	1
1	0	1	0
1	1	0	1
1	1	1	1

【例 1-34】 交通灯有红黄绿三种颜色，正常时只有一种颜色的灯亮，否则为故障状态，现设红黄绿三种灯分别对应变量 A、B、C，亮时为 1，灭时为 0，故障灯对应变量 Y，亮时表示有故障为 1，否则为 0，试列出 Y 及 A、B、C 的真值表。

解： 由题意可知，当 A、B、C 只有一个为 1 时，Y 为 0，其他均为 1，列出真值表如下：

表 1-18　例 1-34 的真值表

A	B	C	Y
0	0	0	1
0	0	1	0
0	1	0	0
0	1	1	1
1	0	0	0
1	0	1	1
1	1	0	1
1	1	1	1

3. 逻辑图

逻辑图是将逻辑表达式中的逻辑运算用逻辑符号表示。逻辑图中的逻辑符号与实际的门电路器件相对应，根据逻辑图可以方便地进行实际电路的设计和连接。

【例 1-35】 画出函数 $Y = AB + \overline{A}C + \overline{B}\,\overline{C}$ 的逻辑图。

解： 根据逻辑表达式可知，输入变量有 3 个，为 A、B、C，需要用到 3 个非门，3 个二输入与门和 1 个三输入或门，画出逻辑图如图 1-14 所示。

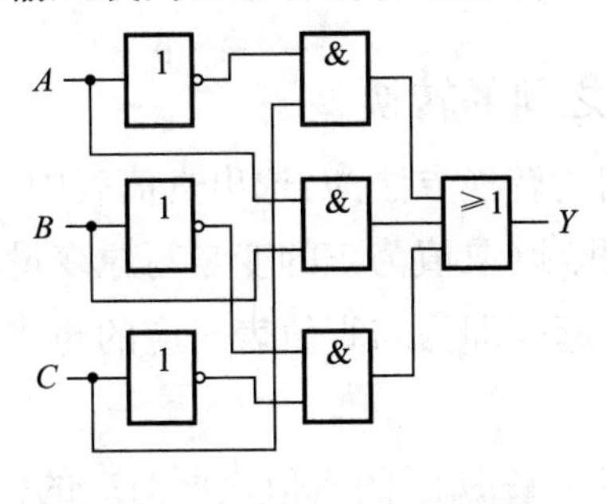

图 1-14　例 1-35 的逻辑图

4. 波形图

当给出输入变量随时间变化的波形时，根据逻辑表达式、真值表、逻辑图、卡诺图等给出的输入变量与输出变量之间的对应关系，均可得出输出变量随时间变化的波形。这种波形图直观地表达了输出和输入变量的取值随时间的变化规律，能够直观地观察数字电路的工作情况和诊断电路故障。

【例 1-36】 已知输入变量 A、B、C 的输入波形如图 1-15 所示，画出函数 $Y=AB+\overline{A}C+\overline{B}\overline{C}$ 的波形。

解： 首先将波形图分段，即在每个变量数值变化时作出上下对应的虚线，则每两根虚线间为一段，将此段中各变量的数值代入表达式中，求出 Y 值，再画出 Y 的波形图，如图 1-15 所示。也可根据真值表 1-17 查出各状态对应的值，画出 Y 的波形。

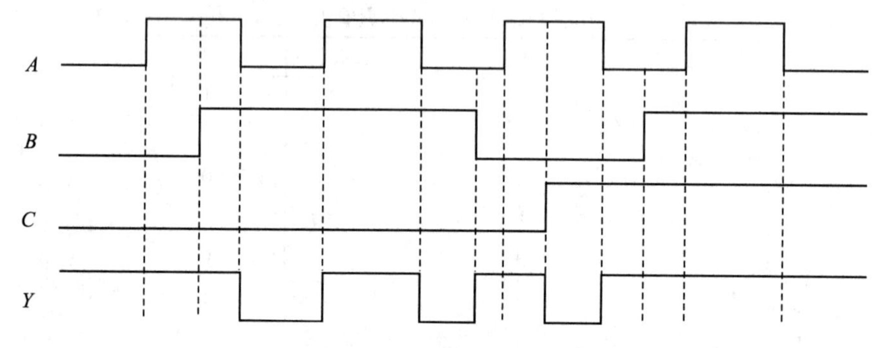

图 1-15　例 1-36 的波形图

5. 卡诺图

卡诺图与真值表一样，直接给出了输入变量的取值组合以及输出函数值，不同的是它以方块图的形式表现出来，并且输入变量的取值组合用最小项形式体现。卡诺图的优点是用几何相邻，形象直观地表示了函数各个最小项在逻辑上的相邻性，能够简便快速地求出最简与或表达式，其缺点是只适用于变量个数比较少的逻辑函数，不便于用公式和定理进行运算和变换。

1.5.2　逻辑函数几种表示方法之间的转换

1. 真值表和表达式之间的转换

真值表和表达式之间的转换方法为：选出真值表中使函数值为 1 的变量取值组合，将每个组合写成乘积项(取值为 1 的变量写原变量，取值为 0 的变量写反变量)，然后将这些乘积项加起来即为与真值表对应的与或表达式，这个与或表达式即为标准与或式。

【例 1-37】 写出如表 1-19 所示的真值表所对应的标准与或式。

表 1-19　例 1-37 的真值表

A	B	C	Y
0	0	0	1
0	0	1	1
0	1	0	0
0	1	1	0
1	0	0	1
1	0	1	0
1	1	0	0
1	1	1	1

解： ①找出使函数值为 1 的变量取值组合：000、001、100、111。

②写出与取值组合对应的乘积项：$\overline{A}\,\overline{B}\,\overline{C}$ 、$\overline{A}\,\overline{B}\,C$ 、$A\overline{B}\,\overline{C}$ 、ABC。

③将这些乘积项相加，即得到标准与或式，即

$$Y=\overline{A}\,\overline{B}\,\overline{C}+\overline{A}\,\overline{B}\,C+A\overline{B}\,\overline{C}+ABC$$

另外，根据真值表还可以写出逻辑表达式的反函数，其方法是：找出使函数值为 0 的变量组合，将与之对应的乘积项加起来即可。如例 1-37 中的 Y 的反函数为

$$\overline{Y}=\overline{A}B\,\overline{C}+\overline{A}BC+A\overline{B}\,C+AB\,\overline{C}$$

2. 逻辑表达式和逻辑图之间的转换

将逻辑表达式中的各个变量之间的逻辑运算，按照运算顺序用相应的逻辑符号表示出来，即可得到对应的逻辑电路图。在画逻辑图时，若对逻辑门有特殊要求，则应先将逻辑表达式做适当地变换。

【例 1-38】 画出逻辑表达式 $Y=\overline{\overline{A}B+A\overline{B}}$ 的逻辑图。

解： 逻辑表达式的计算顺序是先计算 $\overline{A}$ 和 $\overline{B}$，然后计算 $\overline{A}B$ 和 $A\overline{B}$，再将两个相加，最后再计算非，因此逻辑图中要用到 2 个非门、2 个与门和 1 个或非门，依次分步画出，可得逻辑图如图 1-16 所示。

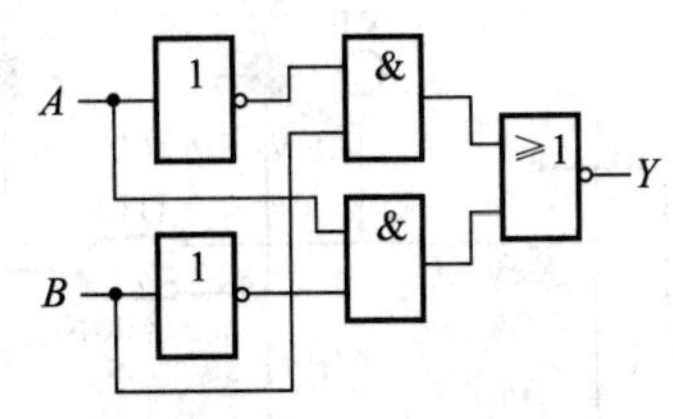

图 1-16　例 1-38 的逻辑图

3. 逻辑图和真值表之间的转换

一般步骤为：在逻辑图中，从输入到输出，依次写出各逻辑门的表达式，逐级

推导，写出逻辑函数表达式，再根据逻辑表达式计算出真值表。

【例 1-39】 逻辑图如图 1-17 所示，列出 Y 的真值表。

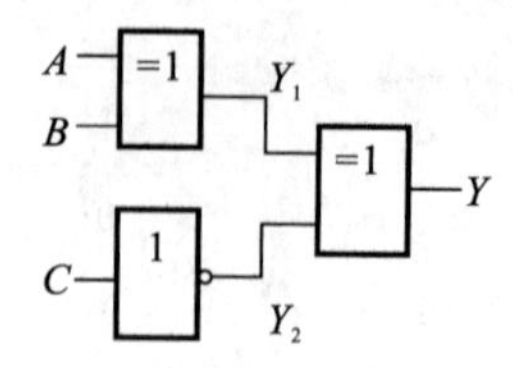

图 1-17　例 1-39 的逻辑图

解： 根据逻辑图依次推出 $Y_1 = A \oplus B, Y_2 = \overline{C}, Y = Y_1 \oplus Y_2$，得

$$Y = A \oplus B \oplus \overline{C}$$

则真值表为

表 1-20　例 1-39 的真值表

A	B	C	$A \oplus B$	$\overline{C}$	Y
0	0	0	0	1	1
0	0	1	0	0	0
0	1	0	1	1	0
0	1	1	1	0	1
1	0	0	1	1	0
1	0	1	1	0	1
1	1	0	0	1	1
1	1	1	0	0	0

1.6　Multisim 仿真实例

【例 1-40】 图 1-18 为与非逻辑电路。拨动开关 A、B，当 A、B 有一个输入为低电平，则输出为高电平，灯 X3 点亮；当 A、B 输入均为高电平，则输出为低电平，灯 X3 灭。

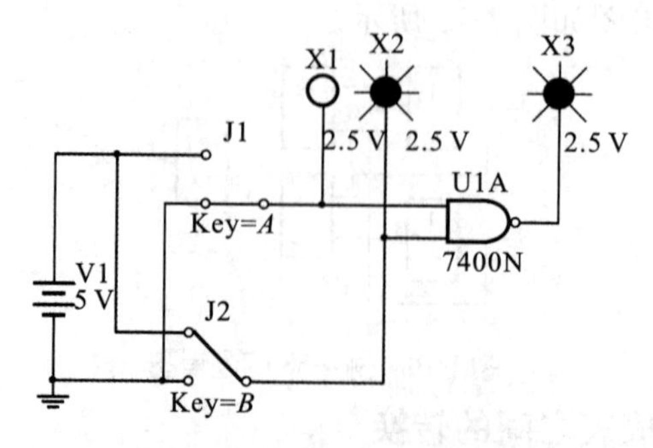

图 1-18　与非逻辑仿真电路

【例 1-41】 图 1-19 为或非逻辑电路。拨动开关 A、B，当 A、B 有一个输入为

高电平，则输出为低电平，灯 X6 灭；当 A、B 输入均为低电平，则输出为高电平，灯 X6 点亮。

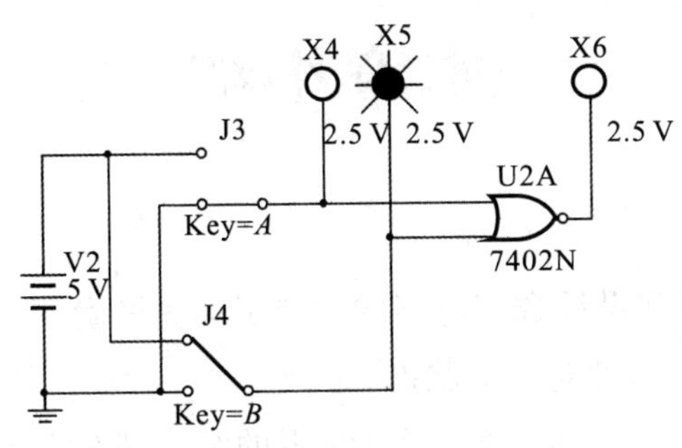

图 1-19　或非逻辑仿真电路

【例 1-42】　图 1-20(a)为利用逻辑转换仪将电路图转换成真值表的电路。将逻辑电路的所有输入端接逻辑转换仪的相应输入端，将逻辑电路的输出端接逻辑转换仪的输出端，然后双击逻辑转换仪图标，展开仪器面板，再根据逻辑电路输入端数量，点击面板上边的逻辑变量，这些逻辑变量的所有组合就会在面板左侧以真值表的形式列出，但右侧栏展示为问号，按动面板右侧转换方式栏内的“电路→真值表”按键 ，真值表的值就在左侧表格右边栏列出，如图 1-20(b)所示。

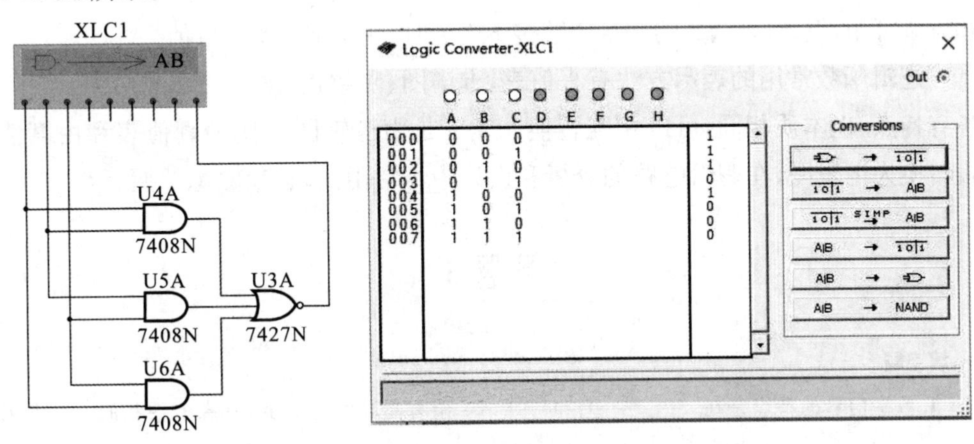

(a)转换电路　　　　(b)转换后的真值表

图 1-20　电路图转换成真值表的仿真电路

本章小结

逻辑代数是分析和设计数字电路的重要工具。逻辑变量是一种二值变量，只能取值为1或0，表示两种对立的状态。

基本的逻辑运算有与、或、非三种，常用的复合逻辑运算有与非、或非、与或非、异或、同或五种。利用这些简单的运算，可以组成复杂的逻辑运算。

定理（摩根定理、同一律、还原律）和公式（吸收律Ⅰ、Ⅱ、Ⅲ及冗余定理等）是推演、变换和化简逻辑函数的依据，有些与普通代数相同，有些则完全不同，要认真加以区别。这些定理中，摩根定理最为常用。

逻辑函数化简的目的是为了获得最简逻辑函数式，从而使逻辑电路简单、成本低、可靠性高。化简的方法有公式化简法和卡诺图化简法两种。公式化简法可化简任何复杂的逻辑函数，但要求能熟练和灵活运用逻辑代数的各种公式和定理，并要求具有一定的运算技巧和经验。卡诺图化简法简单、直观，不易出错，有一定的步骤和方法可循，但是，当函数的变量个数多于六个时，就没有了实用价值。

逻辑函数常用的表示方法有真值表、卡诺图、函数式、逻辑图和波形图。它们各有特点，但本质相同，可以相互转换。尤其是由逻辑图转换为真值表和由真值表转换为逻辑图，在逻辑电路的分析和设计中经常用到，必须熟练掌握。

习题 1

一、填空题

1. 数字信号的特点是在________上和________上都是断续变化的，其高电平和低电平常用________和________来表示。

2. 用数字、文字、符号等表示特定对象的过程叫作________。

3. 任意进制数的展开形式为________。逻辑代数中3种基本运算是________、________和________。

4. 当决定一件事的所有条件都不具备时，事件才发生，称为________逻辑关系。

5. $(10110010.1011)_2=(\_\_\_\_\_\_\_\_)_8=(\_\_\_\_\_\_\_\_)_{16}$。

6. $(39.75)_{10}=(\_\_\_\_\_\_\_\_)_2=(\_\_\_\_\_\_\_\_)_8=(\_\_\_\_\_\_\_\_)_{16}$。

7. $(5E.C)_{16}=(\_\_\_\_\_\_\_\_)_2=(\_\_\_\_\_\_\_\_)_8=(\_\_\_\_\_\_\_\_)_{10}=(\_\_\_\_\_\_\_\_)_{8421BCD}$。

8. $(01111000)_{8421BCD}=(\_\_\_\_\_\_\_\_)_2=(\_\_\_\_\_\_\_\_)_8=(\_\_\_\_\_\_\_\_)_{10}=(\_\_\_\_\_\_\_\_)_{16}$。

9. $\overline{A+B+C}=$________。

二、选择题

1. 一位十六进制数可以用(　　)位二进制数来表示。

A. 1　　B. 4　　C. 8　　D. 16

2. 相同为“0”,不同为“1”的逻辑关系是(　　)。

A. 与逻辑　　B. 或逻辑　　C. 异或逻辑　　D. 同或逻辑

3. 以下表达式中符合逻辑运算法则的是(　　)。

A. $1+1=2$　　B. $A \cdot A=A^2$　　C. $A+1=1$　　D. $0<1$

4. 在以下何种输入情况下,“与非”运算的结果为逻辑 0,(　　)。

A. 全部输入是 0　　B. 任一输入是 0　　C. 仅一个输入是 0　　D. 全部输入是 1

5. 函数 $F(A,B,C)=AB+BC+AC$ 的最小项表达式为(　　)。

A. $F=\sum m(0,2,4)$　　B. $F=\sum m(3,5,6,7)$

C. $F=\sum m(0,2,3,4)$　　D. $F=\sum m(2,4,6,7)$

6. $F=AB+C$ 的对偶式为(　　)。

A. $A+BC$　　B. $(A+B)C$　　C. $A+B+C$　　D. ABC

三、综合题

1. 画出下列逻辑函数的逻辑图。

(1)$Y_1=AB+BC+\overline{A}C$;

(2)$Y_2=\overline{A+B+C}$;

(3)$Y_3=\overline{A}\oplus B+C$。

2. 列出下列各函数的真值表,并说明 Y_1 和 Y_2 的关系。

(1) $\begin{cases} Y_1=A\overline{B}+BC+\overline{A}C, \\ Y_2=\overline{A}B+\overline{B}C+A\overline{C}; \end{cases}$

(2) $\begin{cases} Y_1=A+BC, \\ Y_2=\overline{A}\,\overline{B}+\overline{A}\,\overline{C}; \end{cases}$

(3) $\begin{cases} Y_1=C, \\ Y_2=\overline{A}\,\overline{B}C+\overline{A}BC+A\overline{B}C+ABC。 \end{cases}$

3. 根据题表 1-1 所列的真值表,写出各逻辑函数的标准与或式。

题表 1-1　真值表

A	B	C	Y_1	Y_2	Y_3	Y_4
0	0	0	0	1	0	1
0	0	1	1	0	1	0
0	1	0	0	1	0	0
0	1	1	0	0	0	1
1	0	0	1	0	0	0
1	0	1	1	1	1	0
1	1	0	0	1	1	1
1	1	1	1	0	1	1

4. 写出题图 1-1 所示逻辑图的表达式。

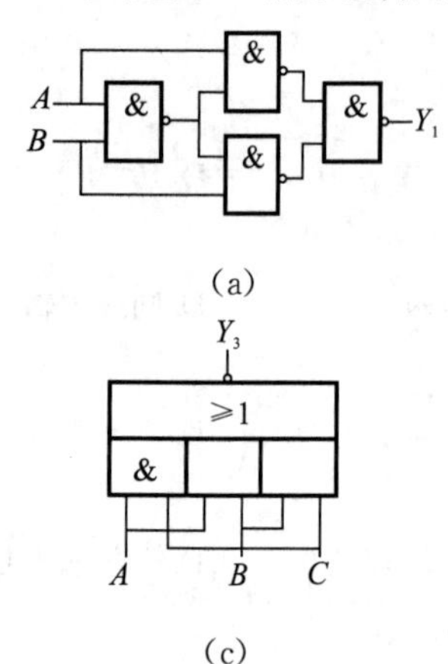

(a)

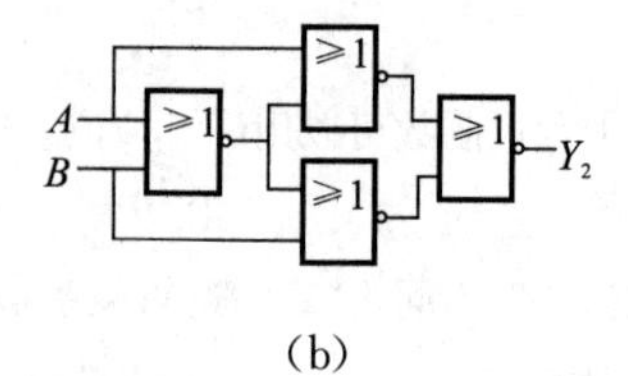

(b)

(c)

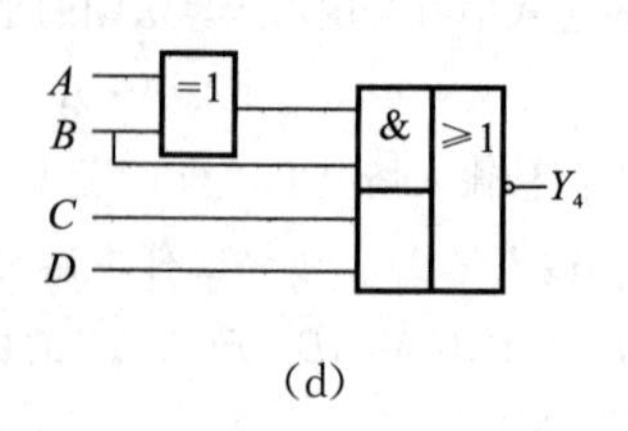

(d)

题图 1-1

5. 证明下列等式。

(1)$\overline{\overline{A}BC}+\overline{A\overline{B}}=1$；

(2) $\overline{AB+\overline{A}\,\overline{B}+\overline{C}}=(A\oplus B)C$；

(3) $\overline{A}\,\overline{B}+BC+B\overline{C}=\overline{A}+B$；

(4)$A\overline{B}CD+ABD+AC\overline{D}=ABD+AC$。

6. 用公式法将下列函数化简成最简与或式。

(1)$Y_1=A\overline{B}+B+\overline{A}B$；

(2)$Y_2=A\overline{B}C+\overline{A}+B+\overline{C}$；

(3)$Y_3=\overline{\overline{A}BC}+\overline{A\overline{B}}$；

(4)$Y_4=A\overline{C}+ABC+AC\overline{D}+CD$。

7. 求下列函数的反函数和对偶式。

(1)$Y_1=AB+C$；

(2)$Y_2=A\overline{B}+CD$；

(3)$Y_3=(A+BC)\overline{C}D$；

(4)$Y_4=AB+\overline{C+D}$。

8. 用图形法将下列函数化简成最简与或式。

(1)$F_1(A,B,C)=\sum m(0,2,4,6,7)$；

(2)$F_2(A,B,C)=\sum m(0,1,2,3,5,7)$；

(3)$F_3(A,B,C)=\sum m(0,1,2)$；

(4)$F_4(A,B,C)=\sum m(4,5,6,7)$；

(5)$F_5(A,B,C,D)=\sum m(0,2,3,4,5,6,8,9,10,11,12,13,14,15)$；

(6)$F_6(A,B,C,D)=\sum m(0,1,2,3,4,5,8,10,11)$；

(7)$F_7(A,B,C,D)=\sum m(2,6,7,8,9,10,11,13,14,15)$；

(8)$F_8(A,B,C,D)=\sum m(0,4,5,6,7,9,11,15)$。

9. 用图形法将下列函数化简成最简与或式。

(1) $Y_1 = \overline{A}\,\overline{B}C + A\overline{B}\,\overline{C} + A\overline{B}C + ABC$；

(2) $Y_2 = ABC + \overline{A}B + AB\overline{C}$；

(3) $Y_3 = A\overline{B} + C + \overline{A}\,\overline{C}D + B\overline{C}D$；

(4) $Y_4 = A\overline{B}\,\overline{C}\,\overline{D} + \overline{A}B + \overline{A}\,\overline{B}\,\overline{D} + B\overline{C} + BCD$。

10. 用图形法化简下列带有约束条件的逻辑函数。

(1) $F_1(A,B,C,D) = \sum m(3,6,8,9,11,12) + \sum d(0,1,2,13,14,15)$；

(2) $F_2(A,B,C,D) = \sum m(0,2,3,4,5,6,11,12) + \sum d(8,9,10,13,14,15)$；

(3) $F_3(A,B,C,D) = \sum m(0,1,5,7,8,11,14) + \sum d(3,9,15)$；

(4) $F_4(A,B,C,D) = \sum m(1,2,5,6,10,11,12,15) + \sum d(3,7,8,14)$；

(5) $F_5(A,B,C,D) = \sum m(4,6,9,11) + \sum d(5,7,12,13,14,15)$；

(6) $F_6(A,B,C,D) = \sum m(1,2,4,12,14) + \sum d(5,6,7,8,9,10)$；

(7) $F_7(A,B,C,D) = \sum m(4,6,9,11) + \sum d(5,7,13,15)$；

(8) $F_8(A,B,C,D) = \sum m(2,4,6,12,14) + \sum d(0,1,13,15)$。

门电路

本章讲述了数字逻辑电路中的基本单元电路——门电路。为了正确有效地使用集成逻辑门电路，就必须了解其内部电路和外部特性。本章首先介绍了半导体二极管、三极管和MOS管的开关特性以及怎样利用分立器件构成逻辑门电路，然后重点讨论了目前应用广泛的TTL集成门电路和CMOS集成门电路。

2.1 半导体二极管、三极管和MOS管的开关特性

数字逻辑电路中经常涉及高电平和低电平两种状态快速转换，要实现这种转换，就需要利用各种电子开关，目前在数字系统中被广泛应用的电子开关主要有半导体二极管、三极管和MOS管。

2.1.1 半导体二极管的开关特性

半导体二极管最重要的特性是单向导电性，即外加正向电压时导通，外加反向电压时截止，所以它相当于一个受电压极性控制的开关，如图2-1所示。

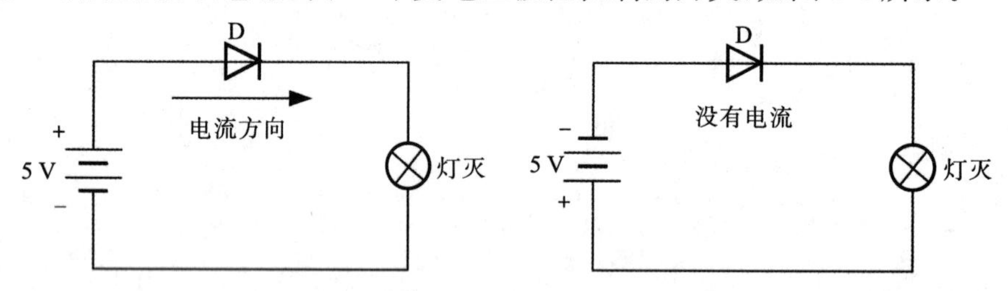

图2-1 二极管串联开关电路

当二极管正向导通时，并不是完全短路；二极管反向截止时，也并不是完全开路。实际的半导体二极管导通时的正向电阻不是零，反向电阻也不是无穷大。当二极管的正向导通压降和正向电阻都不能忽略时，这时可以用图2-2中的折线作为二极管的近似特性。

从图2-2可以看出，当半导体二极管正向偏置时，导通压降约为0.7 V(硅管)，相当于一个具有0.7 V压降的闭合开关；而反向偏置时，二极管截止，可以近似认为反向电流为0，相当于一个关断的开关。

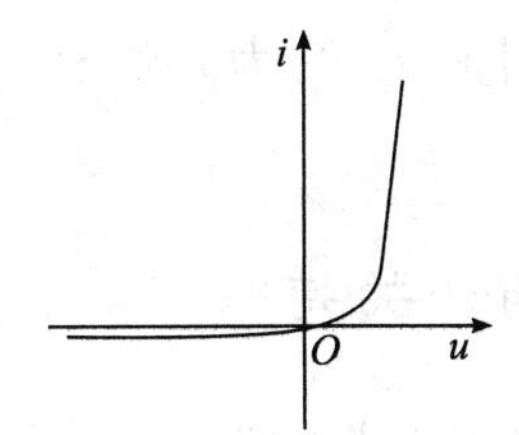

图 2-2　二极管的近似电压—电流特性曲线

【例 2-1】 判断如图 2-3 所示电路中二极管处于正向偏置还是反向偏置，并计算 U_1、U_2、U_3、U_4和 U_5的值。

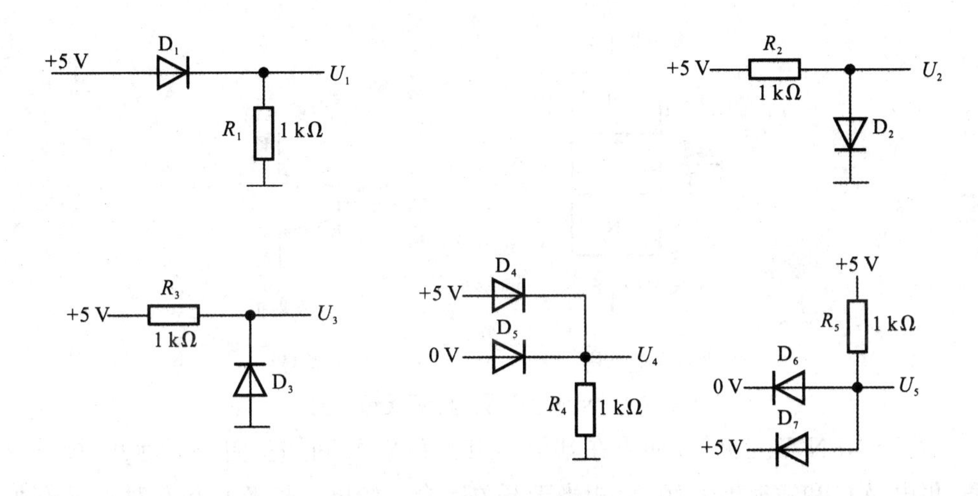

图 2-3　例题 2.1 的电路图

解： 如果二极管的阳极电位高于阴极电位，二极管正向偏置，否则反向偏置。由此可得：

D_1正向偏置；D_2正向偏置；D_3反向偏置；D_4正向偏置；

D_5反向偏置；D_6正向偏置；D_7反向偏置；

由于 D_1正向偏置，两端压降为 0.7 V，所以可得：U_1＝4.3 V；

由于 D_2正向偏置，两端压降为 0.7 V，所以可得：U_2＝0.7 V；

由于 D_3反向偏置，两端相当于开路，所以可得：U_3＝5 V；

由于 D_4正向偏置、D_5反向偏置，所以 D_4两端压降为 0.7 V，所以可得：U_4＝4.3 V

由于 D_6正向偏置、D_7反向偏置，所以 D_6两端压降为 0.7 V，所以可得：U_5＝0.7 V

半导体二极管的开关时间会受到内部 PN 结的结电容 C_j和扩散电容 C_D的影响。通常将二极管正向偏置后，由截止状态转换到导通状态所需要的时间，用开通时间 t_{on}表示；二极管反向偏置后，由导通状态转换到截止状态所需要的时间，用关断时间 t_{off}表示。由于 $t_{on} \ll t_{off}$，所以在实际使用时，一般只需要考虑关断时间

t_{off}。普通开关二极管的关断时间 t_{off} 约为几纳秒，高速开关二极管的关断时间 $t_{off} \leqslant 5$ ns。

2.1.2 半导体三极管的开关特性

半导体三极管(双极性晶体管)是一种三端半导体器件，在其一端加入输入信号后，另外的两端就相当于短路或开路。三极管包含三个电极：基极(B)、发射极(E)和集电极(C)。根据其硅材料结构的不同，可分为 NPN 和 PNP 两种类型。NPN 型三极管的物理结构如图2-4所示。

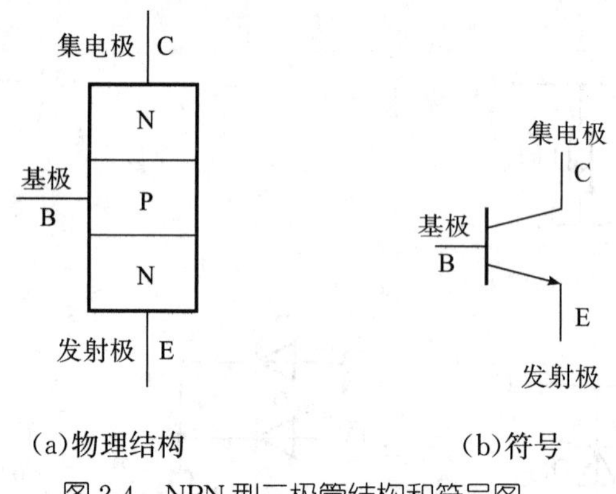

(a)物理结构 (b)符号

图 2-4 NPN 型三极管结构和符号图

对于 NPN 型三极管，如果在基极 B 和发射极 E 间加正向电压，则三极管导通，集电极 C 和发射极 E 短路，相当于开关闭合。如果在基极 B 和发射极 E 间加反向电压或零电压，则三极管截止，集电极 C 和发射极 E 断路，相当于开关断开。

而对于 PNP 型三极管，如果在基极 B 和发射极 E 间加反向电压，则三极管导通，集电极 C 和发射极 E 短路，相当于开关闭合。如果在基极 B 和发射极 E 间加正向电压或零电压，则三极管截止，集电极 C 和发射极 E 开路，相当于开关断开。

需要注意的是，三极管基极加入的输入信号不应被看作集电极 C 或发射极 E 输出电压的一部分，当三极管导通或截止，即 C－E 间短路或开路后，就可以忽略基极电路的影响。

【例 2-2】 如图 2-5 所示电路中，u_I 分别为 0 V 和＋5 V 时，求 u_O 的输出电压值。

解： 当输入电压 $u_I = 0$ V 时，三极管截止，C－E 之间断路，因此电流通过 R_C 流到负载电阻上，输出电压为负载电阻上的电压，即：

$$u_O = \frac{5\ \text{V} \times 20\ \text{k}\Omega}{(1+20)\ \text{k}\Omega} = 4.76\ \text{V}$$

当输入电压 $u_I = 5$ V 时，三极管导通，C－E 之间短路，因此电流通过 R_C 和集电极流到地，因此 $u_O = 0$ V。

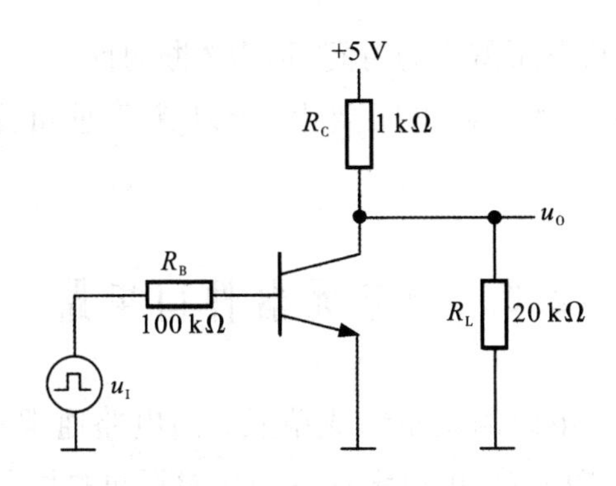

图 2-5　例 2-2 的电路图

半导体三极管和二极管一样，在开关过程中也存在电容效应，因此导通和截止都需要一定的时间。通常将三极管从截止状态转换到饱和导通状态所需要的时间，称为开通时间 t_{on}；从饱和导通状态转换到截止状态所需要的时间，称为关断时间 t_{off}。普通三极管的开关时间 t_{on} 和 t_{off} 约为几十纳秒。

2.1.3　MOS 管的开关特性

MOS 管是指金属－氧化物－半导体场效应晶体管（Metal-Oxide-Semiconductor Field-Effect Transistor）。根据内部导电沟道的不同，分为 N 沟道和 P 沟道两种；根据控制方式的不同，每种沟道的 MOS 管又分为增强型和耗尽型两种。N 沟道增强型 MOS 管内部结构和符号如图 2-6 所示，在 P 型半导体衬底上，制作两个高掺杂浓度的 N 型区，形成 MOS 管的源极 S（Source）和漏极 D（Drain），第三个电极称为栅极 G（Gate），通常用金属铝或多晶硅制作，栅极和衬底之间被二氧化硅绝缘层隔开。

在实际使用中，MOS 管相当于一个由栅极电压 u_{GS} 控制的无触点开关，对于图 2-6 所示的 N 沟道增强型 MOS 管，当 u_{GS} 小于开启电压 u_{TN} 时，MOS 管截止，相当于开关断开；当 u_{GS} 大于开启电压 u_{TN} 时，MOS 管导通，相当于开关闭合。

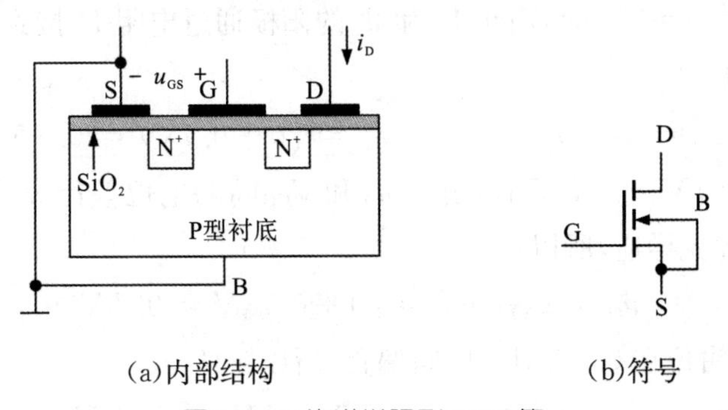

(a)内部结构　　(b)符号

图 2-6　N 沟道增强型 MOS 管

MOS 管三个电极之间有电容存在，因此其开关速度也会受到电容的影响。通常，将 MOS 管由截止状态转换到导通状态所需要的时间，称为开通时间 t_{on}；由导通状态转换到截止状态所需要的时间，称为关断时间 t_{off}。由于 MOS 管导通电阻比半导体三极管的饱和导通电阻要大，所以其开通和关断时间通常比三极管长。

2.2 分立元器件门电路

门电路是构建数字电路的基本组成单元。门电路通常具有一个或多个输入端、一个输出端。利用门电路，可以设计各种功能不同的数字逻辑电路。

2.2.1 二极管与门

1. 电路构成

利用两个二极管和一个电阻即可构成一个 2 输入与门，其电路结构如图 2-7(a)所示。u_A和 u_B为输入信号，其高电平为 3 V，低电平为 0 V，u_O为输出信号。图 2-7(b)为 2 输入与门的逻辑符号。

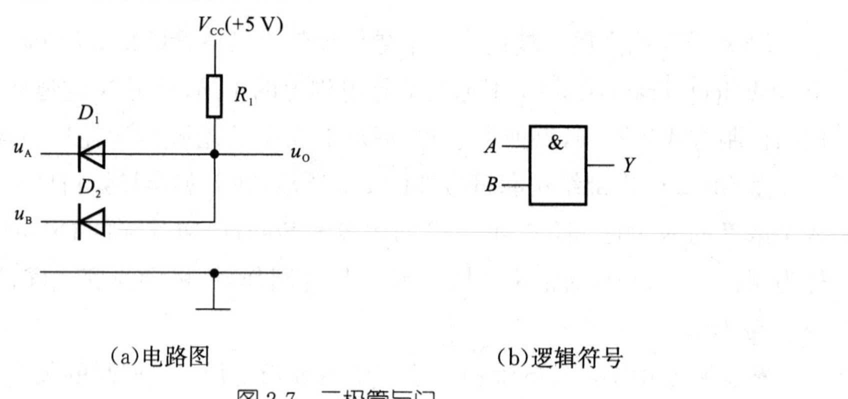

(a)电路图　　(b)逻辑符号

图 2-7　二极管与门

2. 工作原理

(1)当 $u_A=u_B=0$ V 时，由于 D_1 和 D_2 的阳极通过电阻 R_1 接到 V_{CC}，所以 D_1 和 D_2都导通，所以：

$$u_O = u_A + u_{D_1} = u_B + u_{D_2} = (0 + 0.7)\text{V} = 0.7\text{ V}$$

(2)当 $u_A=0$ V、$u_B=3$ V 时，由于 u_A和 V_{CC}间的电位差比 u_B和 V_{CC}间的电位差大，因此 D_1优先导通，所以：

$$u_O = u_A + u_{D_1} = (0 + 0.7)\text{V} = 0.7\text{ V}$$

由于 u_O被钳位在 0.7 V，D_2 反向偏置，所以：

$$u_{D_2} = u_O - u_B = (0.7 - 3)\text{V} = -2.3\text{ V}$$

(3)当 $u_A=3$ V、$u_B=0$ V 时，情况与(2)类似，这时 D_2优先导通，D_1截止，u_O的电压被钳位在 0.7 V。

(4)当 $u_A=u_B=3$ V 时,和(1)情况类似,此时 D_1 和 D_2 的阳极通过电阻 R_1 接到 V_{CC},阳极电压 5 V 高于阴极电压 3 V,所以 D_1 和 D_2 都导通,并且 u_O 的电压被钳位在(3+0.7)V=3.7 V。

将上述结果整理后,可得输入输出电压关系如表 2-1 所示。

表 2-1　电压关系表

u_A/V	u_B/V	u_O/V
0	0	0.7
0	3	0.7
3	0	0.7
3	3	3.7

通过设定变量和状态赋值,即用 A、B 和 Y 分别表示 u_A、u_B 和 u_O,并用 1 表示高电平、0 表示低电平,则可列出表 2-2 所示的 2 输入与门的真值表,因此图 2-7(a)所示电路实现了"与"的逻辑功能。

表 2-2　与门真值表

A	B	Y
0	0	0
0	1	0
1	0	0
1	1	1

2.2.2　三极管或门

1. 电路构成

利用半导体二极管、三极管和 MOS 管都可以构建或门电路,利用两个三极管构成的或门电路如图 2-8(a)所示。

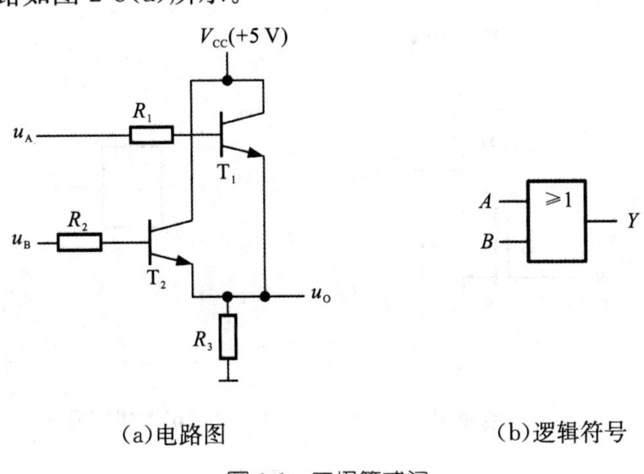

(a)电路图　　(b)逻辑符号

图 2-8　三极管或门

2. 工作原理

(1)当 $u_A = u_B = 0$ V时，三极管 T_1 和 T_2 都处于截止状态，输出信号 u_O 通过电阻 R_3 接到地，因此 $u_O = 0$ V。

(2)当 $u_A = 0$ V、$u_B = 3$ V时，三极管 T_1 截止、T_2 饱和导通，V_{CC}通过 T_2 输出，因此 $u_O = (5-0.3)\text{V} = 4.7$ V，输出高电平。

(3)当 $u_A = 3$ V、$u_B = 0$ V时，情况和(2)类似，三极管 T_2 截止、T_1 饱和导通，V_{CC}通过 T_1 输出，因此 $u_O = (5-0.3)\text{V} = 4.7$ V，输出高电平。

(4)当 $u_A = u_B = 3$ V时，三极管 T_1 和 T_2 都导通，V_{CC}通过 T_1 和 T_2 输出，因此 $u_O = (5-0.3)\text{V} = 4.7$ V，输出高电平。

通过设定变量和状态赋值，即用 A、B 和 Y 分别表示 u_A、u_B 和 u_O，并用 1 表示高电平、0 表示低电平，则可列出表 2-3 所示的或门真值表，因此图 2-8(a)所示电路实现了“或”的逻辑功能。

表 2-3　或门真值表

A	B	Y
0	0	0
0	1	1
1	0	1
1	1	1

2.2.3　MOS 管非门

1. 电路构成

用 N 沟道增强型 MOS 管构成的非门电路如图 2-9(a)所示。图中 u_I 为输入信号，u_O 为输出信号。

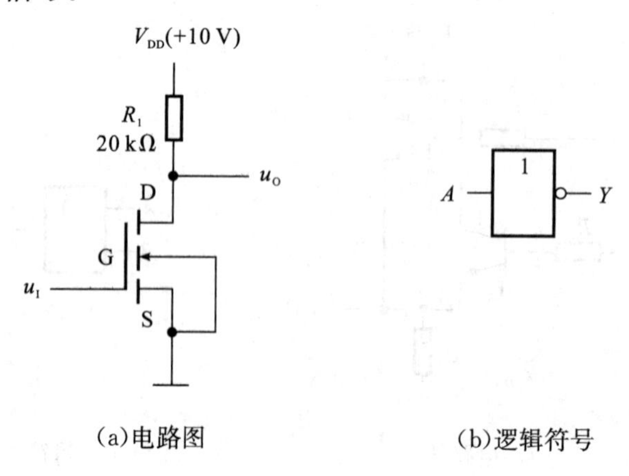

(a)电路图　　(b)逻辑符号

图 2-9　MOS 管非门

2. 工作原理

(1)当 $u_I = 0\ V$ 时，$u_{GS} = 0\ V$，小于开启电压 $u_{TN} = 2\ V$，MOS 管截止，得 $u_O = V_{DD} = 10\ V$。

(2)当 $u_I = 10\ V$ 时，$u_{GS} = 10\ V$，大于开启电压 $u_{TN} = 2\ V$，MOS 管导通，得 $u_O \approx 0\ V$。

将上述结果整理后，可得输入输出电压关系如表 2-4 所示。

表 2-4 电压关系表

u_I/V	u_O/V
0	10
10	0

通过设定变量和状态赋值，即用 A 和 Y 分别表示 u_I 和 u_O，并用 0 表示低电平、1 表示高电平，则可列出表 2-5 所示的非门真值表，因此图 2-9(a)所示电路实现了“非”的逻辑功能。

表 2-5 非门真值表

A	Y
0	1
1	0

2.3 TTL 集成门电路

TTL(Transistor-Transistor Logic，即：晶体管－晶体管逻辑)电路是一种应用广泛的集成电路，TTL 集成门电路是将若干个三极管、二极管和电阻集成并封装在一起的集成门电路。

2.3.1 TTL 反相器

1. 电路构成

图 2-10 所示电路为 TTL 反相器电路。图中电路分三部分：输入级、中间级和输出级。输入级由 T_1、R_1 和 D_1 组成，D_1 起保护作用，可以防止输入端电压过低。中间级由 T_2、R_2 和 R_3 组成，T_2 的集电极连接到 T_3 的基极，T_2 的发射极连接到 T_4 的基极。输出级由 T_3、T_4、D_2 和 R_4 组成。当 T_3 饱和时，T_4 截止(相当于一个很大的集电极电阻)；当 T_3 截止时，T_4 饱和(相当于一个很小的集电极电阻)，即两个晶体管中有一个导通时，另一个就截止，这种电路称为推挽式电路。

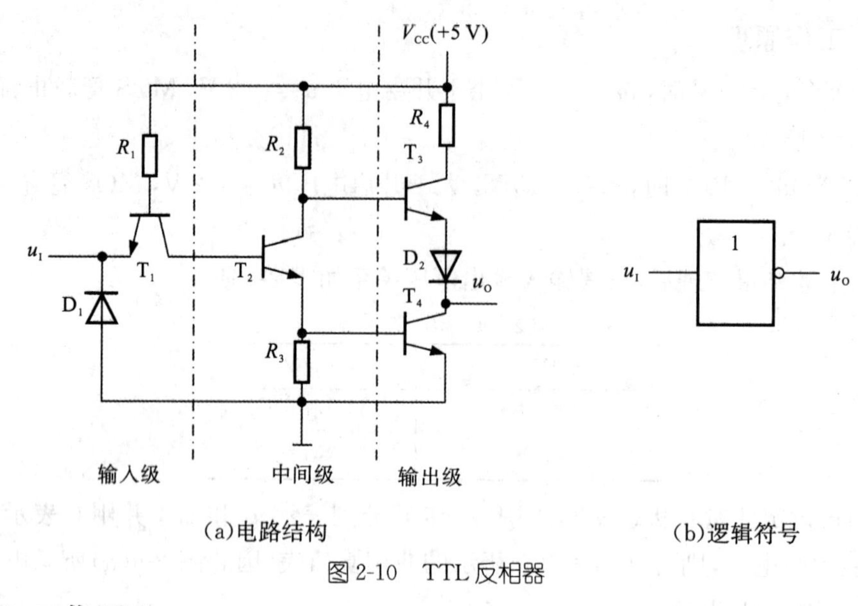

(a)电路结构　　　　(b)逻辑符号

图 2-10　TTL 反相器

2. 工作原理

(1)当 $u_I = 0$ V 时，T_1 导通，T_2 基极电压为(0+0.3)V=0.3 V，因此 T_2 截止，T_3 的基极通过 R_2 接到 V_{CC}，因此 T_3 导通；T_4 的基极通过 R_3 接到"地"，电位近似为 0，因此 T_4 截止；V_{CC}通过电阻 R_4，T_3（有 0.3 V 饱和压降）和 D_2 到输出电压 u_O，因此 u_O 输出高电平。

(2)当 $u_I = 3.6$ V 时，T_1 集电结导通，电流由 V_{CC}通过 R_1 和 T_1 的集电结到达 T_2 基极，T_2 导通、T_4 导通，T_3 的发射极电压为 T_4 的饱和压降加上二极管 D_2 上的压降，约为 1 V，而 T_3 基极电压为 T_2 饱和压降和 T_4 发射结电压之和，约为 1 V，所以 T_3 截止；输出电压 u_O 约为 T_4 饱和压降，即 0.3 V，因此 u_O 输出低电平。

通过上述分析可知，图 2-10 所示电路可以实现逻辑"非"的功能，而且由于采用了推挽式输出方式，因此具备更强的带负载能力。

3. 集成 TTL 反相器

集成 TTL 反相器 74LS04 的引脚排列如图 2-11 所示，每个 74LS04 中含有 6 个独立的反相器。

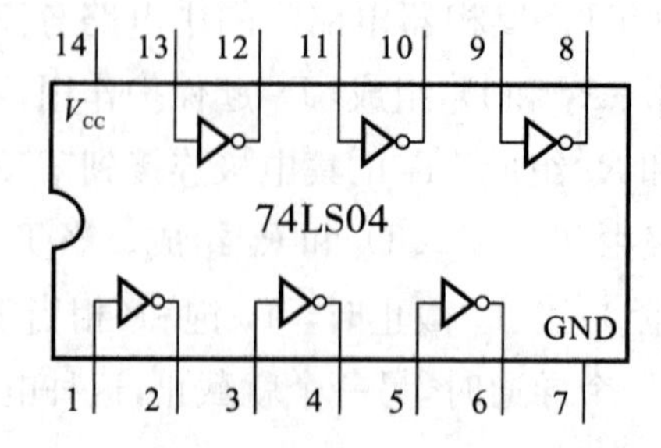

图 2-11　TTL 反相器 74LS04 引脚排列图

2.3.2　TTL 与非门

1. 电路构成

图 2-12 所示电路为 TTL 与非门，与 TTL 反相器电路相比，其输入级采用了多发射极三极管，其他部分和反相器相同。D_1 和 D_2 为输入端保护二极管，带有多个发射极的输入三极管 T_1 用于实现与门。

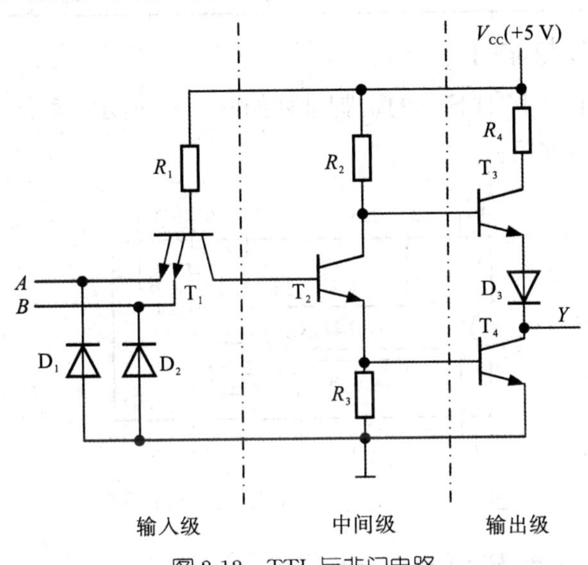

图 2-12　TTL 与非门电路

2. 工作原理

(1)当 A、B 中有一个或一个以上输入为低电平时，T_1 的发射结正偏导通，V_{CC}经 R_1 为 T_1 提供基极电流。T_1 的基极电位约为 0.7 V，T_2、T_4 截止。V_{CC}通过电阻 R_2 为 T_3 提供基极电流，使 T_3 导通。由于流经 R_2 的基极电流很小，可以忽略 R_2 上的压降，输出电压 u_Y 为 V_{CC}减去 T_3 发射结压降及 D_3 上的压降，即 $u_Y=(5-0.7-0.7)\text{V}=3.6\text{ V}$。

(2)当 A、B 都输入高电平时，T_1 的发射结反向偏置，但集电结正向偏置，电流通过 T_1 的基极和集电极流到 T_2 的基极，T_2 和 T_4 导通，因此输出电压 $u_Y=0.3\text{ V}$。此时 T_3 的基极电压为$(0.7+0.3)\text{V}=1\text{ V}$，不足以让 T_3 的发射结和二极管 D_3 同时导通，因此 T_3 截止。

通过设定变量和状态赋值后，则可列出表 2-6 所示的与非门的真值表，因此该电路实现了“与非”的逻辑功能。

表 2-6 TTL 与非门的真值表

A	B	Y
0	0	1
0	1	1
1	0	1
1	1	0

3. 集成 TTL 与非门

集成 TTL 与非门 74LS20 的引脚排列如图 2-13 所示，每个 74LS20 中含有 2 个独立的 4 输入与非门。

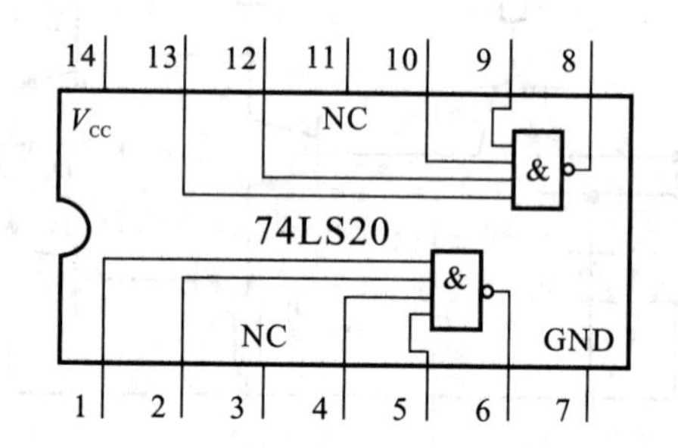

图 2-13 TTL 与非门 74LS20 引脚排列图

2.3.3 TTL 集电极开路与非门(OC 门)

1. 电路构成

集电极开路与非门也叫 OC 门，其电路结构如图 2-14 所示。

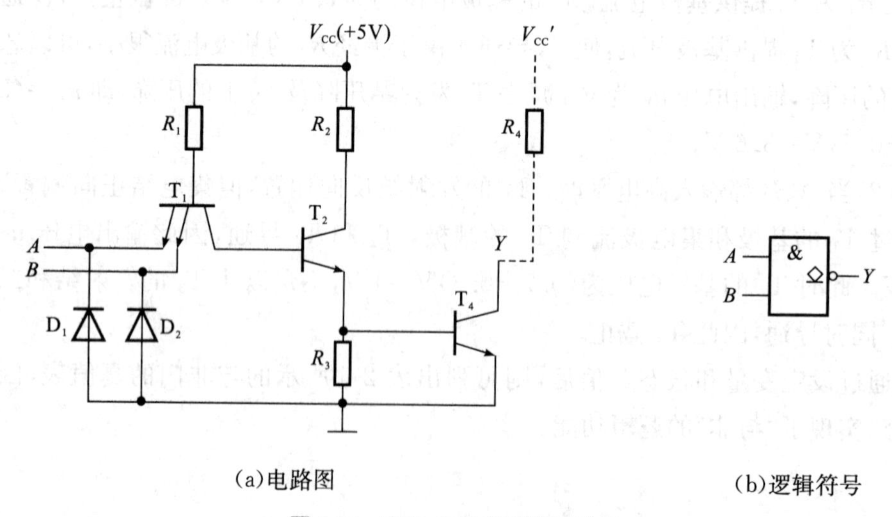

(a)电路图 (b)逻辑符号

图 2-14 TTL 集电极开路与非门

2. 工作原理

OC门的工作原理与TTL与非门类似，但输出级略有不同，其中三极管T_3被去掉了，因此OC门的输出电路只能吸收电流，但不能输出电流。为了使OC输出电路产生高电平，必须加入一个外部上拉电阻R_4和外部电源V_{CC}'。

当A、B都输入高电平时，T_2和T_4导通，输出为低电平；当A、B中有低电平输入时，T_2和T_4截止，输出为高电平。需要注意，如果没有外部电源V_{CC}'，当T_4导通时，输出还是低电平；但T_4截止时，输出端处于悬空状态(不是低电平也不是高电平)，呈现为高阻状态，这种状态记做

$$Y=Z$$

3. OC门的应用

OC门主要用于两个以上逻辑门或者器件同时连接输出端的情况。对于两个常规推挽式输出门，如果其中一个逻辑门输出为高电平，另外一个逻辑门输出为低电平，若两者连接在一起将会短路，烧毁门电路。如果使用OC门，输出端可以直接连接，实现“与”运算，而不必担心短路，这种连接方式叫作“线与”。“线与”逻辑电路如图2-15所示。

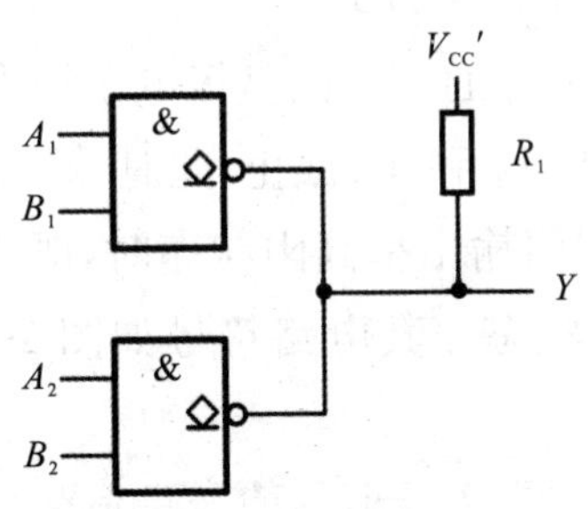

图2-15　OC门的线与连接

输出Y的逻辑表达式为

$$Y=\overline{A_1B_1}\cdot\overline{A_2B_2}=\overline{A_1B_1+A_2B_2}$$

2.3.4　TTL三态门(TSL门)

1. 电路构成

TTL三态门不仅可输出高电平、低电平两个状态，而且还可以输出高阻状态。其电路结构如图2-16所示。

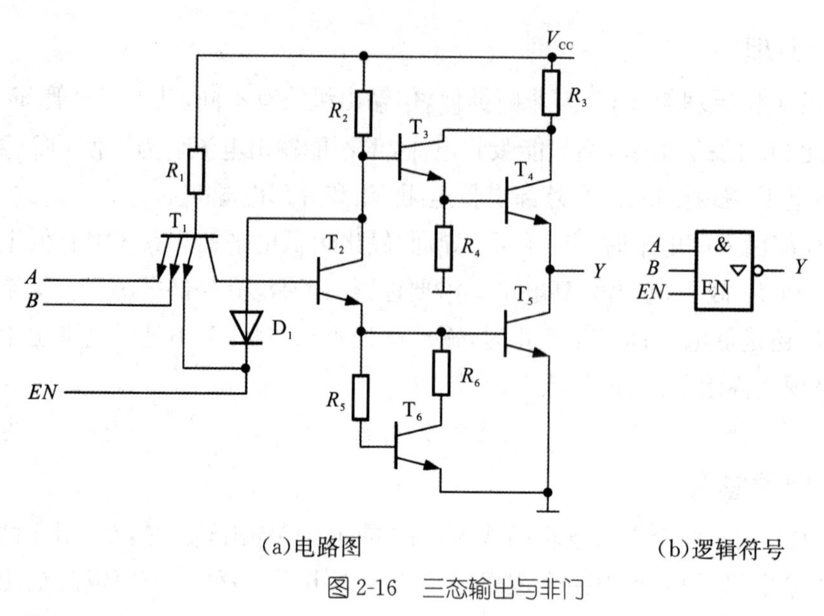

(a)电路图　　　　(b)逻辑符号

图 2-16　三态输出与非门

2. 工作原理

当 $EN=1$ 时，二极管 D_1 截止，T_1 与 EN 相连的发射结反偏截止，此时电路相当于二输入的与非门，可得 $Y=\overline{AB}$。

当 $EN=0$ 时，二极管 D_1 导通，T_3 的基极电压约为 0.7 V，T_4 截止；同时，T_1 的基极电压约为 0.7 V，使得 T_2 和 T_5 截止；此时输出端 Y 对地和对 V_{CC} 都开路，输出呈现高阻状态。当三态门输出呈高阻状态时，既不允许输入电流，也不能输出电流，而是处于一种悬浮状态。其电路符号如图 2-16(b)所示，表 2-7 为其真值表。

表 2-7　三态与非门的真值表

EN	A	B	Y
1	0	0	1
1	0	1	1
1	1	0	1
1	1	1	0
0	×	×	Z

3. 三态门的应用

门电路的三态输出主要应用于多个门输出共享数据总线，为避免多个门输出占用数据总线，任何时刻只能有一个三态门的使能信号 EN 有效，通过控制 EN 信号，使多个三态门轮流将数据信号输出到数据总线上，如图 2-17 所示。

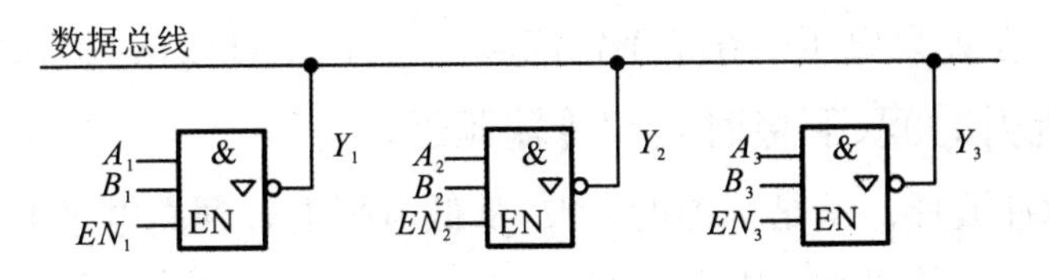

图 2-17　多个三态输出门共用总线

2.3.5　TTL 集成门电路的子系列

目前常用的 TTL 集成门电路主要有 74、74H、74S、74LS 和 74F 等几个系列。

1. 74 系列标准门电路

74 系列为标准 TTL 门电路，其典型与非门的平均传输延迟时间为 10 ns，平均功率损耗约为 10 mW。

2. 74H 系列高速门电路

74H 系列为高速门电路，是标准 TTL 系列的改进型。其典型与非门的平均传输延迟时间为 6 ns，而平均功率损耗约为 22 mW。

3. 74S 系列肖特基门电路

74S 系列为肖特基门电路。由于标准 TTL 系列门电路的速度主要受限于三极管基极的电容充电时间，肖特基门电路通过在三极管的发射结加入肖特基二极管克服了饱和与储存电荷的问题。其典型与非门的平均传输延迟时间为 3 ns，而平均功率损耗约为 19 mW。

4. 74LS 系列低功耗肖特基门电路

74LS 系列为低功耗肖特基门电路。该系列增大了内部电阻的阻值，降低了肖特基 TTL 电路的功率损耗。其速度－功率积相当于 74S 系列的 1/3、74 系列的 1/5、74H 系列的 1/7。

5. 74F 系列快速门电路

74F 系列为快速 TTL 门电路。该系列采用了一种新的集成工艺，称为氧化物隔离，这种工艺中，晶体管不是通过反向偏置隔离，而是通过氧化物通道彼此隔离，极大的减小了器件尺寸和结电容，从而将其传输延迟时间降为 3 ns 左右。

2.3.6　TTL 集成门电路的主要参数及使用注意事项

1. 扇出系数

扇出系数是指不超过额定电流值的情况下，逻辑门电路输出端能够连接同种类型逻辑门电路的个数，典型 TTL 电路的扇出系数为 10。

2. 输入、输出电压

TTL 集成门电路一般用 2.0～5.0 V 电压表示高电平 V_{IH}，用 0～0.8 V 电压

表示低电平 V_{IL}，如果电压落在不确定区域时，将产生难以预测的结果。

3. 脉冲上升时间、下降时间和传输延迟

实际的脉冲波形并不是标准的方波，从低电平上升到高电平或由高电平下降到低电平需要一定的时间。上升时间是指脉冲高度由10%上升到90%所需要的时间，下降时间是指脉冲高度由90%下降到10%所需要的时间。

在数字集成电路中，不仅输入和输出波形的上升沿和下降沿倾斜，而且输入波形由输入端传输到输出端也存在时间延迟，称之为传输延迟。传输延迟的产生是由于电路内部寄生电容影响了晶体管的开关速度。

4. 消除电源干扰

74 系列集成门电路的电源电压应满足 5 V±5%的要求，为防止外部干扰，需要在电源输入端接入 10～100μF 的电容滤波，每隔 6～8 个门加一个 0.01～0.1μF的电容滤除高频噪声。

5. 输出端的连接

推挽输出结构的 TTL 门电路输出端不能直接并联使用，而且输出端不允许直接接电源或接地。三态门的输出端可以并联使用，但同一时刻只能有一个门的使能端有效，其他三态门的输出应处于高阻状态。集电极开路门 OC 门输出端可以并联使用，但输出端和电源之间应接入负载电阻。

6. 未使用输入端的处理

TTL 集成门电路中，对未使用的输入端，需加入确定的高电平或低电平，或与其他使用的引脚并联。若未使用的输入端悬空，相当于输入端外接高电平。

2.4 CMOS 集成门电路

CMOS 集成电路的许多基本逻辑单元，都是用 P 沟道增强型 MOS 管和 N 沟道增强型 MOS 管，按照互补对称形式连接构成的。互补方式与 TTL 的推挽输出电路类似。互补式的 CMOS 反相器电路结构如图 2-18 所示。

当 u_I 为低电平时，T_P导通，T_N截止，u_O 为高电平；当 u_I 为高电平时，T_N导通，T_P截止，u_O 为低电平，实现输入输出反相的功能。

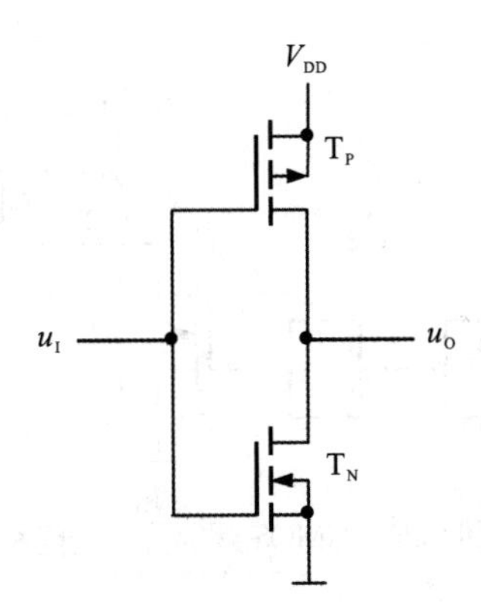

图2-18　由互补N沟道/P沟道晶体管构成的CMOS反相器

2.4.1　CMOS与非门

1. 电路构成

图2-19所示为CMOS与非门的电路结构。图中两个P沟道增强型MOS管T_{P1}和T_{P2}并联，两个N沟道增强型MOS管T_{N1}和T_{N2}串联，T_{P1}、T_{N2}的栅极连起来作为输入端A，T_{P2}、T_{N1}的栅极连起来作为输入端B。

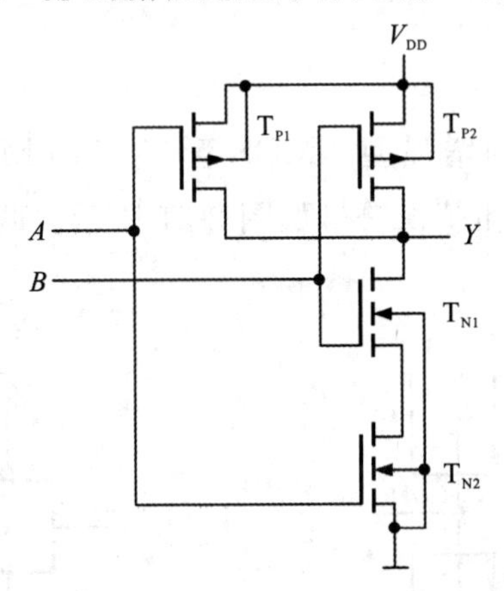

图2-19　CMOS与非门电路

2. 工作原理

由于T_{N1}、T_{N2}串联，因此当A、B都为高电平时，T_{N1}、T_{N2}才能同时导通，Y才输出低电平。如果A、B有一个为低电平或者两个都为低电平，则T_{P1}、T_{P2}至少有1个导通，而T_{N1}、T_{N2}至少有1个截止，此时输出为高电平，实现“与非”功能。

2.4.2　CMOS漏极开路门(OD门)

1. 电路构成

和TTL集电极开路门功能类似的COMS漏极开路门(OD门)的电路如图

2-20所示。

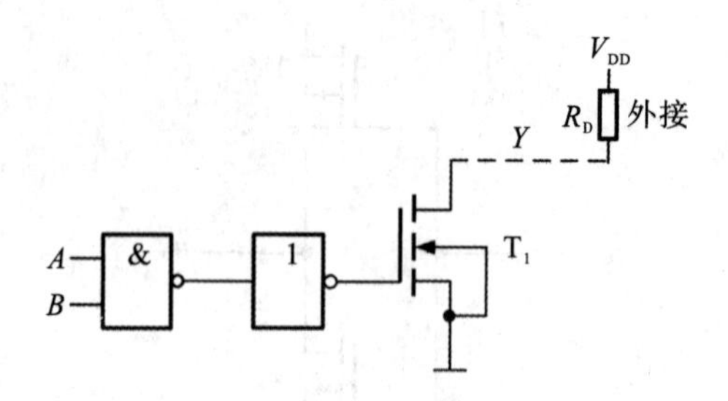

图 2-20　CMOS 漏极开路门电路

2. 主要特点

(1)在图 2-20 所示电路中,MOS 管的漏极是开路的,如果不外接电源和电阻的话,电路是不能正常工作的;如果外接电源 V_{DD} 和电阻 R_D,则 $Y=\overline{A\cdot B}$。

(2)和 OC 门一样,OD 门也可以实现“线与”功能,即可以把几个 OD 门的输出端,用导线连接起来实现“与”运算。

(3)具备较强的带负载能力。

2.4.3　CMOS 传输门

1. 电路构成

两个参数对称一致的增强型 NMOS 管 T_N 和 PMOS 管 T_P 并联可以构成 CMOS 传输门,电路结构和逻辑符号如图 2-21 所示。两个 MOS 管结构对称,所以信号可以双向传输。

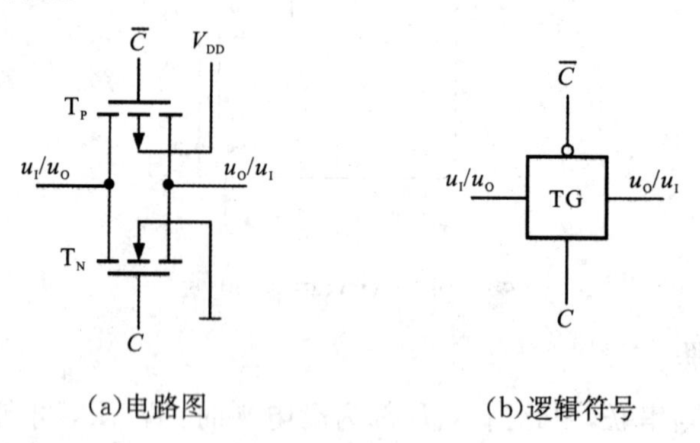

(a)电路图　　(b)逻辑符号

图 2-21　CMOS 传输门

2. 工作原理

当 $C=1$、$\overline{C}=0$,即 C 端为高电平 V_{DD} 、$\overline{C}=0$ V 时,T_P 和 T_N 导通,$u_O=u_I$,传输门导通,u_I 可以是 0～V_{DD} 范围内的任意电压,传输门的导通电阻约几百欧。

当 $C=0$、$\overline{C}=1$,即 C 端为低电平 0 V、$\overline{C}$ 为高电平 V_{DD} 时,T_P 和 T_N 截止,输入 u_I 和输出 u_O 之间断开,传输门截止,其关断电阻在 $10^9\,\Omega$ 以上。

2.4.4　CMOS 集成门电路

CMOS 集成门电路常用的主要有 CC4000 系列、74HC 系列、74HCT 系列等。

1. CC4000 系列

CC4000 系列是符合国家标准的 CMOS 集成电路，电源电压 3～18 V，输入输出端都加有反相器作为缓冲级。

2. 74HC 系列

74HC 系列属于高速 CMOS 系列，普通 CMOS 门的传输延迟时间一般在75 ns左右，而在高速 CMOS 系列中，逻辑门的传输延迟时间缩短为 6～10 ns。

3. 74HCT 系列

74HCT 系列也属于高速 CMOS 系列，与大规模 TTL 集成电路完全兼容。

4. CMOS 集成门电路的主要特点和使用注意事项

(1)电压范围宽。供电电压范围为 3～18 V。

(2)功耗低。当供电电压为 5 V 时，静态功耗只有几 μW。

(3)集成度高。由于 CMOS 电路功耗低，内部发热量少，所以集成度可以做的很高。

(4)输入电阻高。由于 CMOS 集成电路中的 MOS 管是电压控制的，所以输入阻抗可达$10^8\Omega$以上。

(5)扇出系数大。CMOS 集成电路在低频工作时，几乎可以不考虑扇出能力问题；在高频工作时，扇出系数取决于工作频率。

(6)生产成本低。CMOS 集成电路的功耗很低，集成度很高，因此生产成本较低。

(7)使用时应注意静电防护。CMOS 集成电路能承受的静电电压有限，因此在使用过程中一定要注意静电防护，工作台、仪表和烙铁等工具应良好接地，否则 CMOS 电路容易因静电干扰而损坏。

(8)CMOS 集成门电路中，未使用的输入端不允许悬空，否则电路将不能正常工作。

(9)COMS 集成门电路的输出端不允许直接和电源或地相连。

2.5 Multisim 仿真实例

【例 2-3】 利用分立器件构成与门电路。利用两个晶体管可以构建一个 2 输入与门,其仿真电路如图 2-22 所示。当拨动开关 J1 和 J2 时,输入端电平会发生变化,输出端会得到对应的结果。

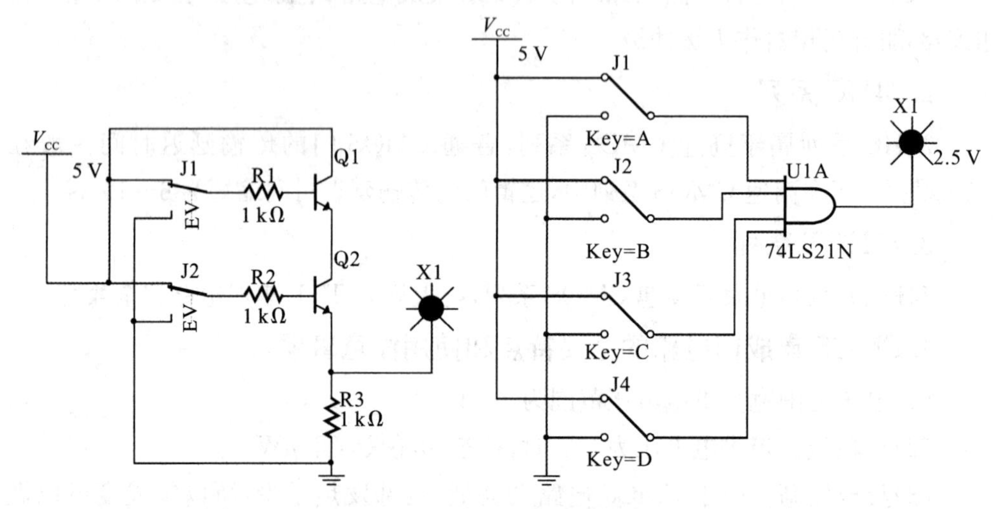

图 2-22　分立器件与门仿真电路　　　　图 2-23　集成与门仿真电路

【例 2-4】 集成双四输入与门 74LS21N 逻辑功能仿真。74LS21N 内部含 2 个独立的 4 输入与门,其逻辑功能仿真电路如图 2-23 所示。只有当 4 个输入端都输入高电平时,输出端才输出高电平。

【例 2-5】 集成与非门简单控制电路的仿真。设 A 端输入需要通过的脉冲信号,B 端输入控制信号。当 B 端输入端控制信号为低电平时,与非门被关闭,输出为高电平,A 端输入的脉冲信号不能通过与非门。当 B 端输入高电平时,与非门开通,A 端输入的脉冲信号以反相的形式通过与非门。仿真电路及信号波形如图 2-24 所示。

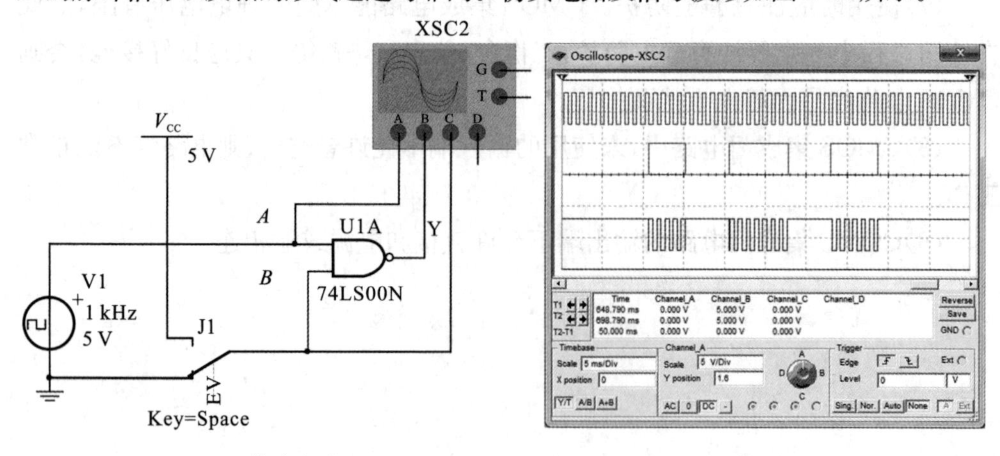

(a)仿真电路　　　　(b)信号波形

图 2-24　集成与非门控制电路仿真

本章小结

半导体二极管、三极管和 MOS 管的开关特性。半导体二极管是不可控的；半导体三极管是电流控制器件，而且具有放大作用；MOS 管是电压控制的，也有放大作用。

利用分立元件、晶体管和 MOS 管构成逻辑门电路的方法。二极管与门、三级管与门、二极管或门、三极管或门、三极管非门和 MOS 管非门。

TTL 集成门电路的构成方法和主要特点。TTL 反相器、TTL 与非门和 TTL 集电极开路门(OC 门)的构成方法。OC 门在使用时需要外接电源和电阻，多个 OC 门的输出端可以直接相连。TTL 集成门电路的主要参数有扇出系数、输入输出电压和噪声容限、脉冲上升时间、下降时间和传输延迟。常用的 TTL 集成门电路主要有 74 系列，74H 系列、74S 系列、74LS 系列和 74F 系列等。

COMS 集成门电路的构成方法和主要特点。CMOS 与非门和 CMOS 漏极开路门(OD 门)的构成方法。OD 门和 OC 门一样，工作时需要外接电源和电阻，而且能实现线与的功能。常用的 CMOS 集成门电路主要有 CC4000 系列、74HC 系列和 74HCT 系列，CMOS 集成门电路的主要特点是功耗低、集成度高和扇出系数大，使用时应注意静电防护。

习题 2

一、选择题

1. 2 输入与非门输出为低电平时，2 输入应满足(　　)。

A. 同时为高电平　　B. 同时为低电平

C. 互为相反　　D. 至少有一个为低电平

2. 以下电路中可以实现“线与”功能的有(　　)。

A. TTL 与非门　　B. 三态输出门　　C. CMOS 与非门　　D. OC 或 OD 门

3. 三态门输出高阻状态时，下列说法不正确的是(　　)。

A. 用电压表测量指针不动　　B. 相当于悬空

C. 电压不高不低　　D. 测量电阻指针不动

4. 以下电路中常用于总线应用的有(　　)。

A. TSL 门　　B. OC 门

C. 漏极开路门　　　　D. CMOS与非门

5. 对于TTL与非门闲置输入端的处理，不可以（　　）。

A. 接电源　　　　B. 通过电阻3kΩ接电源

C. 接地　　　　D. 与有用输入端并联

6. CMOS数字集成电路与TTL数字集成电路相比突出的缺点是（　　）。

A. 微功耗　　B. 速度低　　C. 高抗干扰能力　　D. 电源范围宽

7. 与CT4000系列相对应的国际通用标准型号为（　　）。

A. CT74S肖特基系列　　　　B. CT74LS低功耗肖特基系列

C. CT74L低功耗系列　　　　D. CT74H高速系列

8. OC门构成电路如题图2-1所示，该电路所实现的逻辑功能是（　　）。

A. $F=\overline{ABC}\cdot\overline{DE}$　　　　B. $F=\overline{ABC}+\overline{DE}$

C. $F=ABC+DE$　　　　D. $F=\overline{ABC\cdot DE}$

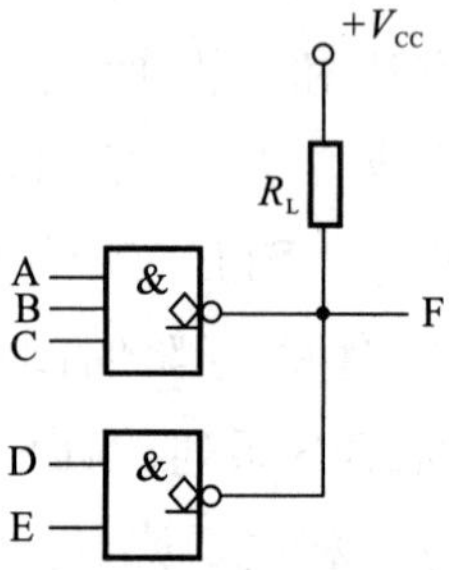

题图2-1

二、判断题（正确的打√，错误的打×）

1. TTL与非门的多余输入端可以接固定高电平。（　　）

2. 当TTL与非门的输入端悬空时相当于输入为逻辑1。（　　）

3. 普通的逻辑门电路的输出端不可以并联在一起，否则可能会损坏器件。（　　）

4. 2输入端4与非门器件74LS00与7400的逻辑功能完全相同。（　　）

5. CMOS或非门与TTL或非门的逻辑功能完全相同。（　　）

6. 三态门的三种状态分别为：高电平、低电平、不高不低的电压。（　　）

7. TTL集电极开路门输出为1时由外接电源和电阻提供输出电流。（　　）

8. 一般TTL门电路的输出端可以直接相连，实现线与。（　　）

9. CMOS OD门（漏极开路门）的输出端可以直接相连，实现线与。（　　）

10. TTL OC门（集电极开路门）的输出端可以直接相连，实现线与。（　　）

三、填空题

1. 二极管在外加电压作用下，当它正向导通时相当于开关__________；反向截止时相当于开关__________。

2. 集电极开路门的英文缩写为________门，工作时必须外加________和________。

3. OC门称为________门，多个OC门输出端并联到一起可实现________功能。

4. TTL集成电路74LS系列为__________系列。

5. 三态门的输出端有三种可能出现的状态：________、________和________。

6. CMOS 集成门电路使用时，闲置输入端不允许悬空，对于与非门，闲置端应接________，对于或非门，闲置端应接________。TTL 与非门的多余输入端悬空时，相当于输入________。

7. 能够实现“线与”的 TTL 门电路叫________，能够实现“线与”的 CMOS 门电路叫________。

四、综合题

1. 试用题图 2-2 所示的与非门、或非门、异或门和与或非门，实现非门功能的等效电路图。

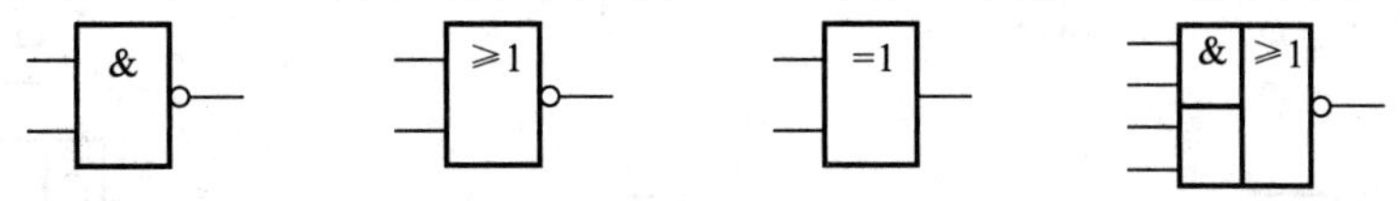

题图 2-2

2. 电路如题图 2-3(a)、(b)、(c)、(d)所示，试找出电路中的错误，并说明原因。

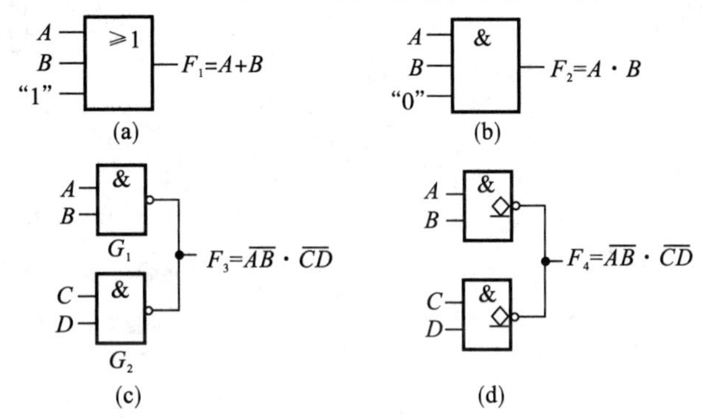

题图 2-3

3. 分析题图 2-4 所示 CMOS 电路是否能够正常工作，若能正常工作，则写出电路输出信号的逻辑表达式；若不能正常工作，则说明原因。

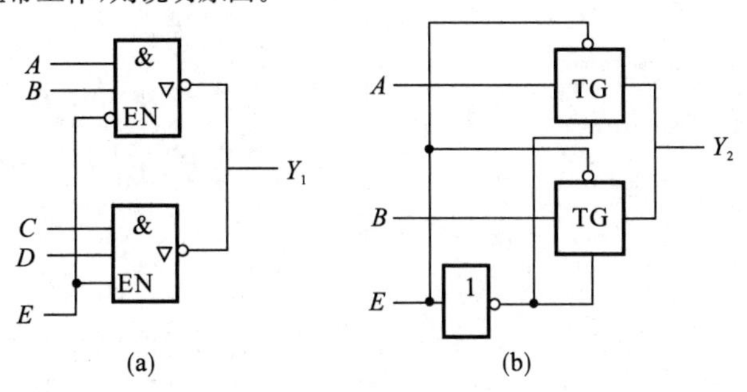

题图 2-4

4. 图题 2-5 所示为用三态门传输数据的示意图，图中 n 个三态门连到总线 BUS，其中 D_1、D_2、…、D_n 为数据输入端，EN_1、EN_2、…、EN_n 为三态门使能控制端，试说明电路能传输数据的原理。

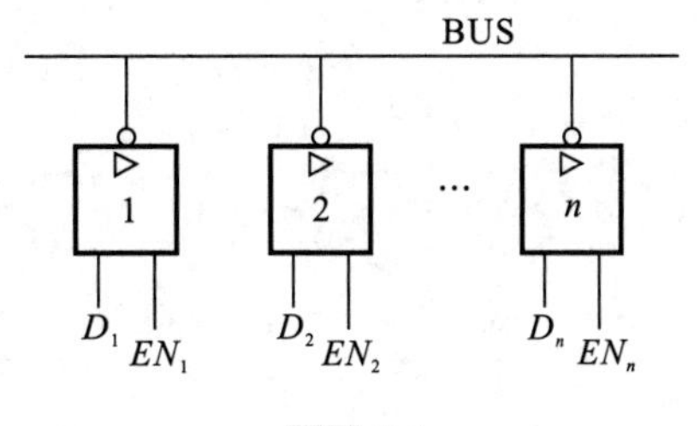

题图 2-5

5. 指出题图 2-6 所示电路的输出逻辑电平是高电平、低电平还是高阻态。已知题图 2-6(a)中的门电路都是 74 系列的 TTL 门电路，题图 2-6(b)中的门电路为 CC4000 系列的 CMOS 门电路。

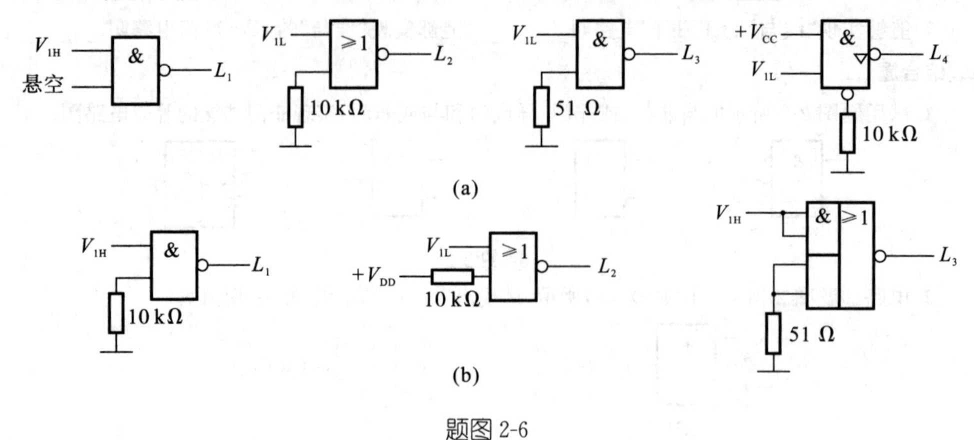

题图 2-6

组合逻辑电路

本章首先介绍了组合逻辑电路的特点及描述方法;重点介绍了组合逻辑电路的分析和设计方法以及若干典型电路,如加法器、数值比较器、编码器、译码器、数据选择器等;最后简要介绍了组合逻辑电路中的竞争冒险问题及消除方法。

3.1 概述

根据电路逻辑功能和结构特点的不同,数字逻辑电路可分为两大类型:一类是组合逻辑电路,另一类是时序逻辑电路,本章介绍组合逻辑电路。

3.1.1 组合逻辑电路的定义

组合逻辑电路是指在任意时刻,电路的输出状态仅取决于该时刻各输入信号的状态,而与前一时刻电路的输出状态无关,即组合逻辑电路不具有记忆功能,输出与输入之间没有反馈通路。组合逻辑电路简称为组合电路。

3.1.2 组合电路的描述方法

组合电路框图如图 3-1 所示,其中 $X_1,X_2,\cdots,X_n$ 表示输入逻辑变量,$Y_1,Y_2,\cdots,Y_m$ 表示输出逻辑变量。

图 3-1 组合电路框图

输出变量与输入变量间的逻辑关系可用一组逻辑函数表示。

$$\begin{cases} Y_1 = f_1(X_1,X_2,\cdots,X_n) \\ Y_2 = f_2(X_1,X_2,\cdots,X_n) \\ \vdots \\ Y_m = f_m(X_1,X_2,\cdots,X_n) \end{cases} \tag{3-1}$$

式(3-1)中,当 $m=1$ 时,只有一个输出端,称为单输出组合电路;当 $m>1$ 时,有多个输出端,称为多输出组合电路。

3.2 组合电路的分析方法和设计方法

3.2.1 组合电路的分析方法

分析组合电路的目的是为了确定已知电路的逻辑功能，或者检查电路设计是否正确合理。组合电路的分析步骤如下：

(1)根据给定的逻辑电路，从输入到输出，写出输出变量的逻辑函数式，并采用公式法或图形法，对逻辑函数式进行化简；

(2)根据化简后的逻辑函数式，列出真值表；

(3)根据真值表，确定逻辑电路的功能，并进行文字描述。

【例 3-1】 分析图 3-2 所示组合电路的功能。

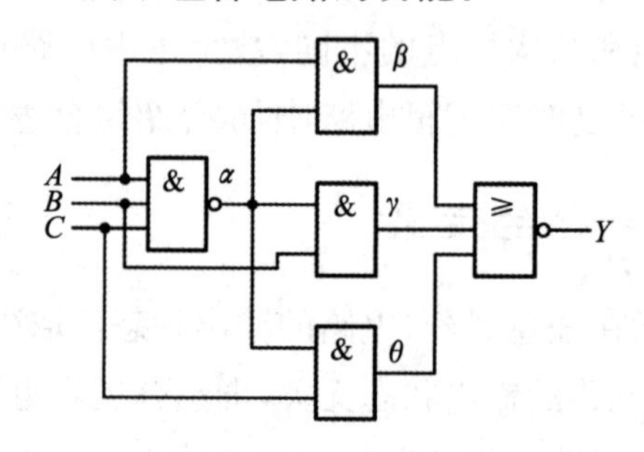

图 3-2 例 3-1 逻辑电路

解： (1)根据逻辑电路，写出输出变量的逻辑函数式。

$\alpha = \overline{ABC}$

$\beta = A\alpha = A\overline{ABC}$

$\gamma = B\alpha = B\overline{ABC}$

$\theta = C\alpha = C\overline{ABC}$

$Y = \overline{\beta + \gamma + \theta} = \overline{A\overline{ABC} + B\overline{ABC} + C\overline{ABC}} = \overline{\overline{ABC}(A+B+C)}$

$\quad = ABC + \overline{A}\,\overline{B}\,\overline{C}$

(2)列出逻辑函数真值表。根据化简后的逻辑函数式，得到真值表如表 3-1 所示。

表 3-1 例 3-1 真值表

输入			输出
A	B	C	Y
0	0	0	1
0	0	1	0
0	1	0	0

续表

A	B	C	Y
0	1	1	0
1	0	0	0
1	0	1	0
1	1	0	0
1	1	1	1

(3)根据真值表,说明组合电路的功能。

由表 3-1 可知,当 A、B、C 三个输入变量全为“0”或“1”时,输出 Y 为“1”;当 A、B、C 三个输入变量不相同时,输出 Y 为“0”,故该组合电路的功能为判断 A、B、C 三个输入变量是否一致。

【例 3-2】 分析图 3-3 所示组合电路的功能。

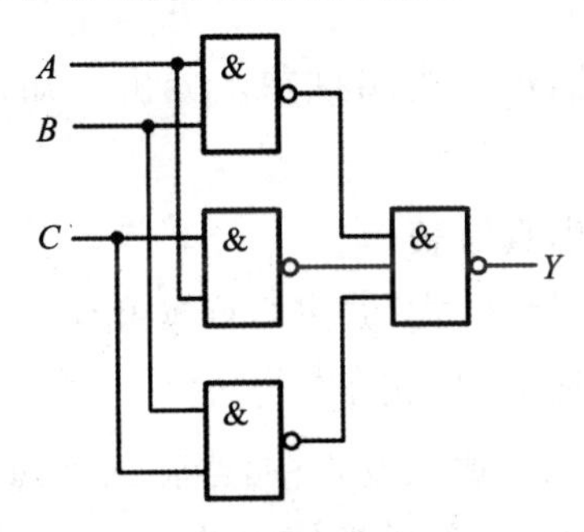

图 3-3　例 3-2 逻辑电路

解: (1)根据电路,写出输出变量 Y 的逻辑函数式。

$Y=\overline{\overline{AB}\,\overline{BC}\,\overline{AC}}=AB+BC+AC$

(2)列出逻辑函数真值表,如表 3-2 所示。

表 3-2　例 3-2 真值表

输入			输出
A	B	C	Y
0	0	0	0
0	0	1	0
0	1	0	0
0	1	1	1
1	0	0	0
1	0	1	1
1	1	0	1
1	1	1	1

(3)说明逻辑电路的功能。

由表 3-2 可知，当 A、B、C 三个输入变量有两个或两个以上为“1”时，输出 Y 为“1”，故该电路的功能为三变量表决电路。

3.2.2 组合电路的设计方法

组合电路的设计是分析的逆过程，即根据给定的逻辑问题，设计出实现该功能的逻辑电路。组合电路设计流程如图 3-4 所示。

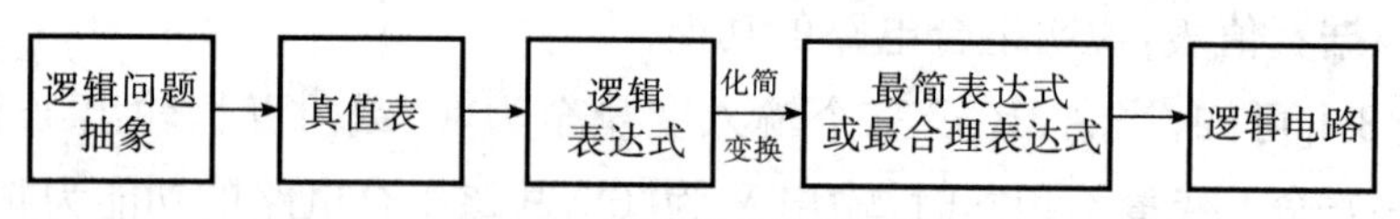

图 3-4 组合电路设计流程

组合电路一般由各种门电路组成，下面主要介绍由小规模集成门电路设计组合电路的方法，设计步骤如下。

(1)对给定的逻辑问题，进行逻辑抽象。分析已知条件，确定输入、输出各变量之间的逻辑关系；

(2)根据逻辑抽象，列出真值表；

(3)根据真值表，写逻辑函数式，并进行变换和化简，得到最简表达式；

(4)根据最简表达式，画出逻辑电路。

【例 3-3】 在 A、B、C 三个输入变量中，当输入变量有奇数个 1 时，输出为 1；否则，输出为 0，试设计实现该功能的逻辑电路。

解： (1)根据逻辑问题，列真值表，如表 3-3 所示。

表 3-3 例 3-3 真值表

输入			输出
A	B	C	Y
0	0	0	0
0	0	1	1
0	1	0	1
0	1	1	0
1	0	0	1
1	0	1	0
1	1	0	0
1	1	1	1

(2)根据真值表，写逻辑函数表达式。

$$Y=\overline{A}\,\overline{B}C+\overline{A}B\overline{C}+A\overline{B}\,\overline{C}+ABC$$

(3)根据表达式画逻辑电路，如图 3-5 所示。图 3-6 为全部原变量输入的逻辑电路。

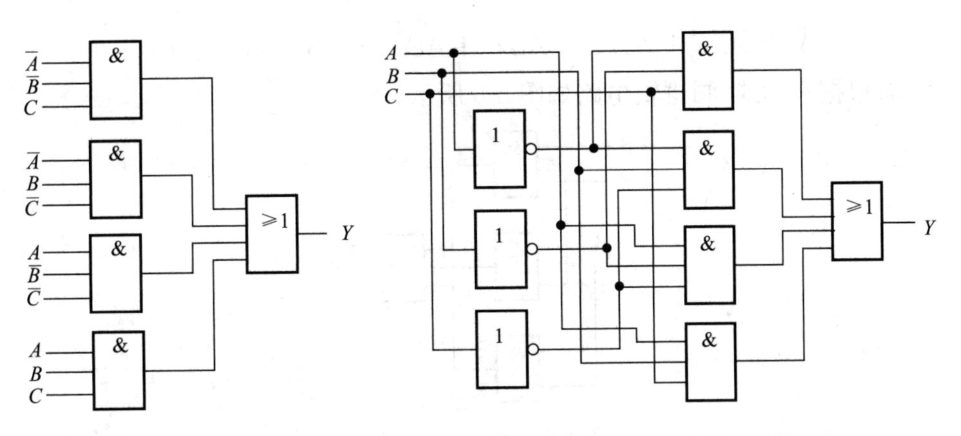

图 3-5　例 3-3 逻辑电路　　　　图 3-6　例 3-3 原变量输入逻辑电路

对函数表达式 Y 做变换，可得

$$
\begin{aligned}
Y &= \overline{A}\,\overline{B}C + \overline{A}B\overline{C} + A\overline{B}\,\overline{C} + ABC \\
&= \overline{A}(\overline{B}C + B\overline{C}) + A(\overline{B}\,\overline{C} + BC) \\
&= \overline{A}(B \oplus C) + A(\overline{B \oplus C}) = A \oplus B \oplus C
\end{aligned}
$$

可用异或门实现例 3-3 逻辑电路，如图 3-7 所示。

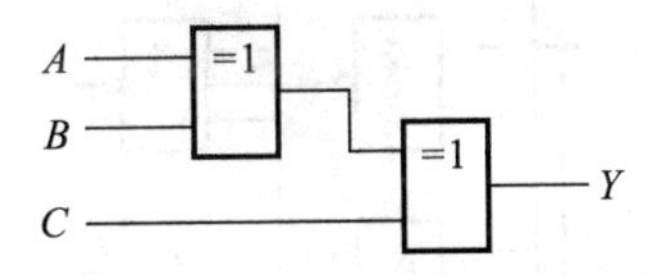

图 3-7　例 3-3 异或门实现逻辑电路

【例 3-4】 有一个火灾报警系统，设有烟感、温感和紫外光 3 种不同的火灾探测器。为了防止误报警，只有当其中两种或两种以上发出火灾探测信号时，报警系统才发出报警信号，试设计出具有该逻辑功能的电路。

解： (1)根据题意，设 A、B、C 分别代表烟感、温感、紫外光 3 种火灾探测器，当 A、B、C 取值为 1 时，表示有火灾探测信号，取值为 0 时，无火灾探测信号。报警信号用 Y 表示，取值为 1，有报警信号，取值为 0，表示无报警信号。真值表如表 3-4 所示。

表 3-4　例 3-4 真值表

输入			输出
A	B	C	Y
0	0	0	0
0	0	1	0
0	1	0	0
0	1	1	1
1	0	0	0
1	0	1	1
1	1	0	1
1	1	1	1

(2)根据真值表，写逻辑函数表达式。

$$Y=\overline{A}BC+A\overline{B}C+AB\overline{C}+ABC=AB+BC+AC$$

(3)根据表达式,画逻辑电路如图 3-8 所示。

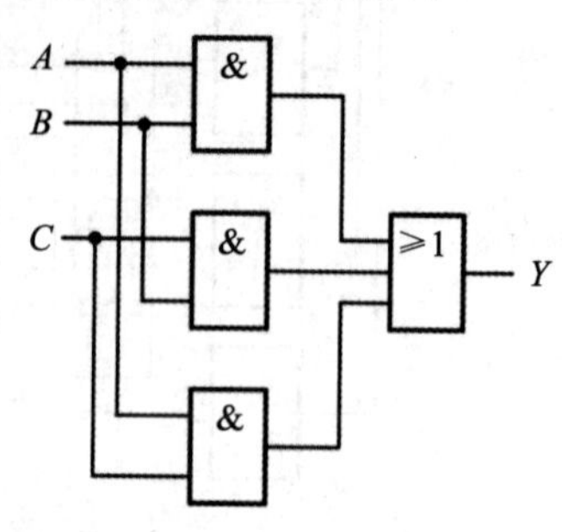

图 3-8　例 3-4 逻辑电路

对函数表达式 Y 做两次取反,可得"与非-与非"式逻辑函数。

$$Y=\overline{\overline{AB+BC+AC}}=\overline{\overline{AB}\,\overline{BC}\,\overline{AC}}$$

全部用与非门实现的逻辑电路,如图 3-9 所示。

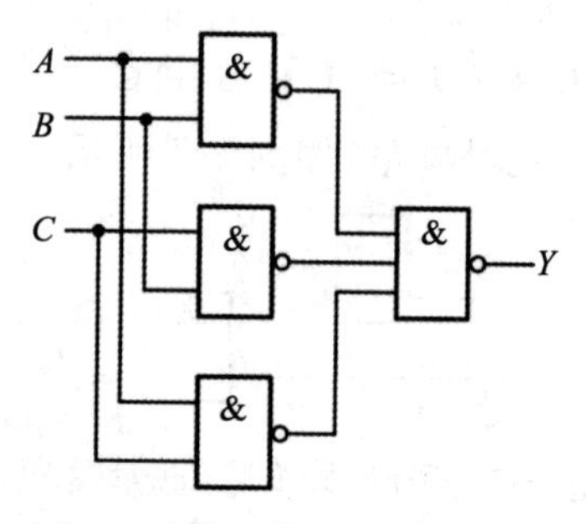

图 3-9　例 3-4 与非门逻辑电路

3.3　加法器和数值比较器

3.3.1　加法器

加法器是完成二进制数加法运算的电路。

1. 半加器

半加器完成两个一位二进制数 A、B 的相加,产生本位和 S 及向高位进位 CO。根据半加器的定义,可以列出半加器真值表,如表 3-5 所示。

表 3-5　半加器真值表

输入		输出	
A	B	S	CO
0	0	0	0
0	1	1	0
1	0	1	0
1	1	0	1

根据表 3-5,得到半加器逻辑函数式。

$$S = \overline{A}B + A\overline{B} = A \oplus B$$
$$CO = AB \quad (3\text{-}2)$$

由式(3-2)知,可画出半加器的逻辑电路,如图 3-10(a)所示,图(b)为半加器逻辑符号。

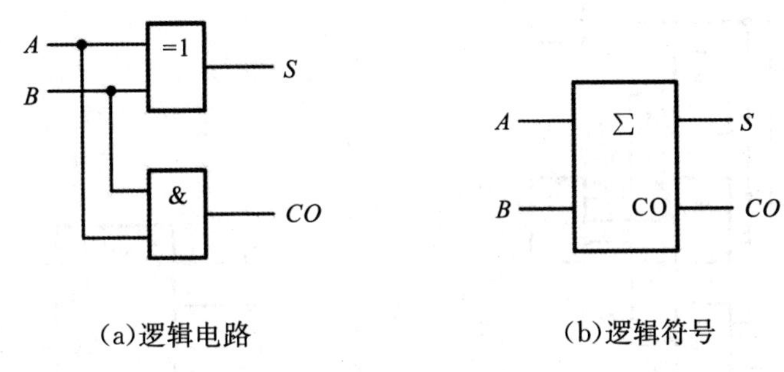

(a)逻辑电路　　(b)逻辑符号

图 3-10　半加器

2. 全加器

全加器能够完成两个 1 位二进制数 A、B 和来自低位的进位 CI 相加,产生本位和 S 及向高位进位 CO。全加器真值表如表 3-6 所示。

表 3-6　全加器真值表

输入			输出	
A	B	CI	S	CO
0	0	0	0	0
0	0	1	1	0
0	1	0	1	0
0	1	1	0	1
1	0	0	1	0
1	0	1	0	1
1	1	0	0	1
1	1	1	1	1

根据全加器真值表 3-6,得到逻辑函数式。

$$S = \overline{A}\,\overline{B}C + \overline{A}B\overline{C} + A\overline{B}\overline{C} + ABC$$
$$CO = \overline{A}BC + A\overline{B}C + AB\overline{C} + ABC \quad (3\text{-}3)$$

对式(3-3)进行变换,可得

$$S = A \oplus B \oplus C$$
$$CO = AB + BC + AC = \overline{\overline{AB}\,\overline{BC}\,\overline{AC}} \quad (3\text{-}4)$$

由式(3-4),可画出全加器逻辑电路,如图3-11(a)所示,图(b)为全加器逻辑符号。

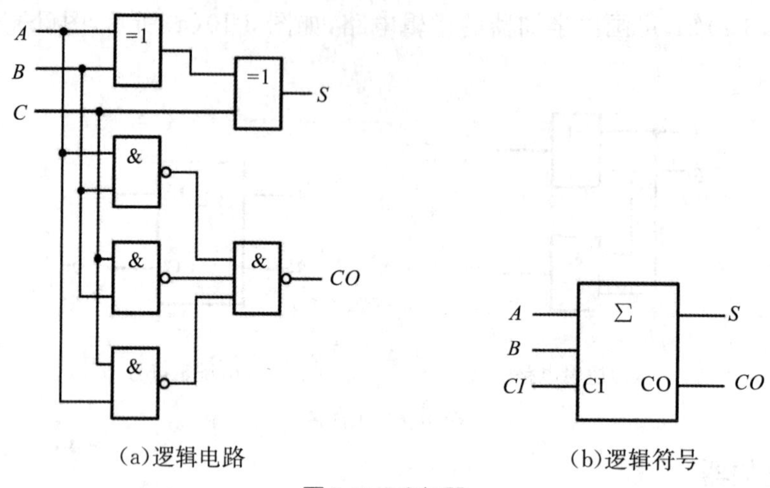

(a)逻辑电路　　(b)逻辑符号

图3-11　全加器

3. 多位加法器

(1)串行进位加法器。

若有多位二进制数相加,可采用并行相加串行进位的方式来完成。例如,有两个4位二进制数$A_3A_2A_1A_0$和$B_3B_2B_1B_0$相加,将4个全加器级联,低位全加器的进位输出连接到相邻高位全加器的进位输入,如图3-12所示。

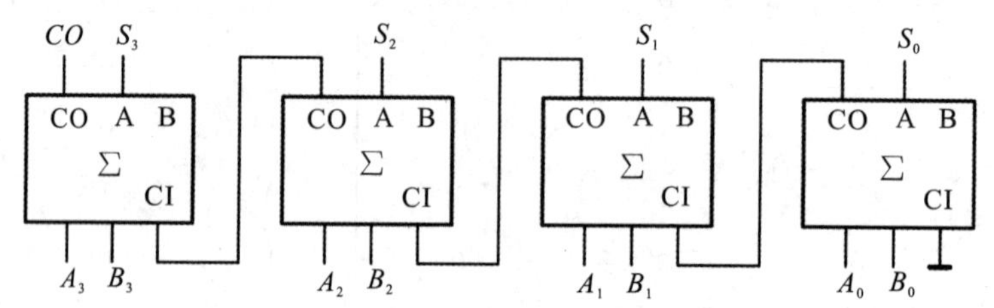

图3-12　4位二进制串行进位加法器

利用串行进位加法器进行两个4位二进制数相加时,从低位到高位逐次相加,高位相加只有等低位进位产生后才能进行,即进位信号由低位向高位是逐级传递,这种结构的电路称为串行进位加法器。这种加法器电路结构简单,但运算速度较慢,为了满足较高运算速度的要求,可采用超前进位加法器。

(2)超前进位加法器。

由于串行进位加法器的速度受到进位信号的限制,实际应用时可以采用超前进位加法器,它在作多位二进制加法时,各位全加器的进位信号由输入二进制数通过超前进位电路直接产生,所以可加快加法运算速度。常用的4位二进制超前进位加法器有74LS283、74HC283等,逻辑符号如图3-13所示。

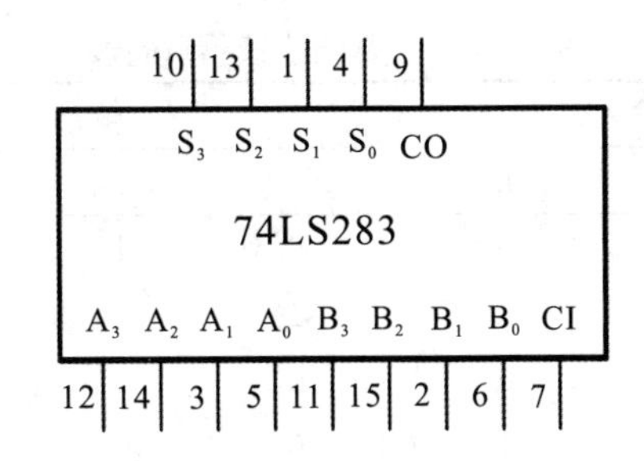

图3-13　74LS283逻辑符号

利用两片74LS283进行级联，可以实现8位二进制数相加，如图3-14所示。

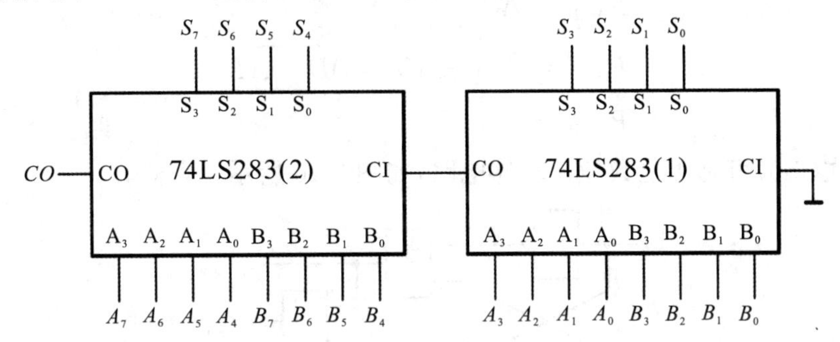

图3-14　8位二进制加法器

另外，利用全加器能够实现8421BCD码向余3码的转换，电路如图3-15所示。

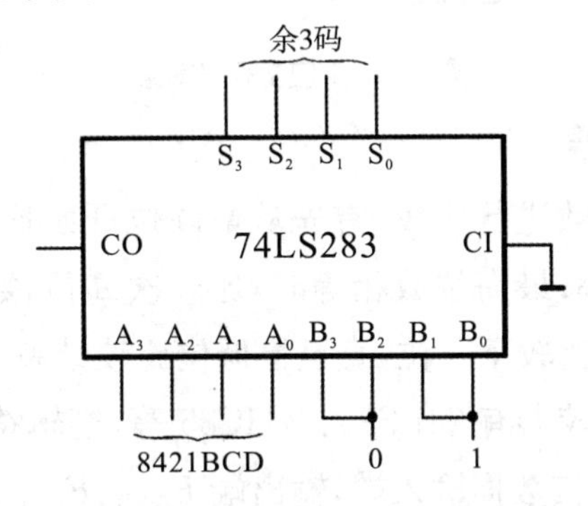

图3-15　余3码转换电路

3.3.2　数值比较器

数值比较器是对位数相同的两个无符号二进制数进行数值比较，并判断大小关系的运算电路。

1.1位数值比较器

1位数值比较器可以对两个1位二进制数A、B的大小进行比较，比较结果有三种情况：$A>B$、$A<B$和$A=B$。当$A>B$时，输出$F_{A>B}=1$，其余输出为0；当$A=B$时，输出$F_{A=B}=1$，其余输出为0；当$A<B$时，输出$F_{A<B}=1$，其余输出为0。表3-7为1位数值比较器真值表。

表 3-7　1 位数值比较器真值表

输入		输出		
A	B	$F_{A<B}$	$F_{A=B}$	$F_{A>B}$
0	0	0	1	0
0	1	1	0	0
1	0	0	0	1
1	1	0	1	0

根据 1 位数值比较器真值表，得到逻辑函数式。

$$F_{A<B}=\overline{A}B$$
$$F_{A=B}=\overline{A}\,\overline{B}+AB=\overline{\overline{A}B+A\overline{B}} \tag{3-5}$$
$$F_{A>B}=A\overline{B}$$

由式(3-5)可画 1 位数值比较器电路，如图 3-16 所示。

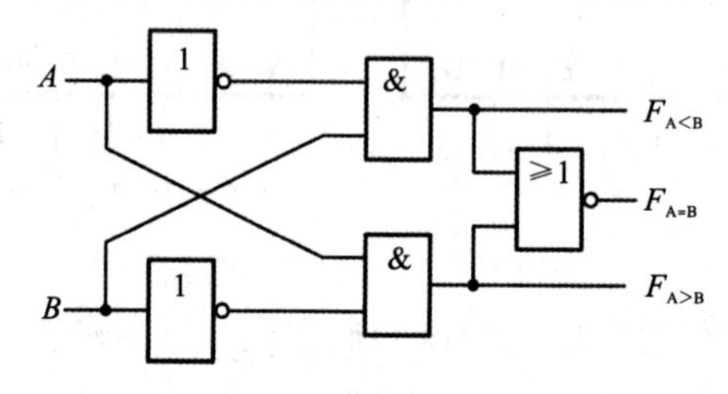

图 3-16　1 位数值比较器

2. 多位数值比较器

对两个 n 位二进制数进行比较，首先从最高位开始比较，最高位数大的数值大，最高位数小的数值小；最高位数相等时，比较次高位，数的大小由次高位数大小决定；次高位相等，再比较下一位，直至最低位比较结束。

常用的 4 位数值比较器有 74LS85、74HC85 等，逻辑符号如图 3-17 所示。其中 $A_3\sim A_0$、$B_3\sim B_0$ 为比较数据输入端，输出端 $F_{A>B}$、$F_{A=B}$、$F_{A<B}$ 为 3 个比较结果，$I_{A>B}$、$I_{A<B}$、$I_{A=B}$ 为 3 个级联输入端，用来对数值比较器的位数进行扩展。作为级联扩展时，低位片的级联输入端 $I_{A>B}$、$I_{A<B}$ 接 0，$I_{A=B}$ 接 1。表 3-8 为 4 位数值比较器真值表。

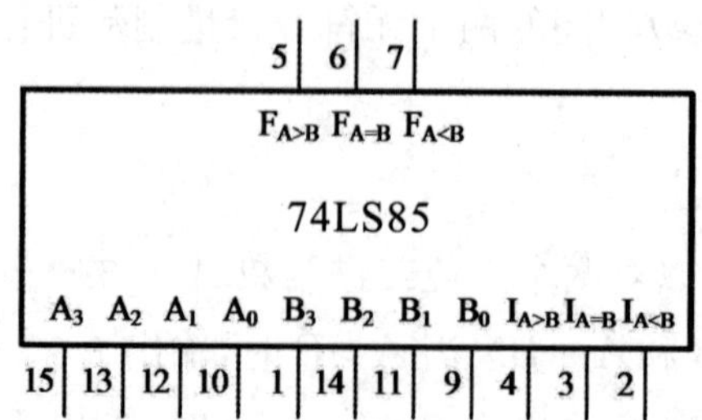

图 3-17　74LS85 逻辑符号

表 3-8　4 位数值比较器 74LS85 真值表

输入							输出		
A_3　B_3	A_2　B_2	A_1　B_1	A_0　B_0	$I_{A>B}$	$I_{A<B}$	$I_{A=B}$	$F_{A>B}$	$F_{A<B}$	$F_{A=B}$
$A_3>B_3$	×	×	×	×	×	×	1	0	0
$A_3<B_3$	×	×	×	×	×	×	0	1	0
$A_3=B_3$	$A_2>B_2$	×	×	×	×	×	1	0	0
$A_3=B_3$	$A_2<B_2$	×	×	×	×	×	0	1	0
$A_3=B_3$	$A_2=B_2$	$A_1>B_1$	×	×	×	×	1	0	0
$A_3=B_3$	$A_2=B_2$	$A_1<B_1$	×	×	×	×	0	1	0
$A_3=B_3$	$A_2=B_2$	$A_1=B_1$	$A_0>B_0$	×	×	×	1	0	0
$A_3=B_3$	$A_2=B_2$	$A_1=B_1$	$A_0<B_0$	×	×	×	0	1	0
$A_3=B_3$	$A_2=B_2$	$A_1=B_1$	$A_0=B_0$	1	0	0	1	0	0
$A_3=B_3$	$A_2=B_2$	$A_1=B_1$	$A_0=B_0$	0	1	0	0	1	0
$A_3=B_3$	$A_2=B_2$	$A_1=B_1$	$A_0=B_0$	0	0	1	0	0	1

利用级联输入端，可以对数值比较器的位数进行扩展。图 3-18 所示为 4 位数值比较器扩展成 8 位数值比较器的电路图。8 位二进制数分为高 4 位和低 4 位，$A_3\sim A_0$ 和 $B_3\sim B_0$ 接低 4 位数值比较器，$A_7\sim A_4$ 和 $B_7\sim B_4$ 接高 4 位数值比较器，低位片数值比较器的级联输入 $I_{A>B}$、$I_{A<B}$ 接 0，$I_{A=B}$ 接 1，输出端 $F_{A>B}$、$F_{A=B}$、$F_{A<B}$ 接高位片的级联输入 $I_{A>B}$、$I_{A=B}$、$I_{A<B}$。

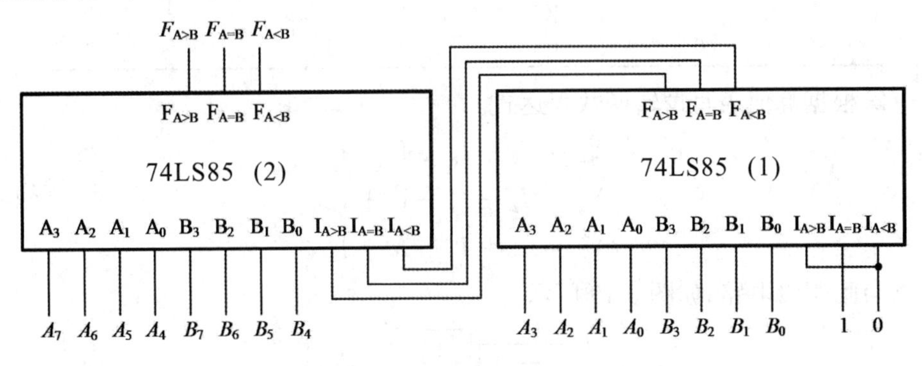

图 3-18　8 位数值比较器

3.4　编码器和译码器

3.4.1　编码器

用特定的一组二进制代码来表示某种信息的过程称为编码，具有编码功能的电路称为编码器。根据输入信号个数 n 和输出代码位数 m 是否匹配，可将编码器分为完全编码器和部分编码器。当 $n=2^m$ 时，该编码器为完全编码器或二进制编码器；当 $n<2^m$ 时，该编码器为部分编码器或非二进制编码器。常见编码器有8—3线编码器和10—4线编码器。根据编码信号的优先级别，编码器又可分为普通编码器和优先编码器。

1. 普通编码器

普通编码器在任何时刻只允许输入一个编码信号，否则输出将发生混乱。下面以8—3线普通编码器为例，说明普通编码器的设计过程及其工作原理。

(1)列出8—3编码器真值表。$I_0 \sim I_7$ 为8个编码输入信号，高电平有效，任何时刻只能有一个输入信号为高电平1，$Y_2 \sim Y_0$ 为编码器的输出信号，输出信号编码为原码。例如当 $I_0=1$ 时，$Y_2Y_1Y_0=000$。8—3线编码器真值表如表3-9所示。

表3-9　8—3线编码器真值表

输入								输出		
I_0	I_1	I_2	I_3	I_4	I_5	I_6	I_7	Y_2	Y_1	Y_0
1	0	0	0	0	0	0	0	0	0	0
0	1	0	0	0	0	0	0	0	0	1
0	0	1	0	0	0	0	0	0	1	0
0	0	0	1	0	0	0	0	0	1	1
0	0	0	0	1	0	0	0	1	0	0
0	0	0	0	0	1	0	0	1	0	1
0	0	0	0	0	0	1	0	1	1	0
0	0	0	0	0	0	0	1	1	1	1

(2)根据真值表写逻辑函数表达式。

$$
\begin{aligned}
Y_2 &= I_4 + I_5 + I_6 + I_7 \\
Y_1 &= I_2 + I_3 + I_6 + I_7 \\
Y_0 &= I_1 + I_3 + I_5 + I_7
\end{aligned}
\tag{3-6}
$$

(3)画逻辑电路，如图3-19所示。

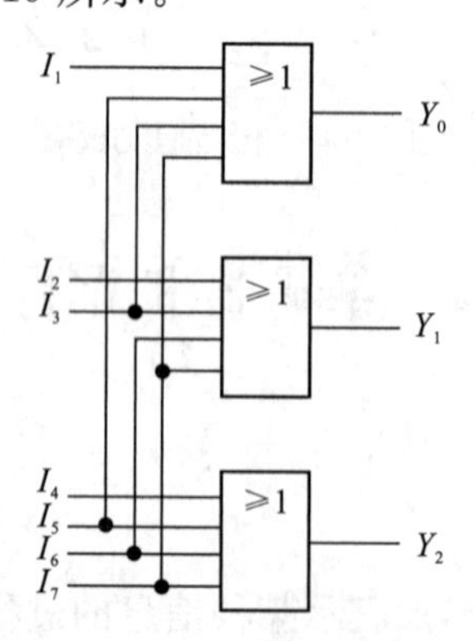

图3-19　8—3线编码器电路

当 $I_0I_1I_2I_3I_4I_5I_6I_7=10000000$ 时，$Y_2Y_1Y_0=000$，相当于对 I_0 进行编码。

2. 优先编码器

普通编码器对输入信号有限制，输入信号不能同时有效，而优先编码器，允许多个输入信号同时有效，但只对优先级别最高的信号进行编码。常用的优先编码器有 8—3 线优先编码器 74*LS*148，10—4 线优先编码器 74*LS*147。

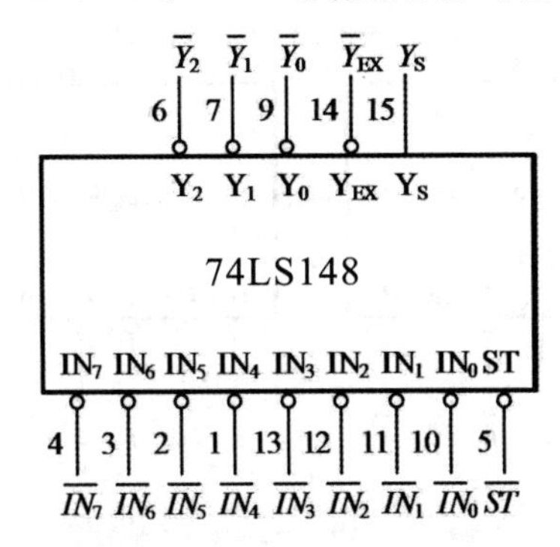

图 3-20　74*LS*148 逻辑符号

图 3-20 为 8—3 线优先编码器 74*LS*148 逻辑符号。$\overline{ST}$ 为使能输入端，低电平 0 有效；$\overline{IN_0}$ ～ $\overline{IN_7}$ 为编码输入信号，低电平 0 有效，$\overline{IN_0}$ 的优先级别最低，$\overline{IN_7}$ 最高。$\overline{Y_2}$ ～ $\overline{Y_0}$ 为编码输出端，输出端编码为反码；Y_S 为输出选通端，$\overline{Y_{EX}}$ 为扩展输出端。74*LS*148 的功能表如表 3-10 所示。

表 3-10　8—3 线优先编码器 74*LS*148 真值表

输入									输出				
$\overline{ST}$	$\overline{IN_0}$	$\overline{IN_1}$	$\overline{IN_2}$	$\overline{IN_3}$	$\overline{IN_4}$	$\overline{IN_5}$	$\overline{IN_6}$	$\overline{IN_7}$	$\overline{Y_2}$	$\overline{Y_1}$	$\overline{Y_0}$	$\overline{Y_{EX}}$	Y_s
1	×	×	×	×	×	×	×	×	1	1	1	1	1
0	1	1	1	1	1	1	1	1	1	1	1	1	0
0	×	×	×	×	×	×	×	0	0	0	0	0	1
0	×	×	×	×	×	×	0	1	0	0	1	0	1
0	×	×	×	×	×	0	1	1	0	1	0	0	1
0	×	×	×	×	0	1	1	1	0	1	1	0	1
0	×	×	×	0	1	1	1	1	1	0	0	0	1
0	×	×	0	1	1	1	1	1	1	0	1	0	1
0	×	0	1	1	1	1	1	1	1	1	0	0	1
0	0	1	1	1	1	1	1	1	1	1	1	0	1

对两片 74LS148 进行扩展可得到 16—4 线优先编码器，如图 3-21 所示，根据表 3-10 可以判断第 2 片编码输入信号优先级别高于第 1 片，然后再对每片的编码输入信号优先级别进行判断。

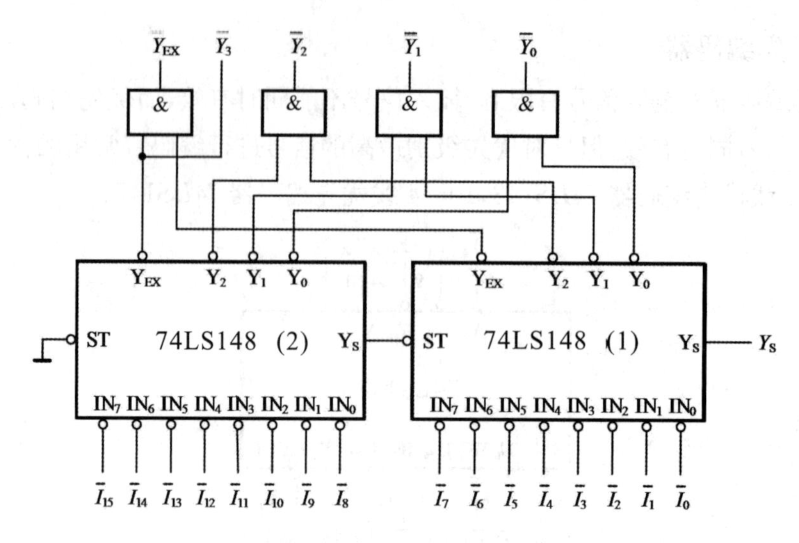

图 3-21　16—4 线优先编码器

3.4.2　译码器

译码是编码的逆过程，将输入的二进制编码转换为特定的输出信号，具有译码功能的电路称为译码器。根据输入编码位数 n 和输出信号的个数 m 是否匹配，可以将译码器分为完全译码器和部分译码器。当 $m=2^n$ 时，该译码器为完全译码器或二进制译码器；当 $m<2^n$ 时，该译码器为部分译码器或非二进制译码器。

1. 二进制译码器

设计具有选通功能的 2—4 线译码器，当 $ST=0$ 时，译码器不工作，当 $ST=1$ 时，译码器可以对输入二进制代码进行译码，2—4 线译码器真值表如表 3-11 所示。

表 3-11　2—4 线译码器真值表

输入			输出			
ST	A_1	A_0	Y_3	Y_2	Y_1	Y_0
0	×	×	0	0	0	0
1	0	0	0	0	0	1
1	0	1	0	0	1	0
1	1	0	0	1	0	0
1	1	1	1	0	0	0

根据 2—4 线译码器真值表，当 $ST=1$ 时，得到逻辑函数式为

$$\begin{aligned} Y_3 &= STA_1A_0 = m_3 \\ Y_2 &= STA_1\overline{A}_0 = m_2 \\ Y_1 &= ST\overline{A}_1A_0 = m_1 \\ Y_0 &= ST\overline{A}_1\overline{A}_0 = m_0 \end{aligned} \tag{3-7}$$

由式(3-7)可看出，2—4 线译码器的 4 个输出逻辑函数为 4 个不同的最小项，

它实际上是 2 位输入二进制代码变量的全部最小项。因此，二进制译码器又称为完全译码器。

由式(3-7)可以画出 2—4 线译码器的逻辑电路，如图 3-22 所示。

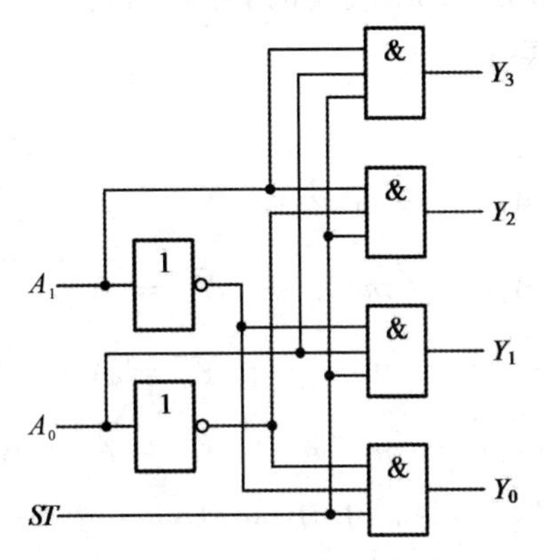

图 3-22　2—4 线译码器

常用的集成 2—4 线译码器有 74LS139、74HC139，3—8 线译码器有 74LS138、74HC138 等。图 3-23 为 74LS138 逻辑符号，A_2、A_1、A_0 为 3 个译码输入端，ST_A、$\overline{ST}_B$ 和 $\overline{ST}_C$ 为使能端，$\overline{Y}_0 \sim \overline{Y}_7$ 为 8 个译码输出端，74LS138 功能表如表 3-12 所示。

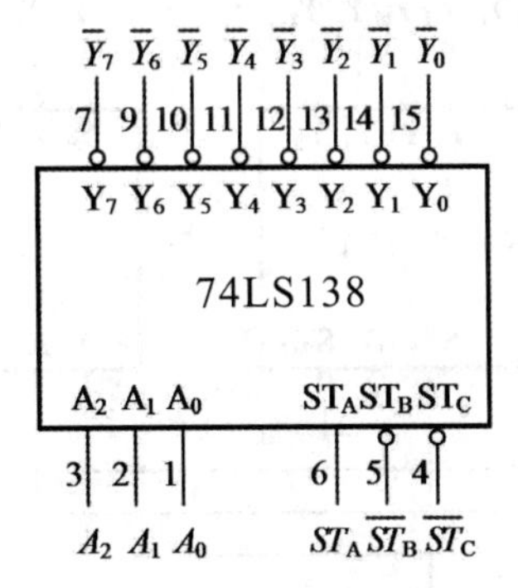

图 3-23　74LS138 逻辑符号

表 3-12　3—8 线译码器 74LS138 真值表

输入					输出							
ST_A	$\overline{ST}_B+\overline{ST}_C$	A_2	A_1	A_0	$\overline{Y}_0$	$\overline{Y}_1$	$\overline{Y}_2$	$\overline{Y}_3$	$\overline{Y}_4$	$\overline{Y}_5$	$\overline{Y}_6$	$\overline{Y}_7$
0	×	×	×	×	1	1	1	1	1	1	1	1
×	1	×	×	×	1	1	1	1	1	1	1	1
1	0	0	0	0	0	1	1	1	1	1	1	1
1	0	0	0	1	1	0	1	1	1	1	1	1
1	0	0	1	0	1	1	0	1	1	1	1	1
1	0	0	1	1	1	1	1	0	1	1	1	1
1	0	1	0	0	1	1	1	1	0	1	1	1
1	0	1	0	1	1	1	1	1	1	0	1	1
1	0	1	1	0	1	1	1	1	1	1	0	1
1	0	1	1	1	1	1	1	1	1	1	1	0

(1)当 $ST_A=0$ 或 $\overline{ST}_B+\overline{ST}_C=1$ 时,译码器不工作,输出 $\overline{Y}_0\sim\overline{Y}_7$ 全为高电平 1。

(2)当 $ST_A=1$ 且 $\overline{ST}_B+\overline{ST}_C=0$ 时,译码器正常工作,输出 $\overline{Y}_0\sim\overline{Y}_7$ 有一端输出低电平 0,完成译码操作。

由表 3-12 可得到

$$
\begin{aligned}
&\overline{Y}_0=\overline{\overline{A}_2\,\overline{A}_1\,\overline{A}_0}=\overline{m}_0 \qquad &\overline{Y}_4=\overline{A_2\,\overline{A}_1\,\overline{A}_0}=\overline{m}_4\\
&\overline{Y}_1=\overline{\overline{A}_2\,\overline{A}_1A_0}=\overline{m}_1 \qquad &\overline{Y}_5=\overline{A_2\,\overline{A}_1A_0}=\overline{m}_5\\
&\overline{Y}_2=\overline{\overline{A}_2A_1\,\overline{A}_0}=\overline{m}_2 \qquad &\overline{Y}_6=\overline{A_2A_1\,\overline{A}_0}=\overline{m}_6\\
&\overline{Y}_3=\overline{\overline{A}_2A_1A_0}=\overline{m}_3 \qquad &\overline{Y}_7=\overline{A_2A_1A_0}=\overline{m}_7
\end{aligned}
\tag{3-8}
$$

即 $\overline{Y}_i=\overline{m}_i(i=0,1,2,\cdots,7)$,其中 m_i 为输入端 $A_2A_1A_0$ 组成的最小项。

利用两片 74LS138 扩展可以得到 4—16 线译码器,如图 3-24 所示。由表3-12 可知,当 $A_3=0$ 时,第 1 片译码器工作,第 2 片译码器不工作;当 $A_3=1$ 时,第 1 片译码器不工作,第 2 片译码器工作。

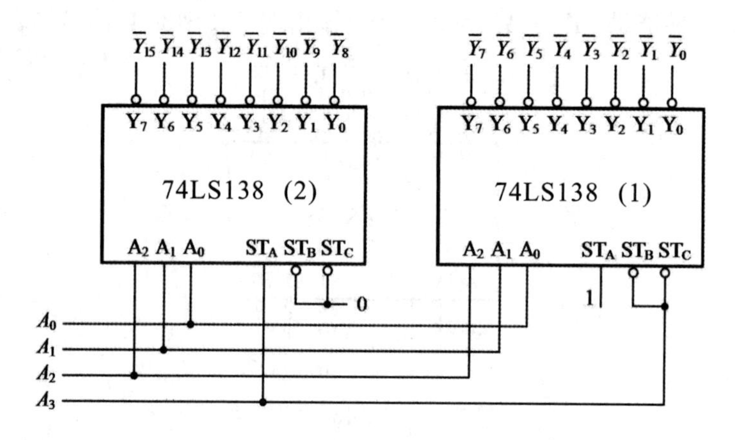

图 3-24　74LS138 扩展为 4—16 线译码器

2. 二一十进制译码器

将输入的 4 位二进制 BCD 码译成 10 个对应的输出信号 0～9。常用的二一十进制译码器有 74LS42,其逻辑符号如图 3-25 所示,有 4 个输入信号 A_3、A_2、A_1、A_0,10 个输出信号 $\overline{Y}_0\sim\overline{Y}_9$,因此又称为 4—10 线译码器。

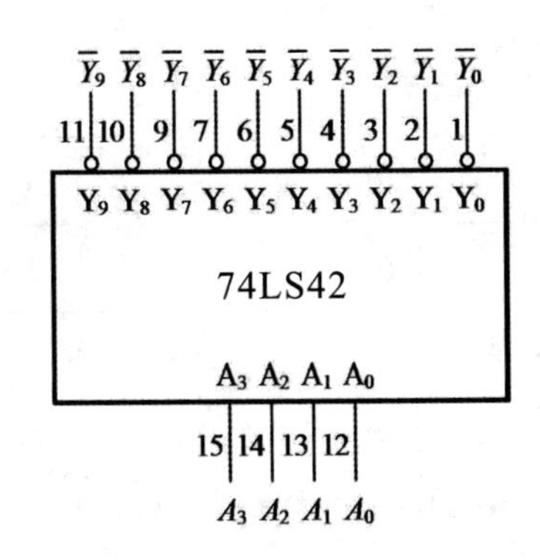

图3-25 74LS42逻辑符号

4—10线译码器74LS42真值表如表3-13所示。由表3-13可知，当$A_3A_2A_1A_0$为0000～1001时，译码器输出端$\overline{Y}_0$～$\overline{Y}_9$轮流出现低电平0，译码器正常译码；当$A_3A_2A_1A_0$为1010～1111时，译码器输出端$\overline{Y}_0$～$\overline{Y}_9$全为1，译码器不能正常译码。

表3-13 4—10线译码器74LS42真值表

输入				输出									
A_3	A_2	A_1	A_0	$\overline{Y}_0$	$\overline{Y}_1$	$\overline{Y}_2$	$\overline{Y}_3$	$\overline{Y}_4$	$\overline{Y}_5$	$\overline{Y}_6$	$\overline{Y}_7$	$\overline{Y}_8$	$\overline{Y}_9$
0	0	0	0	0	1	1	1	1	1	1	1	1	1
0	0	0	1	1	0	1	1	1	1	1	1	1	1
0	0	1	0	1	1	0	1	1	1	1	1	1	1
0	0	1	1	1	1	1	0	1	1	1	1	1	1
0	1	0	0	1	1	1	1	0	1	1	1	1	1
0	1	0	1	1	1	1	1	1	0	1	1	1	1
0	1	1	0	1	1	1	1	1	1	0	1	1	1
0	1	1	1	1	1	1	1	1	1	1	0	1	1
1	0	0	0	1	1	1	1	1	1	1	1	0	1
1	0	0	1	1	1	1	1	1	1	1	1	1	0
1	0	1	0	1	1	1	1	1	1	1	1	1	1
1	0	1	1	1	1	1	1	1	1	1	1	1	1
1	1	0	0	1	1	1	1	1	1	1	1	1	1
1	1	0	1	1	1	1	1	1	1	1	1	1	1
1	1	1	0	1	1	1	1	1	1	1	1	1	1
1	1	1	1	1	1	1	1	1	1	1	1	1	1

根据74LS42真值表，可以得到

$$
\begin{aligned}
&\overline{Y}_0=\overline{\overline{A}_3\,\overline{A}_2\,\overline{A}_1\,\overline{A}_0}=\overline{m}_0 && \overline{Y}_5=\overline{\overline{A}_3A_2\,\overline{A}_1A_0}=\overline{m}_5\\
&\overline{Y}_1=\overline{\overline{A}_3\,\overline{A}_2\,\overline{A}_1A_0}=\overline{m}_1 && \overline{Y}_6=\overline{\overline{A}_3A_2A_1\,\overline{A}_0}=\overline{m}_6\\
&\overline{Y}_2=\overline{\overline{A}_3\,\overline{A}_2A_1\,\overline{A}_0}=\overline{m}_2 && \overline{Y}_7=\overline{\overline{A}_3A_2A_1A_0}=\overline{m}_7 \qquad (3\text{-}9)\\
&\overline{Y}_3=\overline{\overline{A}_3\,\overline{A}_2A_1A_0}=\overline{m}_3 && \overline{Y}_8=\overline{A_3\,\overline{A}_2\,\overline{A}_1\,\overline{A}_0}=\overline{m}_8\\
&\overline{Y}_4=\overline{\overline{A}_3A_2\,\overline{A}_1\,\overline{A}_0}=\overline{m}_4 && \overline{Y}_9=\overline{A_3\,\overline{A}_2\,\overline{A}_1A_0}=\overline{m}_9
\end{aligned}
$$

即 $\overline{Y}_i=\overline{m}_i(i=0,1,2,\cdots,9)$，其中 m_i 为输入端 $A_3A_2A_1A_0$ 组成的最小项。

3. 显示译码器

(1)数码显示器。

数字电路常用的数码管显示器有半导体显示器(LED)和液晶显示器(LCD)。

LED 显示器由七段发光二极管组成，通过对发光段的不同组合，可以显示不同的字符，如图 3-26 所示。

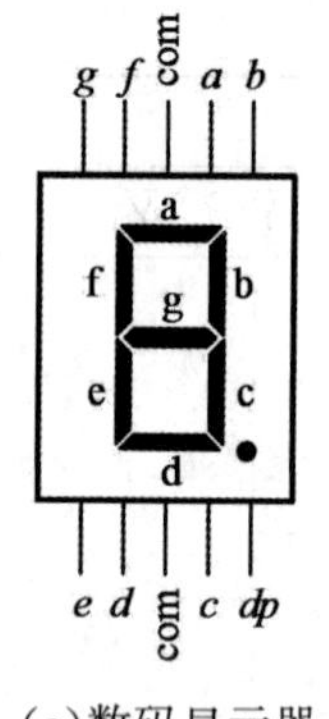

(a)数码显示器

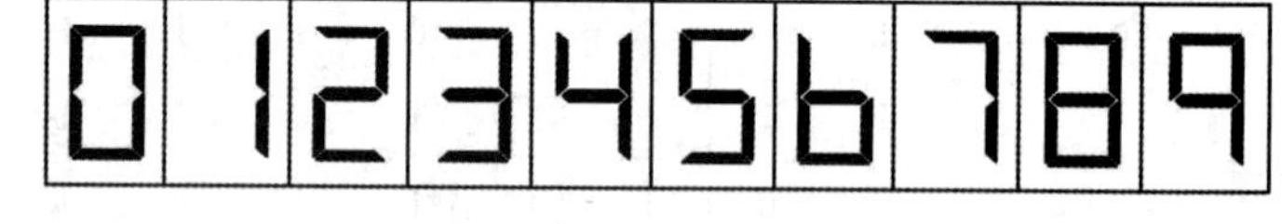

(b)显示的数字

图 3-26　7 段 LED 显示器及显示的数字

半导体数码管显示器的内部连接方式如图 3-27 所示。图(a)为共阴极接法，当输入端a～g 接高电平时，对应的发光二极管亮；图(b)为共阳极接法，当输入端 a～g 接低电平时，对应的发光二极管亮。为防止发光二极管因电流过大而烧毁，使用时发光二极管要加限流电阻，阻值为 100～300 Ω。

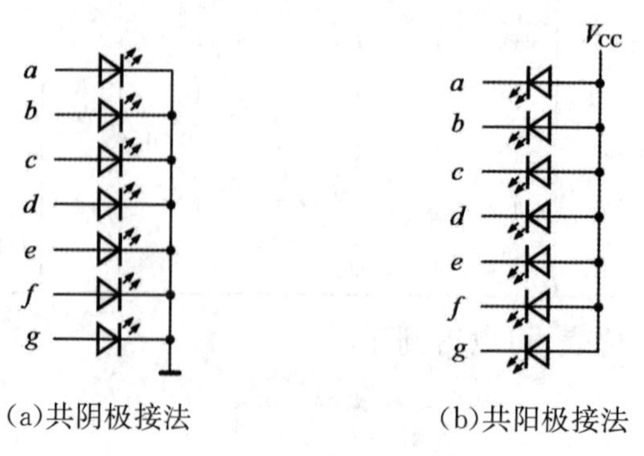

(a)共阴极接法　　(b)共阳极接法

图 3-27　7 段 LED 显示器连接方式

LCD 液晶显示器是在两片平行的玻璃当中放置液态的晶体，两片玻璃中间有许多垂直和水平的细小电线，透过通电与否来控制杆状水晶分子改变方向，将光线折射出来产生画面。液晶本身是不发光的，光线来自背光，LCD 功耗小，显示画面精致。

(2)显示器译码器。

常用的 TTL 型 7 段显示译码器有 74LS47、74LS48 等，CMOS 型有 74HC4511 等。图 3-28 为 74HC4511 逻辑符号，$A_3 \sim A_0$ 为地址输入端，输入 8421BCD 码。$\overline{LT}$ 为试灯信号，低电平有效。$\overline{BI}$ 为灭灯信号，低电平有效。LE 为数据锁存信号，高电平有效。74HC4511 的真值表如表 3-14 所示。

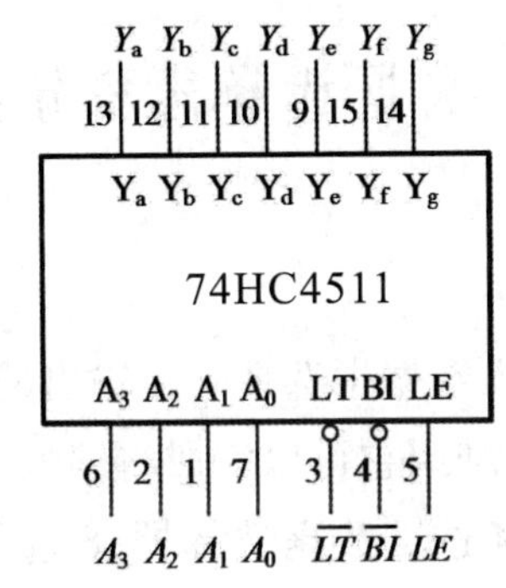

图 3-28　74HC4511 逻辑符号

表 3-14　7 段显示译码器 74HC4511 真值表

输入							输出							显示数字
LE	$\overline{BI}$	$\overline{LT}$	A_3	A_2	A_1	A_0	Y_a	Y_b	Y_c	Y_d	Y_e	Y_f	Y_g	
0	1	1	0	0	0	0	1	1	1	1	1	1	0	0
0	1	1	0	0	0	1	0	1	1	0	0	0	0	1
0	1	1	0	0	1	0	1	1	0	1	1	0	1	2
0	1	1	0	0	1	1	1	1	1	1	0	0	1	3
0	1	1	0	1	0	0	0	1	1	0	0	1	1	4
0	1	1	0	1	0	1	1	0	1	1	0	1	1	5
0	1	1	0	1	1	0	0	0	1	1	1	1	1	6
0	1	1	0	1	1	1	1	1	1	0	0	0	0	7
0	1	1	1	0	0	0	1	1	1	1	1	1	1	8
0	1	1	1	0	0	1	1	1	1	0	0	1	1	9
0	1	1	1	0	1	0	0	0	0	0	0	0	0	不显示
0	1	1	1	0	1	1	0	0	0	0	0	0	0	不显示
0	1	1	1	1	0	0	0	0	0	0	0	0	0	不显示
0	1	1	1	1	0	1	0	0	0	0	0	0	0	不显示
0	1	1	1	1	1	0	0	0	0	0	0	0	0	不显示
0	1	1	1	1	1	1	×	×	×	×	×	×	×	不显示
×	×	0	×	×	×	×	1	1	1	1	1	1	1	8
×	0	1	×	×	×	×	0	0	0	0	0	0	0	不显示
1	1	1	×	×	×	×	取决于 LE 由 0 跳跃到 1 时 $A_3 \sim A_0$ 输入的 BCD 码							

图 3-29 为 74HC4511 驱动共阴极数码管 BS201 的连接电路。

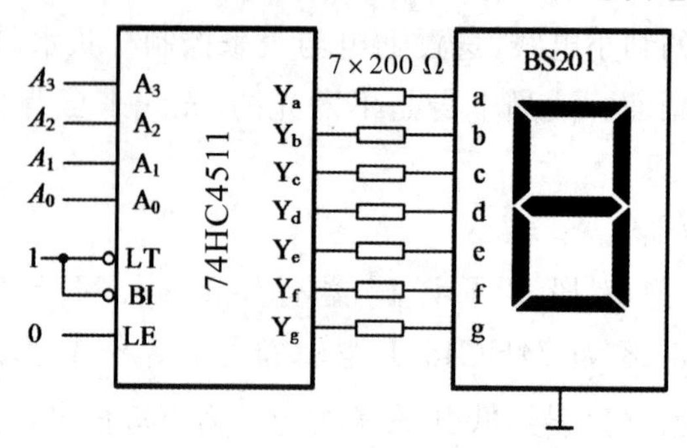

图 3-29　74HC4511 驱动 BS201 数码管

3.5　数据选择器和分配器

3.5.1　数据选择器

数据选择器是从多路输入数据中选择一路输出的数字逻辑器件，是一种多输入、单输出的组合逻辑电路。利用它可以完成将输入并行数据转换为串行数据的功能。常见数据选择器包括 4 选 1 数据选择器、8 选 1 数据选择器、16 选 1 数据选择器等。

1. 4 选 1 数据选择器

设计具有选通功能的 4 选 1 数据选择器，当 $\overline{ST}=1$ 时，数据选择器不工作，当 $\overline{ST}=0$ 时，数据选择器在地址线 A_1A_0 的作用下，对输入端数据 $D_0 \sim D_3$ 进行选择，4 选 1 数据选择器真值表如表 3-15 所示。

表 3-15　4 选 1 数据选择器真值表

输入							输出
$\overline{ST}$	A_1	A_0	D_3	D_2	D_1	D_0	Y
1	×	×	×	×	×	×	0
0	0	0	×	×	×	d_0	d_0
0	0	1	×	×	d_1	×	d_1
0	1	0	×	d_2	×	×	d_2
0	1	1	d_3	×	×	×	d_3

根据真值表 3-15，可得数据选择器输出端逻辑函数式

$$Y=(\overline{A}_1\overline{A}_0D_0+\overline{A}_1A_0D_1+A_1\overline{A}_0D_2+A_1A_0D_3)\overline{\overline{ST}} \tag{3-10}$$

当 $\overline{ST}=1$ 时，$Y=0$，数据选择器不工作。

当 $\overline{ST}=0$ 时，数据选择器的输出逻辑表达式为

$$Y=\overline{A}_1\overline{A}_0D_0+\overline{A}_1A_0D_1+A_1\overline{A}_0D_2+A_1A_0D_3=\sum_{i=0}^{3}m_iD_i \tag{3-11}$$

其中 $m_i(i=0,1,2,3)$ 为地址线 A_1A_0 组成的最小项。当 $A_1A_0=00$，数据选择器输出 $Y=D_0$，当 $A_1A_0=01$，数据选择器输出 $Y=D_1$，依次类推。由式(3-10)可画出4选1数据选择器的逻辑电路，如图3-30所示。

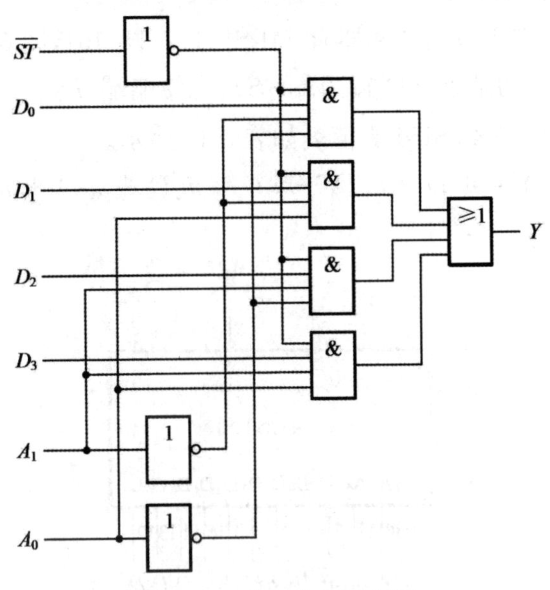

图3-30 4选1数据选择器

常用的集成双4选1数据选择器有74LS153、74HC153，图3-31为74LS153逻辑符号。A_1、A_0 为地址选择输入端，$\overline{ST}_1$ 和 $\overline{ST}_2$ 为使能端，D_{10}～D_{13}，D_{20}～D_{23} 为数据输入端，Y_2、Y_1 为输出端。74LS153真值表如表3-16所示。

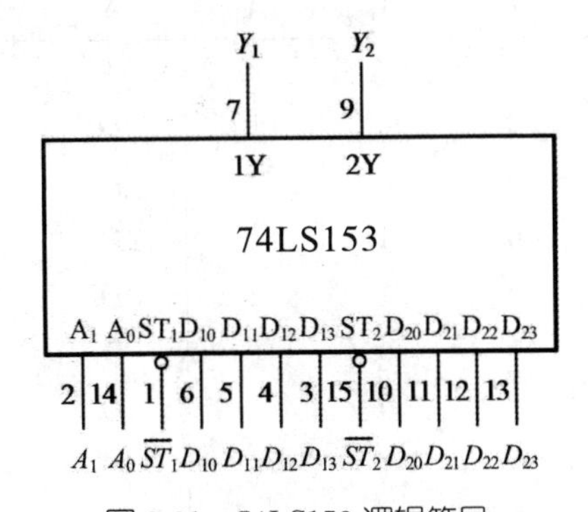

图3-31 74LS153逻辑符号

表3-16 74LS153数据选择器真值表

输入							输出
$\overline{ST}_1$	A_1	A_0	D_3	D_2	D_1	D_0	Y_1
1	×	×	×	×	×	×	0
0	0	0	×	×	×	D_{10}	D_{10}
0	0	1	×	×	D_{11}	×	D_{11}
0	1	0	×	D_{12}	×	×	D_{12}
0	1	1	D_{13}	×	×	×	D_{13}

当 $\overline{ST}_1 = 0$ 时，$Y_1 = m_0 D_{10} + m_1 D_{11} + m_2 D_{12} + m_3 D_{13}$

当 $\overline{ST}_2 = 0$ 时，$Y_2 = m_0 D_{20} + m_1 D_{21} + m_2 D_{22} + m_3 D_{23}$

2. 8 选 1 数据选择器

常用的集成 8 选 1 数据选择器有 74LS151，74HC151，图 3-32 为 74LS151 逻辑符号。A_2、A_1、A_0 为地址选择输入端，$\overline{ST}$ 为使能端，$D_0 \sim D_7$ 为数据输入端，Y 和 $\overline{W}$ 为互补输出端。74LS151 真值表如表 3-17 所示。

当 $\overline{ST} = 0$ 时，$Y = m_0 D_0 + m_1 D_1 + m_2 D_2 + m_3 D_3 + m_4 D_4 + m_5 D_5 + m_6 D_6 + m_7 D_7$

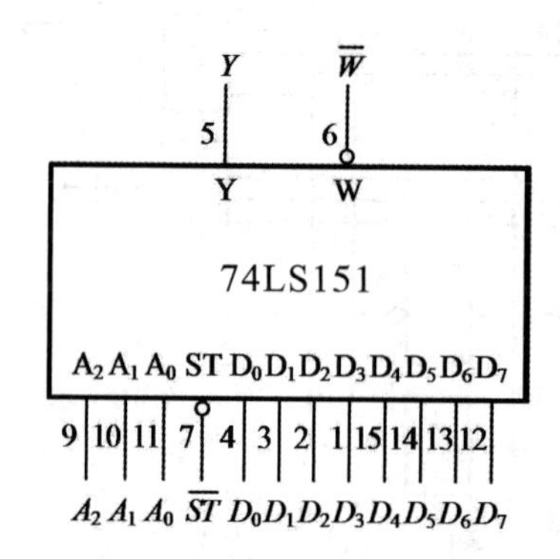

图 3-32　74LS151 逻辑符号

表 3-17　74LS151 数据选择器真值表

输入				输出	
$\overline{ST}$	A_2	A_1	A_0	Y	$\overline{W}$
1	×	×	×	0	1
0	0	0	0	D_0	$\overline{D}_0$
0	0	0	1	D_1	$\overline{D}_1$
0	0	1	0	D_2	$\overline{D}_2$
0	0	1	1	D_3	$\overline{D}_3$
0	1	0	0	D_4	$\overline{D}_4$
0	1	0	1	D_5	$\overline{D}_5$
0	1	1	0	D_6	$\overline{D}_6$
0	1	1	1	D_7	$\overline{D}_7$

3.5.2　数据分配器

数据分配器将一个输入数据传送至若干个输出端的数字逻辑器件，数据分配到哪个输出端是由地址选择线决定的。通常数据分配器有 1 个数据输入端，n 个地址选择端和 2^n 个输出端，称为 $1-2^n$ 数据分配器。

1. 1—4 路数据分配器

1—4 路数据分配器有 1 个数据输入端 D，A_1、A_0 为两个地址选择端，输出端用 Y_3、Y_2、Y_1、Y_0 表示。当 $A_1A_0=00$ 时，选择 Y_0，$Y_0=D$；当 $A_1A_0=01$ 时选择 Y_1，$Y_1=D$；当 $A_1A_0=10$ 时，选择 Y_2，$Y_2=D$；当 $A_1A_0=11$ 时，选择 Y_3，$Y_3=D$。1—4 路数据分配器真值表如表 3-18 所示。

表 3-18　1—4 路数据分配器真值表

输入				输出			
$\overline{ST}$	D	A_1	A_0	Y_3	Y_2	Y_1	Y_0
1	×	×	×	0	0	0	0
0	d	0	0	0	0	0	d
0	d	0	1	0	0	d	0
0	d	1	0	0	d	0	0
0	d	1	1	d	0	0	0

由真值表 3-18 可以得到输出逻辑函数表达式。

$$\begin{aligned} Y_0 &= \overline{ST}\,\overline{A}_1\,\overline{A}_0 D \\ Y_1 &= \overline{ST}\,\overline{A}_1 A_0 D \\ Y_2 &= \overline{ST} A_1\,\overline{A}_0 D \\ Y_3 &= \overline{ST} A_1 A_0 D \end{aligned} \tag{3-12}$$

根据式(3-12)，画出 1—4 路数据分配器逻辑电路如图 3-33 所示。

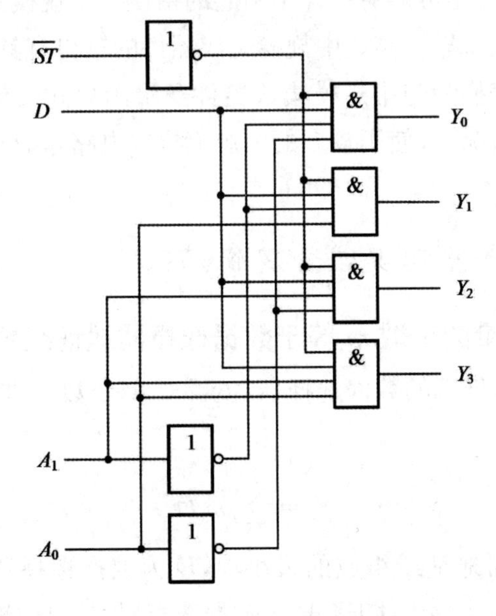

图 3-33　1—4 路数据分配器

2. 集成数据分配器

由图 3-34 可以看出，数据分配器和二进制译码器具有相同的电路结构，因此可以利用二进制译码器构成数据分配器。在实际使用中，把二进制译码器的选通控制端当作数据输入端，译码器的地址线作为数据分配器的地址选择端。图 3-34 为 3—8 线译码器构成的 1—8 路数据分配器，$A_2 \sim A_0$ 为地址输入线，数据 D 送给使能输入端 ST_A，当 $A_2A_1A_0$ 从 000 变化到 111 时，输出端 $\overline{Y}_0 \sim \overline{Y}_7$ 依次输出反码 $\overline{D}$。

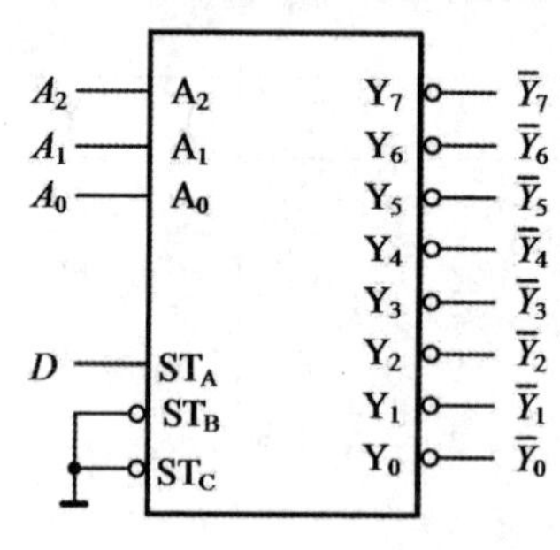

图 3-34　1—8 路数据分配器

3.6　用中规模集成电路实现组合逻辑函数

中规模集成器件大多数是专用的功能器件，每一种组合电路的中规模集成器件都具有某种确定的逻辑功能。用这些功能器件实现组合逻辑函数，不仅使设计工作量大为减少，同时还可避免设计中引起的错误。中规模集成器件构成的组合电路体积小、连线少、可靠性高。中规模集成器件的输出有具体的表达形式，故应将设计的逻辑函数变换为与中规模集成器件逻辑函数式类似的形式。基本方法为对照比较。一般情况下，使用较多的中规模集成电路是数据选择器和二进制译码器。

3.6.1　数据选择器实现组合逻辑函数

1. 逻辑函数变量的个数 m 等于数据选择器地址线数 $n(m=n)$

一个具有 n 个地址端的数据选择器，能够对 2^n 个数据进行选择，其输出逻辑函数式为

$$Y = \sum_{i=0}^{n-1} m_i D_i \qquad (3\text{-}13)$$

其中 m_i 为数据选择器地址线组成的最小项，D_i 为数据选择器输入端数据。例如 $n=3$，可以实现 8 选 1 功能，对于 8 选 1 数据选择器，输出逻辑函数可表示为

$$Y = \sum_{i=0}^{7} m_i D_i = m_0D_0 + m_1D_1 + m_2D_2 + m_3D_3 + m_4D_4 + m_5D_5 + m_6D_6 + m_7D_7$$

用数据选择器实现组合逻辑电路的步骤：

(1)将给定的逻辑函数式转换为最小项表达式；

(2)比较最小项表达式与数据选择器的输出逻辑函数式，确定数据选择器输入端的数据 D_i。

【例 3-5】 用 8 选 1 数据选择器 74LS151 实现逻辑函数 $F=AB+BC+AC$。

解： (1)将 F 转换为最小项表达式。

$$
\begin{aligned}
F &= AB+BC+AC \\
&= AB(\overline{C}+C)+BC(\overline{A}+A)+AC(\overline{B}+B) \\
&= \overline{A}BC+A\overline{B}C+AB\overline{C}+ABC \\
&= m_3+m_5+m_6+m_7
\end{aligned}
$$

(2)确定数据选择器输入端的数据 D_i。

要实现的函数 $F = m_3 \cdot 1 + m_5 \cdot 1 + m_6 \cdot 1 + m_7 \cdot 1$　　(3-14)

74LS151 的输出 $Y = m_0 D_0 + m_1 D_1 + m_2 D_2 + m_3 D_3 + m_4 D_4 + m_5 D_5 + m_6 D_6 + m_7 D_7$　　(3-15)

比较式(3-14)和(3-15)，得 $D_0 = D_1 = D_2 = D_4 = 0$，$D_3 = D_5 = D_6 = D_7 = 1$

(3)画逻辑电路，如图 3-35 所示。

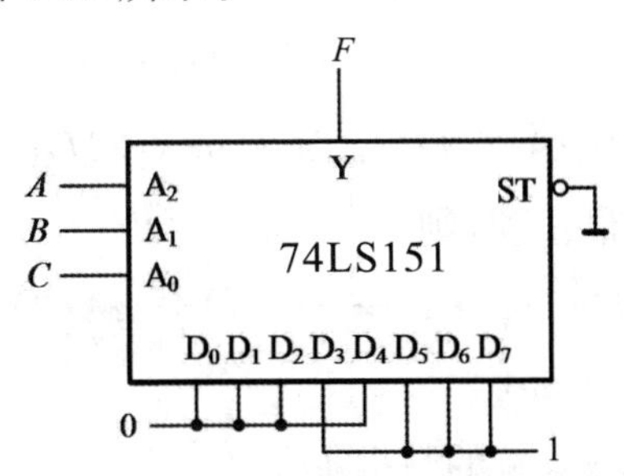

图 3-35　例 3-5 逻辑电路

2. 逻辑函数变量的个数 m 大于数据选择器地址线数量 n($m>n$)

当逻辑函数表达式中变量的个数 m 大于数据选择器地址线数量 n 时，对逻辑函数表达式中的变量进行组合，组合变量数量与数据选择器地址线数量相等，由这些组合变量构成最小项，然后采用逻辑函数变量的个数等于数据选择器地址线数量的方法，确定数据选择器输入端的数据。

【例 3-6】 用 4 选 1 数据选择器 74LS153 实现逻辑函数 $F=AB+BC$。

解： (1)将 F 转换为最小项表达式。

$$
\begin{aligned}
F &= AB+BC \\
&= AB(\overline{C}+C)+BC(\overline{A}+A) \\
&= \overline{A}BC+AB\overline{C}+ABC
\end{aligned}
$$

(2)确定数据选择器输入端的数据 D_i。

要实现的函数 $F=\overline{A}BC+AB\overline{C}+ABC=\overline{A}BC+AB$

$$=m_1\cdot C+m_3\cdot 1 \tag{3-16}$$

74LS154 的输出 $Y=m_0D_{10}+m_1D_{11}+m_2D_{12}+m_3D_{13}$ (3-17)

比较式(3-16)和(3-17),得 $D_{10}=D_{12}=0, D_{11}=C, D_{13}=1$

(3)画逻辑电路,如图 3-36 所示。

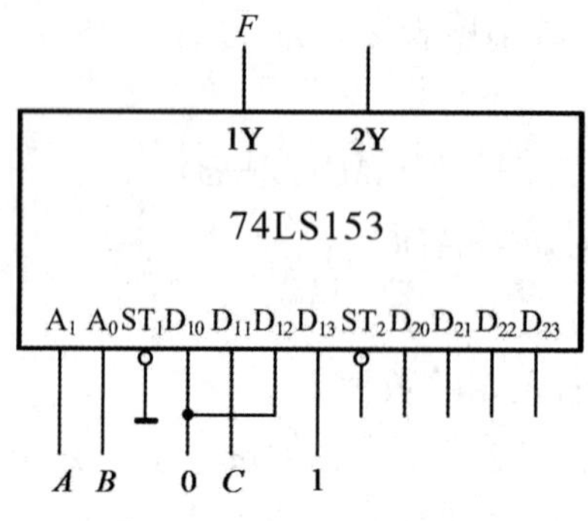

图 3-36　例 3-6 逻辑电路

【例 3-7】 用 8 选 1 数据选择器 74LS151 实现逻辑函数 $F=\overline{A}B\overline{C}D+A\overline{B}CD+BC$。

解： (1)将 F 转换为最小项表达式。

$$F=\overline{A}B\overline{C}D+A\overline{B}CD+BC$$
$$=\overline{A}B\overline{C}D+A\overline{B}CD+(\overline{A}+A)BC(\overline{D}+D)$$
$$=\overline{A}B\overline{C}D+A\overline{B}CD+\overline{A}BC\overline{D}+\overline{A}BCD+ABC\overline{D}+ABCD$$

取变量 A、B、C 构成最小项,则

$$F=m_2\cdot D+m_5\cdot D+m_3\cdot\overline{D}+m_3\cdot D+m_7\cdot\overline{D}+m_7\cdot D$$
$$=m_2D+m_3+m_5+m_7$$

(2)确定数据选择器输入端的数据 D_i。

要实现的函数 $F=m_2\cdot D+m_3\cdot 1+m_5\cdot D+m_7\cdot 1$ (3-18)

74LS151 的输出 $Y=m_0D_0+m_1D_1+m_2D_2+m_3D_3+m_4D_4+m_5D_5+m_6D_6+m_7D_7$ (3-19)

比较式(3-18)和(3-19),得 $D_0=D_1=D_4=D_6=0, D_2=D_5=D, D_3=D_7=1$

(3)画逻辑电路,如图 3-37 所示。

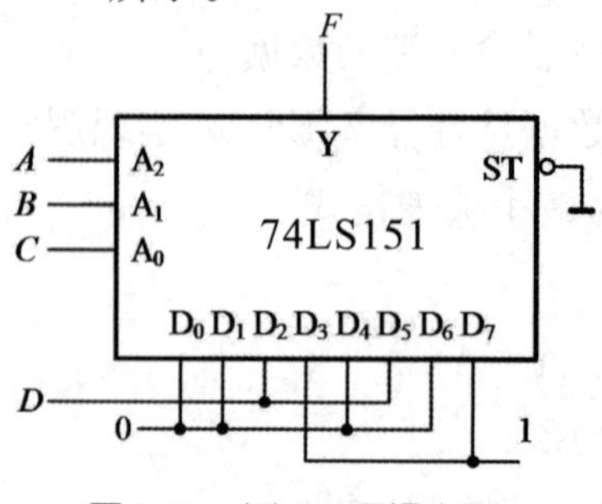

图 3-37　例 3-7 逻辑电路

3.6.2　二进制译码器实现组合逻辑函数

利用数据选择器只能实现单输出逻辑函数，利用二进制译码器则可实现多输出逻辑函数。译码器输出 $\overline{Y}_i=\overline{m_i}$，$m_i$ 为地址输入端组成的最小项，因此只需要将设计的逻辑函数转换成最小项表达式，通过附加门电路即可完成设计。

【例 3-8】 用 3－8 线译码器 74LS138 实现逻辑函数 $Y=AB+BC+AC$。

解： (1)将 Y 转换为最小项表达式。

$$Y=AB(\overline{C}+C)+BC(\overline{A}+A)+AC(\overline{B}+B)$$
$$=\overline{A}BC+A\overline{B}C+AB\overline{C}+ABC$$
$$=m_3+m_5+m_6+m_7$$

(2)对最小项表达式两次取反。

$$Y=\overline{\overline{m_3+m_5+m_6+m_7}}=\overline{\overline{m_3}\cdot\overline{m_5}\cdot\overline{m_6}\cdot\overline{m_7}}=\overline{\overline{Y}_3\cdot\overline{Y}_5\cdot\overline{Y}_6\cdot\overline{Y}_7}$$

(3)画逻辑电路，如图 3-38 所示。

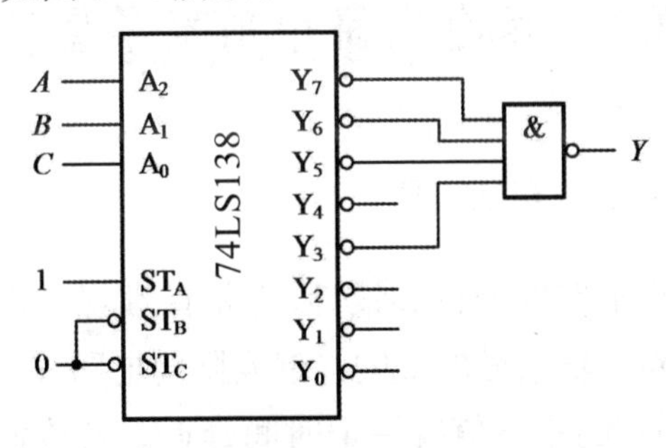

图 3-38　例 3-8 逻辑电路

【例 3-9】 用 3－8 线译码器 74LS138 设计一位全减器。

解： (1)列真值表。A 为被减数，B 为减数，GI 为来自低位的借位，全减器即完成 $A-B-GI$ 的减法运算，运算的结果产生本位差 D 和向高位借位 GO。表 3-19为全减器真值表。

表 3-19　全减器真值表

输入			输出	
A	B	GI	D	GO
0	0	0	0	0
0	0	1	1	1
0	1	0	1	1
0	1	1	0	1
1	0	0	1	0
1	0	1	0	0
1	1	0	0	0
1	1	1	1	1

(2)写逻辑函数表达式。

$D=m_1+m_2+m_4+m_7=\overline{\overline{m_1}\cdot\overline{m_2}\cdot\overline{m_4}\cdot\overline{m_7}}=\overline{\overline{Y}_1\cdot\overline{Y}_2\cdot\overline{Y}_4\cdot\overline{Y}_7}$

$GO=m_1+m_2+m_3+m_7=\overline{\overline{m_1}\cdot\overline{m_2}\cdot\overline{m_3}\cdot\overline{m_7}}=\overline{\overline{Y}_1\cdot\overline{Y}_2\cdot\overline{Y}_3\cdot\overline{Y}_7}$

(3)画逻辑电路,如图 3-39 所示。

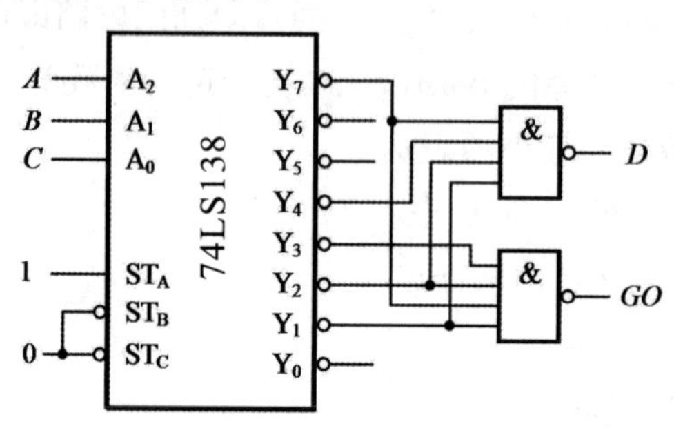

图 3-39 例 3-9 逻辑电路

3.7 组合电路中的竞争冒险

3.7.1 产生竞争冒险的原因

前面章节中对组合电路的分析和设计,都是在理想条件下进行的,不考虑门电路的传输延迟时间对传输信号的影响。但实际门电路存在传输延时,即输入信号改变时,输出信号到新的稳态值有一个时间延迟。若传输延迟时间过长,就可能发生信号尚未传输到输出,输入信号的状态已发生新的变化,使电路的逻辑功能遭到破坏,从而影响电路的正常工作,这种情况是不允许的。因此,在组合电路中,不同信号经过不同长度的导线和不同级数的逻辑门电路,到达另一个门电路的输入端时有先有后,这种现象称为竞争。因门电路的输入端有竞争导致输出端出现不应有的尖峰干扰脉冲信号(又称毛刺),这种现象称为冒险。

3.7.2 冒险的分类

1. 0 型冒险

图 3-40 所示逻辑电路的逻辑函数式为 $Y=AB+\overline{A}C$,当 $B=C=1$ 时,$Y=A+\overline{A}=1$,此时输出始终为高电平,与输入信号 A 无关。但是,由于信号经过门电路传输时存在延迟,输入信号 A 通过 G_1门传输到 G_4门,比 A 通过 G_2门传输到 G_4门所用的时间长,从波形上看,当 Y_1从 1 变 0 时,Y_2没有立刻从 0 变到 1,Y_2滞后 Y_1一个延迟时间 t_{pd},因此输出出现负向干扰脉冲(窄负脉冲),这种冒险现象称为 0 型冒险。

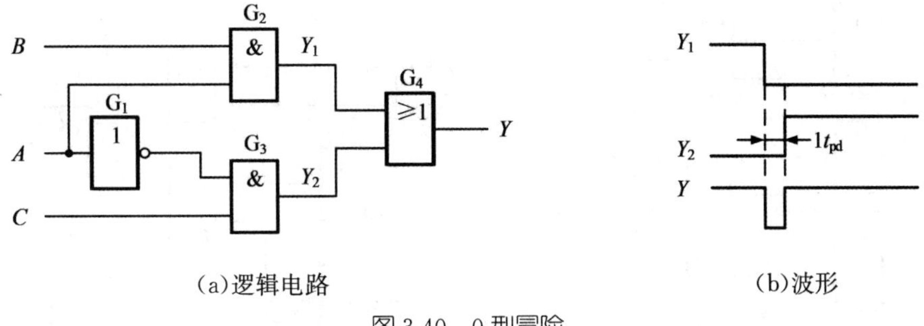

(a)逻辑电路　　(b)波形

图 3-40　0 型冒险

2. 1 型冒险

图 3-41 所示逻辑电路的逻辑函数式为 $Y=(A+B)(\overline{A}+C)$，当 $B=C=1$ 时，$Y=A\cdot\overline{A}=0$，此时输出始终为低电平，与输入信号 A 无关。由于信号经过门电路传输时存在延迟，输入信号 A 通过 G_1 门传输到 G_4 门，比 A 通过 G_2 门传输到 G_4 所用的时间长，从波形上看，当 Y_1 从 0 变 1 时，Y_2 并没有立刻从 1 变到 0，Y_2 滞后 Y_1 一个延迟时间 t_{pd}，因此输出出现正向干扰脉冲(窄正脉冲)，这种冒险现象称为 1 型冒险。

由上述分析可知，当逻辑函数式中出现互补的变量，且互补的变量向相反方向发生变化时，可能出现冒险现象；当输入信号稳定时，不会发生冒险现象。

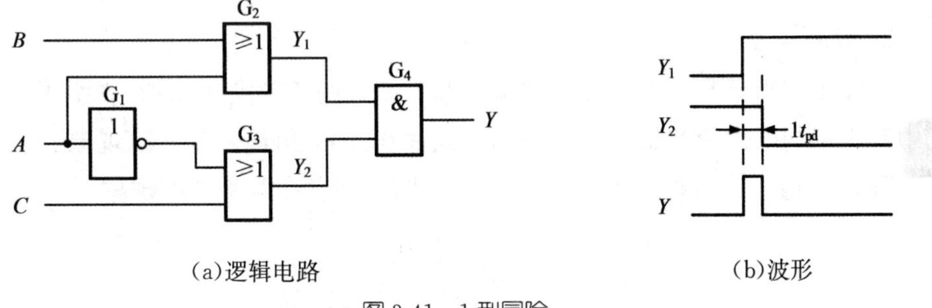

(a)逻辑电路　　(b)波形

图 3-41　1 型冒险

3.7.3　冒险现象的判别

判断一个组合电路是否存在竞争冒险现象可以采用代数法和卡诺图法。

1. 代数法

根据逻辑电路写出逻辑函数式，如果在一定的条件下，逻辑函数式可以简化为以下两种形式，则该组合逻辑电路存在竞争冒险现象。

$$Y=\overline{A}+A \text{ 或 } Y=A\cdot\overline{A} \tag{3-14}$$

【例 3-10】 试判断图 3-42 所示组合电路是否存在竞争冒险现象。

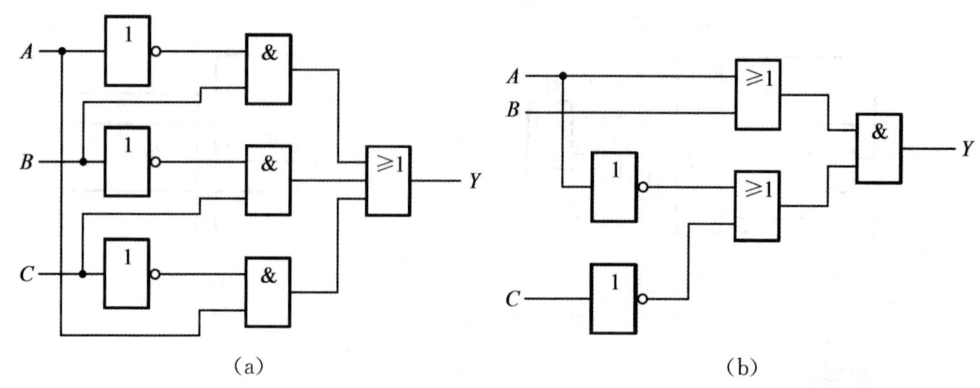

图 3-42　例 3-10 逻辑电路图

解：　图 3-42(a)所示电路的输出逻辑函数式为

$$Y=\overline{A}B+\overline{B}C+A\overline{C}$$

当输入变量 $B=1,C=0$ 时，则 $Y=\overline{A}+A$，输出出现 0 型冒险；

当输入变量 $A=0,C=1$ 时，则 $Y=\overline{B}+B$，输出出现 0 型冒险；

当输入变量 $A=1,B=0$ 时，则 $Y=\overline{C}+C$，输出出现 0 型冒险。

图 3-42(b)所示电路的输出逻辑函数式为

$$Y=(A+B)(\overline{A}+\overline{C})$$

当输入变量 $B=0,C=1$ 时，则 $Y=A\cdot\overline{A}$，输出出现 1 型冒险。

2. 卡诺图法

填写出逻辑函数式的卡诺图，画包围圈，如果两个包围圈相切，说明函数表达式中有变量同时以原变量和反变量的形式存在，因此可能发生冒险现象。

【例 3-11】　试判断图 3-43 所示组合电路是否存在竞争冒险现象。

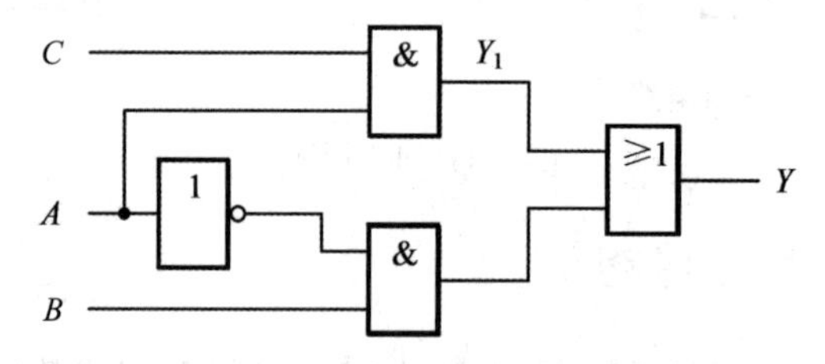

图 3-43　例 3-11 逻辑电路图

解：　图 3-43 所示电路的输出逻辑函数式为

$$Y=\overline{A}B+AC$$

卡诺图如 3-44 所示，卡诺图中有两个包围圈相切，说明有些量同时以原变量和反变量的形式存在。由于两个包围圈相切，因此电路可能会出现 0 型冒险。

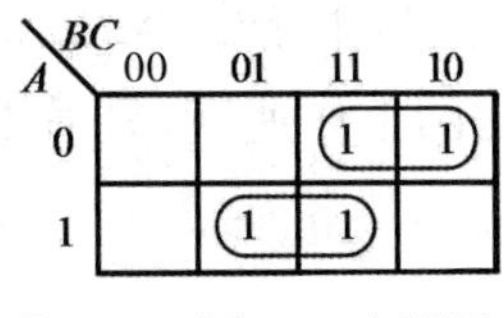

图3-44　例3-11卡诺图

3.7.4　消除竞争冒险的方法

1. 修改逻辑函数

图3-40逻辑电路存在0型冒险现象，为了消除冒险，可以对逻辑函数式进行修改。通常采用增加冗余项的方法。$Y=AB+\overline{A}C=AB+\overline{A}C+BC$，当$B=C=1$时，$Y=1$，不会出现窄负脉冲。对逻辑函数式进行修改，得到图3-45逻辑电路。

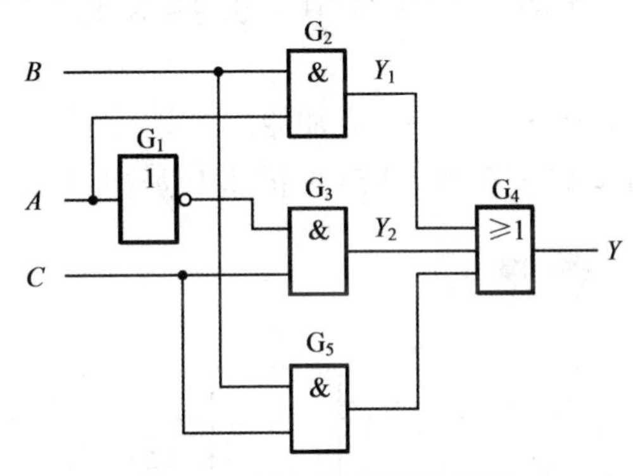

图3-45　增加冗余项消除冒险

2. 增加选通脉冲

在可能出现冒险的门电路输入端加入选通信号，当输入信号变化时，选通信号无效，使输出信号与电路断开；当输入信号稳定时，选通信号有效，输出端门电路打开。通过加入选通信号，避开输入信号变化瞬间可能在输出端产生冒险的时刻，因此输出端不会出现干扰信号。为消除图3-40逻辑电路0型冒险现象，可在输出端增加选通信号，如图3-46所示。选通信号加在与门（与非门）输入端，则选通信号为正脉冲；选通信号加在或门（或非门）输入端，则选通信号为负脉冲。

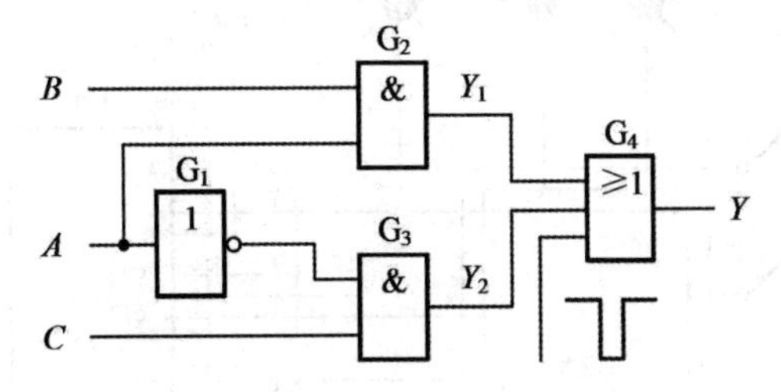

图3-46　增加选通脉冲消除冒险

3. 输出端加滤波电容

在门电路输出端并接一个滤波电容（10～100 pF），可以消除冒险现象，如图

3-47所示。当存在尖峰干扰信号时，由于电容的充放电，使得输出波形变得平滑，不会出现错误逻辑，但影响电路的工作速度，只适用于工作速度较慢的电路。

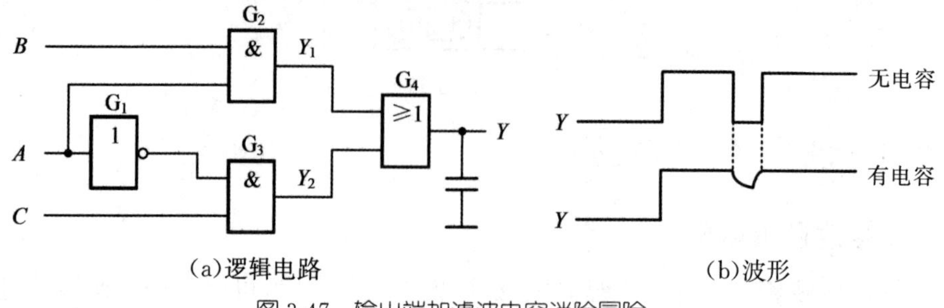

(a)逻辑电路　　(b)波形

图 3-47　输出端加滤波电容消除冒险

3.8　Multisim 仿真实例

【例 3-12】 用 74LS138 设计一位全加器。

解： 在 Multisim 环境下利用 74LS138 搭建 1 位全加器电路，如图 3-48 所示。

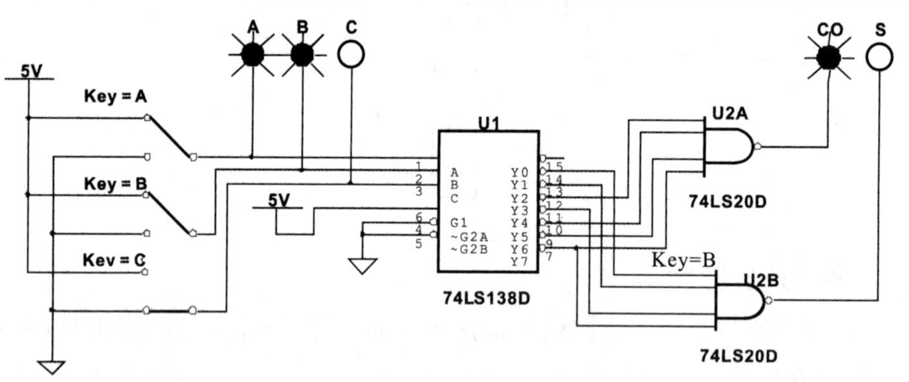

图 3-48　74LS138 构成 1 位全加器

【例 3-13】 用 74LS153 设计一位全加器。

解： 在 Multisim 环境下利用 74LS153 搭建 1 位全加器电路如图 3-49 所示。

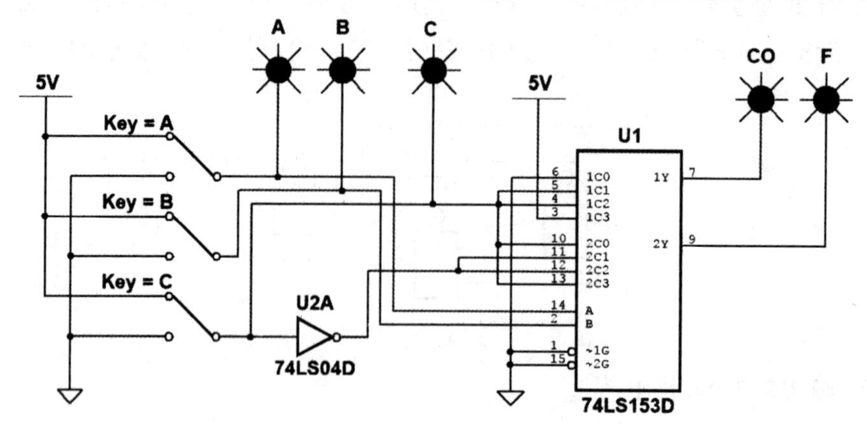

图 3-49　74LS153 构成 1 位全加器

【例 3-14】 用 74LS151 设计 3 人表决电路。

解： 在 Multisim 环境下利用 74LS153 搭建 3 人表决电路如图 3-50 所示。

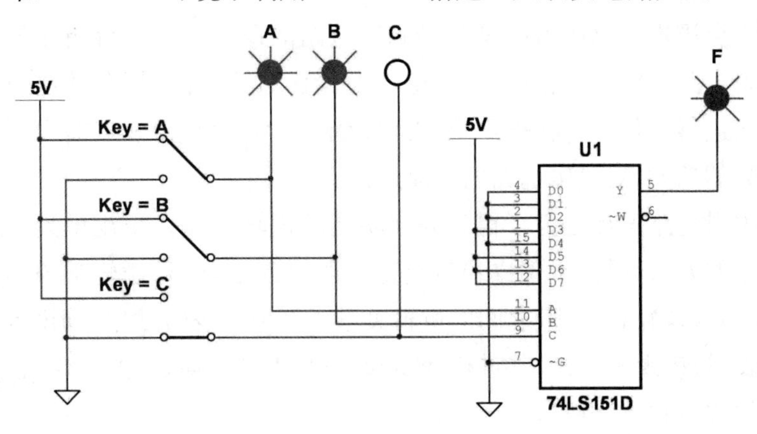

图 3-50　74LS151 构成 3 人表决电路

【例 3-15】 用 74LS48 驱动 1 位共阴极数码管。

解： 在 Multisim 环境下搭建 74LS48 驱动共阴极数码管电路如图 3-51 所示。

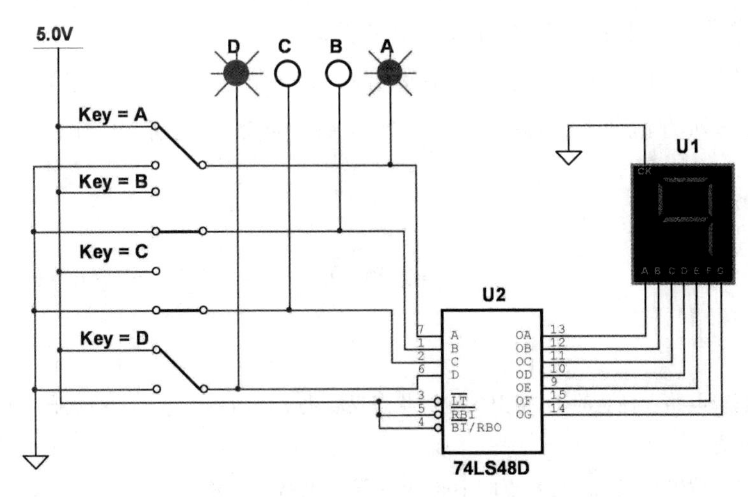

图 3-51　74LS48 驱动共阴极数码电路

本章小结

组合逻辑电路在任意时刻，电路的输出状态仅取决于该时刻各输入信号的状态，而与前一时刻电路的输出状态无关，即组合逻辑电路不具有记忆功能，输出与输入之间没有反馈通路。只有一个输出端，称为单输出组合电路；有多个输出端，称为多输出组合电路。

分析组合逻辑电路的目的是为了确定电路的逻辑功能。分析步骤：(1)根据给定的逻辑电路从输入到输出，写出输出逻辑函数式，并采用公式法或图形法对逻辑函数式进行简化；(2)根据简化的逻辑函数式列出真值表；(3)根据真值表确定逻辑函数的功能，对逻辑电路的功能进行文字描述。

组合逻辑电路设计是为了得到确定功能的逻辑电路。小规模集成门电路设计组合电路的方法，设计步骤：(1)对给定的逻辑问题，进行逻辑抽象。分析已知条件，确定输入、输出各变量之间的逻辑关系；(2)根据逻辑抽象，列出真值表；(3)根据真值表，写逻辑函数式，并进行变换和简化，得到最简表达式；(4)根据变换后的逻辑函数式，画逻辑电路。

常用的中规模集成器件有加法器、数值比较器、编码器、译码器、数据选择器和数据分配器，这些器件具有某种确定的逻辑功能，用其设计组合逻辑函数，不仅使设计工作量大为减少，同时还可避免或减少设计中引起的错误。中规模集成器件的输出有具体的表达形式，尽可能将设计的逻辑函数变换为与中规模集成器件逻辑函数式类似的形式。基本方法是对照比较。

电路设计完成后，还应检查电路是否存在竞争冒险现象。如果存在冒险现象，可采用下列方法加以消除：修改逻辑函数、增加选通脉冲、输出端加滤波电容等。

习题 3

一、填空题

1. 组合逻辑电路在任意时刻，电路的输出状态仅取决于该时刻________的状态，而与前一时刻电路的输出状态________。

2. 根据电路逻辑功能和结构特点的不同，数字逻辑电路可分为________和________。

3. 分析组合电路的目的________。

4. 常用的组合逻辑电路有________、________、________、________、和________。

5. 4 位二进制串行进位加法器由________个全加器组成，可完成________二进制数相加。

6. 根据输入信号个数和输出代码位数，可将编码器分为________和________。

7. 对于 8－3 线编码器，输入信号有________根，输出信号有________根。

8. ________可以实现多输入、单输出逻辑函数，________可以实现多输入、多输出逻辑函数。

9. 8 路数据分配器的地址选择端的数量有________个。

10. 在组合电路中，消除竞争冒险的方法有________、________和________。

二、选择题

1. 分析组合逻辑电路的目的是要得到(　　)。

A. 逻辑电路图　　B. 逻辑电路的功能

C. 逻辑函数式　　D. 逻辑电路的真值表

2. 设计组合逻辑电路的目的是要得到(　　)。

A. 逻辑电路图　　B. 逻辑电路的功能

C. 逻辑函数式　　D. 逻辑电路的真值表

3. 10—4线编码器输入编码信号应有(　　)。

A. 2个　　B. 4个　　C. 8个　　D. 10个

4. 能完成二进制数大小比较的电路是(　　)。

A. 全加器　　B. 数值比较器　　C. 编码器　　D. 数据选择器

5. 3—8线译码器正常译码则有(　　)。

A. $ST_A=0, \overline{ST}_B+\overline{ST}_C=0$　　B. $ST_A=0, \overline{ST}_B+\overline{ST}_C=1$

C. $ST_A=1, \overline{ST}_B+\overline{ST}_C=0$　　D. $ST_A=1, \overline{ST}_B+\overline{ST}_C=1$

6. 4—16线译码器，其输出端最多为(　　)。

A. 4个　　B. 8个　　C. 10个　　D. 16个

7. 半加器的两个输入端为A、B，和为S，进位为C，下列错误的函数为(　　)。

A. $S=\overline{A}B+A\overline{B}$　　B. $S=A\oplus B$

C. $C=\overline{A}+\overline{B}$　　D. $C=AB$

8. 一个16选1数据选择器，地址选择端的数量为(　　)。

A. 1　　B. 2　　C. 3　　D. 4

9. 与四位串行进位加法器相比，使用超前进位加法器的目的是(　　)。

A. 完成自动加法运算　　B. 完成四位串行加法

C. 提高运算速度　　D. 完成四位相加

10. 当3—8线译码器正常工作且$\overline{Y}_5=0$，则地址输入端$A_2A_1A_0$取值为(　　)。

A. 010　　B. 011　　C. 101　　D. 110

三、综合题

1. 试分析题图3-1所示电路的逻辑功能。

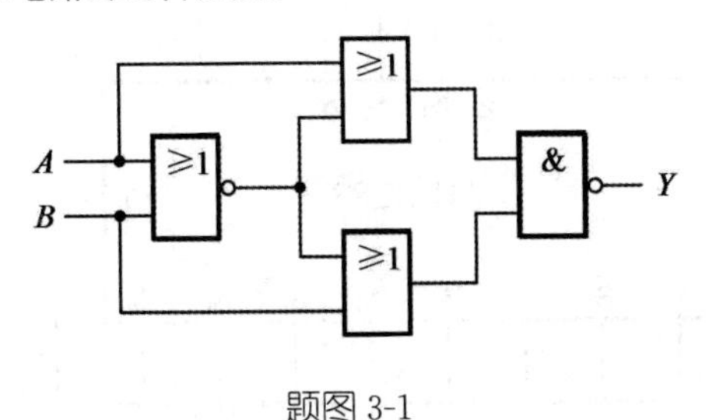

题图3-1

2. 试分析题图 3-2 所示电路的逻辑功能。

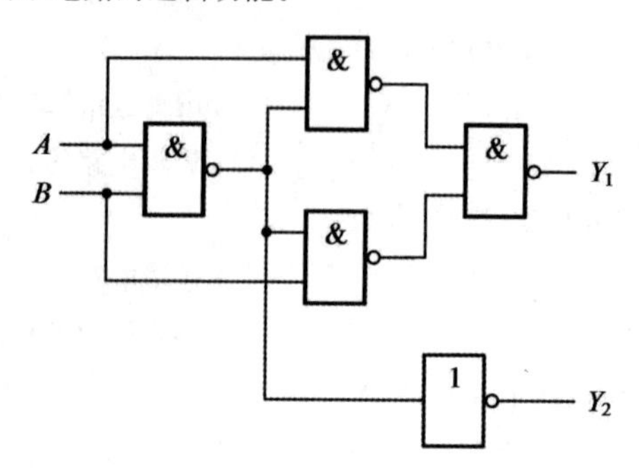

题图 3-2

3. 试分析题图 3-3 所示电路的逻辑功能。

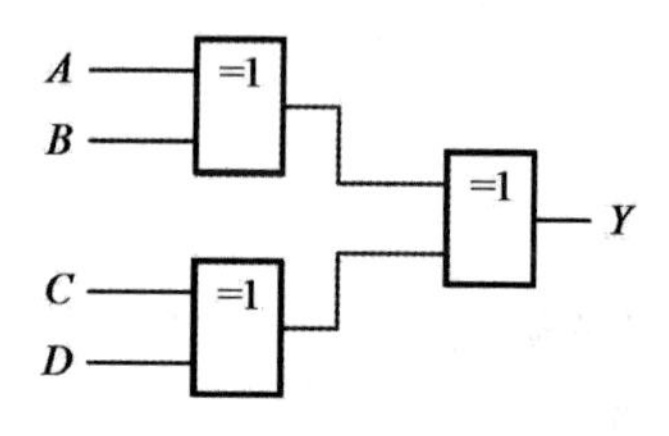

题图 3-3

4. 根据下列逻辑表达式画出对应的逻辑电路。

(1) $Y_1 = ABC + \overline{B}C$　　　　(2) $Y_2 = \overline{AC + B \oplus C}$

5. 用逻辑门设计一个受光、声和触摸控制的电灯开关逻辑电路，分别用 A、B、C 表示光、声和触摸信号，用 Y 表示电灯。灯亮的条件是：无论有无光、声信号，只要有人触摸开关，灯就亮；当无人触摸开关时，只有当无光、有声音时灯才亮。试列出真值表，写出输出函数表达式，并画出最简逻辑电路图。

6. 设计一个将 8421BCD 码转换为余 3BCD 码的代码转换电路。

7. 设计一个交通灯故障检测电路，要求红、黄、绿三个灯仅有一个灯亮时，输出 $Y=0$；若无灯亮或有两个以上的灯亮，则均为故障，输出 $Y=1$。试用最少的非门和与非门实现该电路。要求列出真值表，化简逻辑函数，画出逻辑电路。

8. 分析题图 3-4 所示的由一片 4 位超前进位全加器 74LS283 和 4 个异或门组成的电路，说明其逻辑功能。

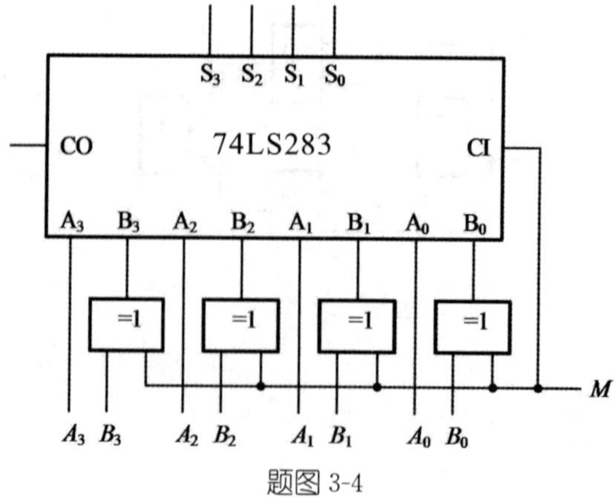

题图 3-4

9. 分析题题图 3-5 所示由 3—8 线译码器 74LS138 构成的电路，写出输出 Y 的逻辑表达式，列出真值表，并判断在控制信号 M 的作用下，该电路的功能。

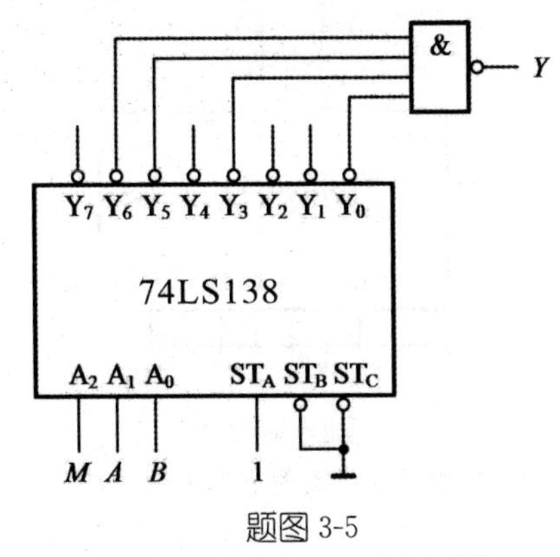

题图 3-5

10. 试用两片 3—8 线译码器 74LS138 组成 4—16 线译码器。

11. 分析题图 3-6 所示由双 4 选 1 数据选择器 74LS153 构成的电路，写出电路输出 Y_1、Y_2 的逻辑表达式。

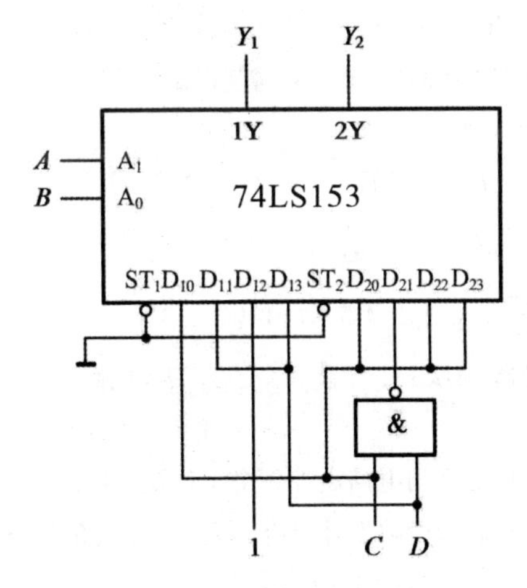

题图 3-6

12. 设计一个组合逻辑电路，它接收一组 8421BCD 码 $A_3A_2A_1A_0$，仅当 $3<A_3A_2A_1A_0<6$ 时，输出 Y 才为 1。要求：

(1)用与非门实现；

(2)用 8 选 1 数据选择器 74LS151 实现。

13. 分析题图 3-7 所示由 8 选 1 数据选择器 74LS151 构成的电路，写出电路输出 Y 逻辑表达式，列出真值表。

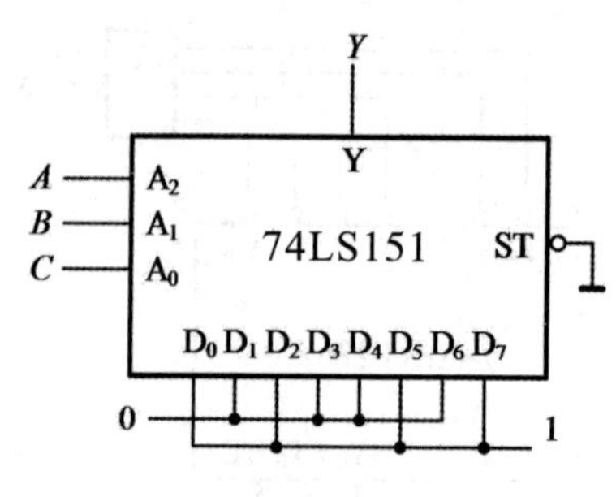

题图 3-7

14. 试用 3—8 线译码器 74LS138 和门电路实现下列逻辑函数。

(1) $Y_1 = \sum m(1,2,4,7)$

(2) $Y_2 = A \oplus B \oplus C$

(3) $Y_3 = \overline{A}\,\overline{B} + \overline{B}C + AC$

(4) $Y_4 = A\overline{C} + \overline{B}C + ABC$

15. 试用 8 选 1 数据选择器 74LS151 实现下列逻辑函数。

(1) $Y_1 = A\overline{B}C + \overline{A}\,\overline{C}D + AC$

(2) $Y_2 = \overline{C}D + A\overline{B}D + B\overline{C} + \overline{B}C\overline{D}$

(3) $Y_3(A,B,C,D) = \sum m(0,2,5,7,9,13,14,15)$

(4) $Y_4(A,B,C,D) = \sum m(0,1,2,4,7,10,11,12,13)$

16. 试用 8 选 1 数据选择器 74LS151 设计一个三人表决电路。当有两人及两人以上同意时，表决通过；否则，表决表决不通过。

17. 试用双 4 选 1 数据选择器和门电路设计一个 1 位全减器。

18. 试用 8 选 1 数据选择器和门电路设计具有题表 3-1 功能的逻辑电路。

题表 3-1　题 18 功能表

A	B	Y
0	0	$A \oplus B$
0	1	$A \odot B$
1	0	$A + B$
1	1	AB

19. 试判别下列逻辑函数是否存在冒险现象。

(1) $Y_1 = A\overline{C} + BC$

(2) $Y_2 = (A + C)(B + \overline{C})$

(3) $Y_3 = AC + \overline{A}B + \overline{B}\,\overline{C}$

(4) $Y_4 = (A + C)(\overline{A} + B)(B + \overline{C})$

触发器

本章主要讲述了基本触发器、同步触发器和边沿触发器，介绍了五种不同类型触发器（RS 触发器、D 触发器、JK 触发器、T 触发器和 T′触发器）的结构、逻辑功能和触发方式，以及不同类型触发器之间的转换。

4.1 概述

数字系统中除采用逻辑门外，还常用到另一类具有记忆功能的电路，即触发器。触发器是一种典型的具有双稳态暂时存储功能的器件，它能够存储 1 位二进制信息 0 或 1，是组成时序逻辑电路的基本存储单元。

4.1.1 对触发器的基本要求

触发器是能够存储一位二进制信号的基本逻辑单元电路。它有两个稳定的状态（简称稳态），故常称为双稳态触发器。触发器通常有一对互补的状态输出端 Q 和 $\overline{Q}$。用 Q 端状态表示触发器的状态：当 $Q=0$、$\overline{Q}=1$，称触发器为 0 态，或称复位；当 $Q=1$、$\overline{Q}=0$，称触发器为 1 态，或称置位。

触发器可以在输入信号作用下置 0 或者置 1，去掉输入信号后仍能保持状态不变，直到新的输入信号作用时，才有可能改变其状态，触发器的这种功能称为记忆功能。

触发器在任何时刻的状态不仅和当时的输入信号有关，还和原来的状态有关，信号输入时触发器原来的状态称为现态，用 Q^n 表示；信号输入后出现的新状态称为次态，用 Q^{n+1} 表示。次态 Q^{n+1} 由输入信号和现态 Q^n 共同决定。

4.1.2 触发器的描述方法

触发器的逻辑功能常用特性表、特性方程、状态图和时序图来描述。

1. 特性表

因为触发器的次态 Q^{n+1} 不仅与输入状态有关，而且与触发器的现态 Q^n 有关，所以把 Q^n 作为一个输入变量列入真值表，并将 Q^n 称为状态变量，把这种含有状态变量的真值表叫作触发器的特性表（或功能表）。它以触发器的现态 Q^n 作为逻辑条件，和输入信号一起决定次态 Q^{n+1}。

2. 特性方程

特性方程又称次态方程。特性方程类似于组合电路的函数式，可用真值表或卡诺图求得。特性方程只有在时钟信号有效时才有效，这一点不同于描述组合电路的逻辑函数式。

3. 状态图

状态图分别以两个圆圈表示触发器的两种状态，用带箭头的有向线表示状态转换的方向，同时把状态转换的条件标在有向线旁边。

4. 时序图

时序图又称波形图。在时序图中，由时钟信号波形和驱动信号波形共同决定触发器的输出波形。

4.2 基本 RS 触发器

4.2.1 用与非门组成的基本 RS 触发器

1. 电路组成

基本 RS 触发器是一种最简单的触发器，是构成各种触发器的基础，可由两个与非门或者或非门相互耦合连接而成。由两个与非门构成的基本 RS 触发器如图 4-1 所示，(a)图为逻辑图，(b)图为逻辑符号。基本 RS 触发器有两个输入端 $\overline{R}$ 和 $\overline{S}$；$\overline{R}$ 为复位端，当 $\overline{R}$ 有效时，Q 变为 0，故称 $\overline{R}$ 为置 0 端；$\overline{S}$ 为置位端，当 $\overline{S}$ 有效时，Q 变为 1，称 $\overline{S}$ 为置 1 端；还有两个互补输出端 Q 和 $\overline{Q}$。

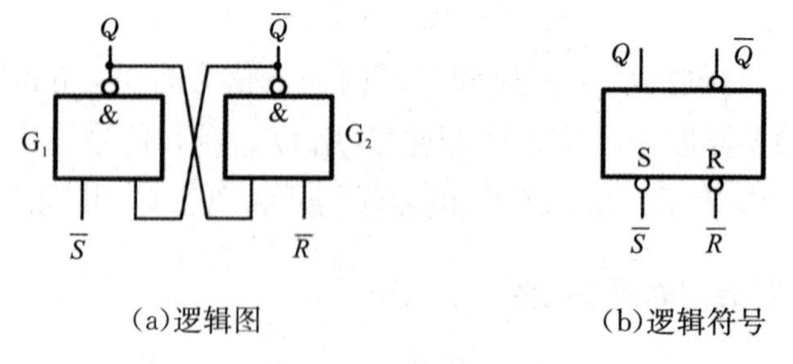

图 4-1 基本 RS 触发器

2. 工作原理

根据与非门的逻辑功能，分析基本 RS 触发器的工作原理。

(1)当 $\overline{R}=0$，$\overline{S}=1$ 时，触发器置 0。因 $\overline{R}=0$，G_2 输出 $\overline{Q}=1$，这时 G_1 输入都为高电平 1，故 G_1 输出 $Q=0$，触发器被置 0。

(2)当 $\overline{R}=1$，$\overline{S}=0$ 时，触发器置 1。因 $\overline{S}=0$，G_1 输出 $Q=1$，这时 G_2 输入都为高电平 1，故 G_2 输出 $\overline{Q}=0$，触发器被置 1。

(3)当 $\overline{R}=1$，$\overline{S}=1$ 时，触发器保持原状态不变。如触发器 0 态时，则 $Q=0$ 反馈到 G_2 输入端，G_2 因为输入端有低电平，故 G_2 输出 $\overline{Q}=1$；$\overline{Q}=1$ 又反馈到 G_1 输入端，G_1 因为输入端都为高电平 1，故 G_1 输出 $Q=0$。电路保持 0 态不变。

如果原触发器处于 1 态时，则电路同样能保持 1 态不变。

(4)当 $\overline{R}=\overline{S}=0$ 时，触发器状态不定，此情况不允许出现。这时触发器输出 $Q=\overline{Q}=1$，既不是 1 态，也不是 0 态，而且在 $\overline{R}$ 和 $\overline{S}$ 同时由 0 变为 1 时，由于 G_1 和 G_2 电气性能上的差异，其输出状态无法预知，因此 $\overline{R}$ 和 $\overline{S}$ 不能同时为 0，即要求 $\overline{R}+\overline{S}=1$。

3. 特性表

基本 RS 触发器特性表如表 4-1 所示。当 $\overline{R}=0$，$\overline{S}=1$ 时，触发器置 0，即 $Q^{n+1}=0$；当 $\overline{R}=1$，$\overline{S}=0$ 时，触发器置 1，即 $Q^{n+1}=1$；当 $\overline{R}=\overline{S}=1$ 时，触发器保持原来状态，即 $Q^{n+1}=Q^n$；而 $\overline{R}=\overline{S}=0$ 是不允许的，属于不用情况。

表 4-1　基本 RS 触发器的特性表

$\overline{R}$	$\overline{S}$	Q^n	Q^{n+1}	功能说明
0	0	0	不用	不允许
0	0	1	不用	
0	1	0	0	置 0
0	1	1	0	
1	0	0	1	置 1
1	0	1	1	
1	1	0	0	保持不变
1	1	1	1	

4. 特性方程

根据表 4-1，画出卡诺图如图 4-2 所示。

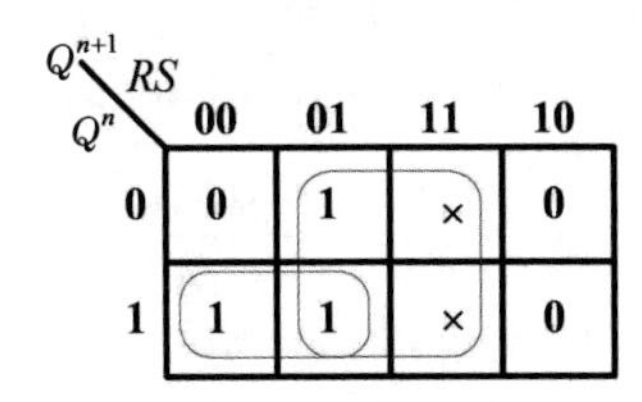

图 4-2　基本 RS 触发器的卡诺图

化简得特性方程为：

$$\begin{cases} Q^{n+1}=S+\overline{R}Q^n \\ RS=0 \quad (\text{约束条件}) \end{cases} \tag{4-1}$$

5. 状态图

状态图如图 4-3 所示，图中圆圈表示状态的个数，箭头表示状态转换的方向，箭头线上的标注表示状态转换的条件，如箭头上方标注为“10/”，则表示当$\overline{R}=1$，$\overline{S}=0$ 时，触发器由 0 态变为 1 态。

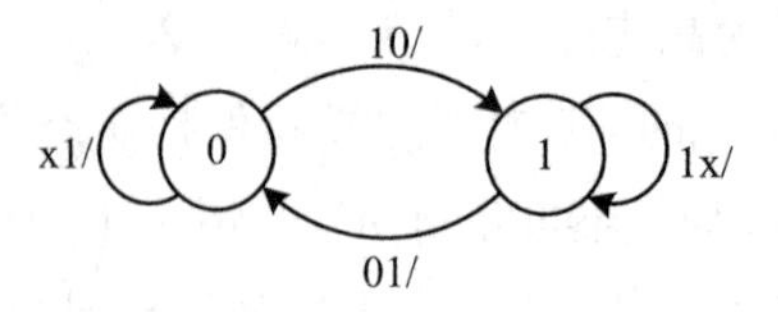

图 4-3　基本 RS 触发器的状态图

6. 波形图

根据特性表 4-1 来确定各个时间段 Q 与 $\overline{Q}$ 的状态，画出波形图如图 4-4 所示。

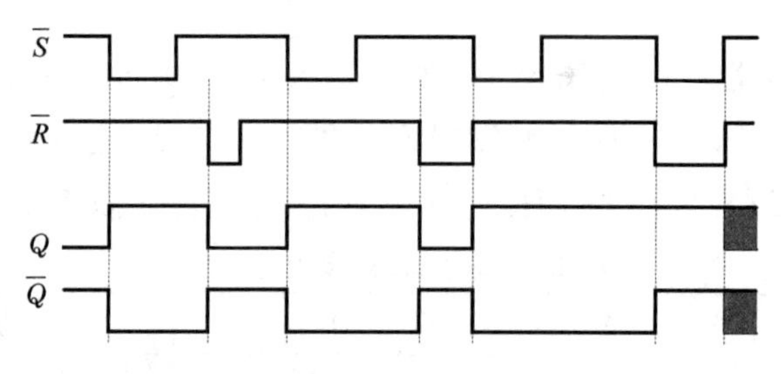

图 4-4　基本 RS 触发器的波形图

7. 基本 RS 触发器的主要特点

(1)触发器具有两个稳定状态，分别为 1 态和 0 态，称双稳态触发器。如果没有外加触发信号作用，它将保持原状态不变；在外加触发信号作用下，触发器输出状态才可能发生变化。

(2)给 $\overline{R}$ 和 $\overline{S}$ 端同时加负脉冲，在负脉冲存在期间，输出 $\overline{Q}$ 和 Q 均为高电平；在负脉冲同时消失(即 $\overline{S}$ 、$\overline{R}$ 同时恢复高电平)后，逻辑状态不能确定，这种情况应该避免。如图 4-4 右侧阴影部分所示。

(3)与非门构成的基本 RS 触发器的特性表，可简化为表 4-2。

表 4-2　基本 RS 触发器的简化特性表

$\overline{R}$	$\overline{S}$	Q^{n+1}	功能说明
0	0	不用	不允许
0	1	0	置 0
1	0	1	置 1
1	1	Q^n	状态不变

4.2.2　集成基本RS触发器

1. CMOS集成基本触发器CC4044

CMOS集成基本触发器CC4044由与非门组成，内部集成了如图4-5(a)所示的基本RS触发器4个，传输门TG为输出控制门，图(b)为其引脚排列图。

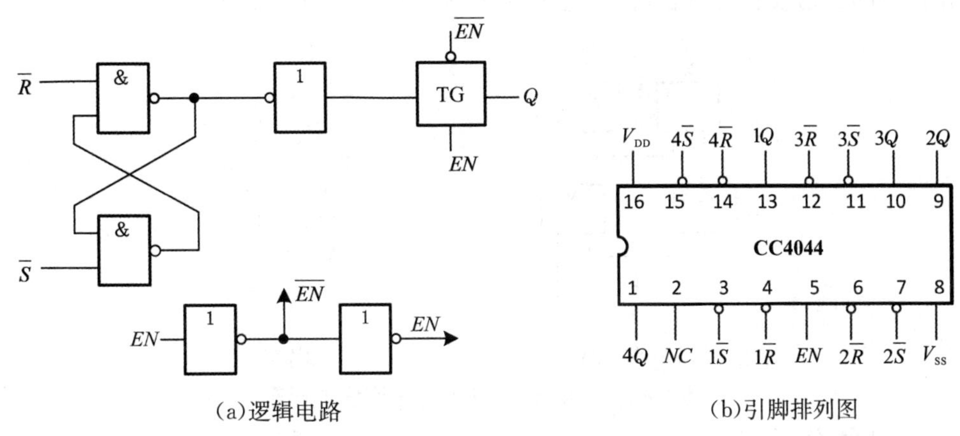

(a)逻辑电路　　(b)引脚排列图

图4-5　CC4044逻辑电路和引脚功能图

2. TTL集成基本触发器74LS279

TTL集成基本触发器74LS279由与非门组成，内部集成了如图4-6(a)所示的基本RS触发器各2个，图(b)为其引脚排列图。

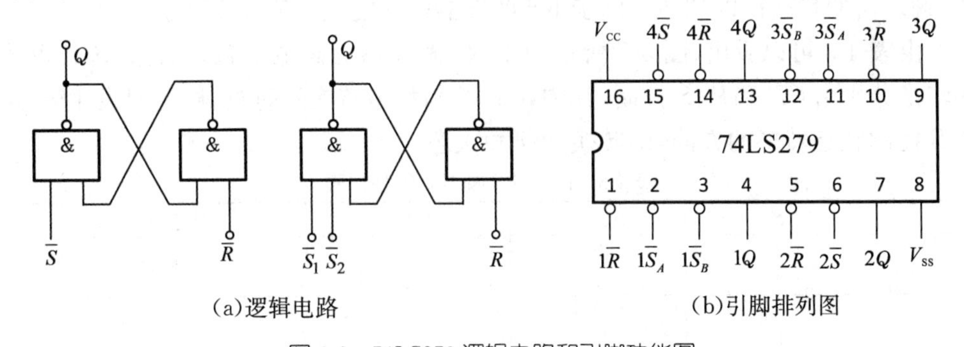

(a)逻辑电路　　(b)引脚排列图

图4-6　74LS279逻辑电路和引脚功能图

4.3　同步触发器

在实际应用中，触发器的工作状态不仅要由输入信号来决定，而且还希望触发器按一定的节拍翻转。为此，给触发器加一个时钟控制端*CP*，只有*CP*端出现时钟脉冲时，触发器的状态才能变化。具有时钟脉冲控制的触发器，因其状态的改变与时钟脉冲同步，所以称为同步触发器。

4.3.1 同步 RS 触发器

1. 电路结构

同步 RS 触发器的逻辑电路如图 4-7(a)所示，图(b)是其逻辑符号。它由 G_1、G_2门构成的基本 RS 触发器以及控制门 G_3、G_4 构成。只有在 *CP* 脉冲作用下、控制门打开时，触发信号才能输入，基本 RS 触发器的状态才能翻转。

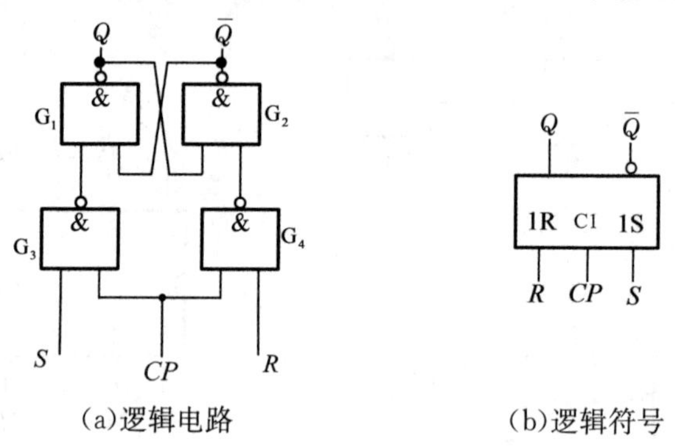

(a)逻辑电路　　(b)逻辑符号

图 4-7　同步触发器逻辑电路和引脚功能图

2. 功能分析

当 $CP=0$ 时，控制门 G_3、G_4关闭，G_3、G_4输出都为 1。这时，不管 *R* 端和 *S* 端的信号如何变化，触发器的状态保持不变。

当 $CP=1$ 时，控制门 G_3、G_4 打开，*R*、*S* 端的输入信号能通过控制门，使基本 RS 触发器的状态得以翻转。同步 RS 触发器的功能表如表 4-3 所示。

由表 4-3 可以看出，图 4-7 所示同步 RS 触发器为高电平触发有效，输出状态的转换分别由 *CP* 和 *R*、*S* 控制，其中，*CP* 控制状态转换的时刻，即何时发生转换；*R*、*S* 控制状态转换的方向，即转换为何种次态。

表 4-3　同步 RS 触发器的特性表

R	*S*	Q^n	Q^{n+1}	功能说明
0	0	0	0	保持
0	0	1	1	
0	1	0	1	置 1
0	1	1	1	
1	0	0	0	置 0
1	0	1	0	
1	1	0	不用	不允许
1	1	1	不用	

由特性表可得同步 RS 触发器的特性方程如下：

$$\begin{cases} Q^{n+1}=S+\overline{R}Q^n \\ RS=0 \quad (\text{约束条件}) \end{cases} \quad (CP=1\text{ 期间有效}) \tag{4-2}$$

3. 波形图

触发器的功能也可以用输入输出波形图直观地表示出来，图 4-8 所示为同步 RS 触发器的波形图。

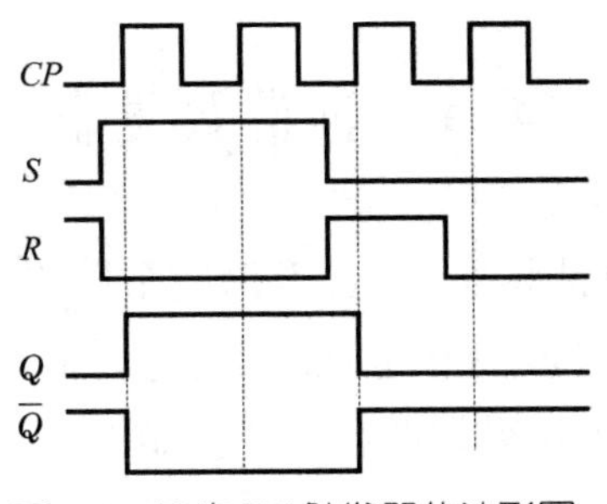

图4-8 同步RS触发器的波形图

4.3.2 同步D触发器

1. 电路结构

为了避免同步RS触发器同时出现R和S都为1的情况，可在R和S之间接入非门，这种单输入的触发器称为D触发器，如图4-9所示。

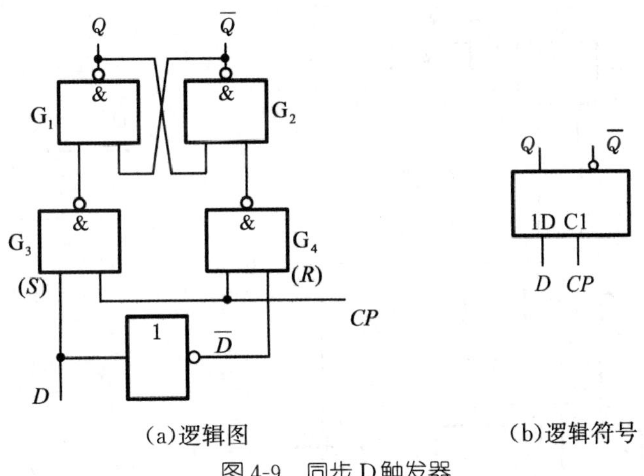

(a)逻辑图　　(b)逻辑符号

图4-9 同步D触发器

2. 功能分析

在$CP=0$时，$Q^{n+1}=Q^n$，触发器状态保持不变。

在$CP=1$时，如$D=1$时，$\overline{D}=0$，触发器翻转到1态，即$Q^{n+1}=1$；如$D=0$时，$\overline{D}=1$，触发器翻转到0态，即$Q^{n+1}=0$，由此列出同步D触发器的特性表如表4-4所示。

表4-4 同步D触发器的特性表

CP	D	Q^n	Q^{n+1}	功能说明
1	0	0	0	置0
1	0	1	0	
1	1	0	1	置1
1	1	1	1	

根据图4-9可得，$S=D$，$R=\overline{D}$，代入基本RS触发器的特征方程，得

$$Q^{n+1}=D \qquad CP=1\text{期间有效} \tag{4-3}$$

4.4 边沿触发器

边沿触发器只有在时钟脉冲 CP 上升沿或下降沿到来时刻接收输入信号，这时，电路才会根据输入信号改变状态，而在其他时间内，电路的状态不会发生变化，从而提高了触发器的工作可靠性和抗干扰能力。

4.4.1 边沿 D 触发器

1. 电路结构

图 4-10 所示是用两个同步 D 触发器级联起来构成的边沿 D 触发器，它是一种具有主从结构形式的边沿控制电路。

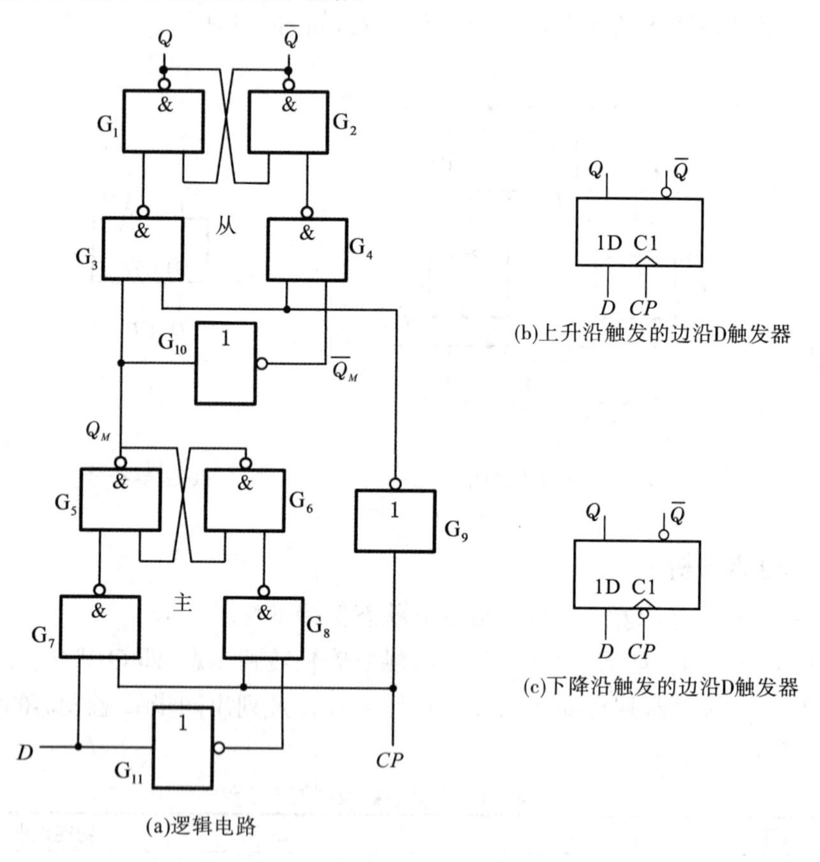

(a)逻辑电路

(b)上升沿触发的边沿D触发器

(c)下降沿触发的边沿D触发器

图 4-10 边沿 D 触发器的逻辑符号

2. 功能分析

图 4-10 所示为具有主从结构形式的边沿 D 触发器，由两个同步 D 触发器组成，主触发器受 CP 操作，从触发器由 $\overline{CP}$ 管理。

(1)当 $CP=1$ 时，门 G_7、G_8 被打开，门 G_3、G_4 封锁，从触发器保持原来状态不变，D 信号进入主触发器。但是要特别注意，这时主触发器只跟随不锁存，即 Q_M 跟随 D 的变化而变化。

(2)当 $CP=0$ 时，门 G_7、G_8 被封锁，门 G_3、G_4 打开，从触发器的状态决定于主触发器，$Q=Q_M$、$\overline{Q}=\overline{Q}_M$。输入信号 D 被拒之门外。

(3)当 CP 下降沿到来时，将封锁门 G_7、G_8，打开门 G_3、G_4，主触发器锁存 CP 下降时刻 D 的值，即 $Q_M=D$，随后将该值送入从触发器，从而使 $Q=D$、$\overline{Q}=\overline{D}$。

(4)当 CP 下降沿之后，主触发器锁存的 CP 下降时刻 D 的值显然保持不变，从触发器的状态当然也不可能发生变化。

综上所述可得

$$Q^{n+1}=D \qquad CP\text{ 下降沿时刻有效} \tag{4-4}$$

式(4-4)就是边沿 D 触发器的特性方程，CP 下降沿时刻有效，即 Q^{n+1} 只能取 CP 下降时刻输入信号 D 的值。

边沿 D 触发器还设置有异步输入端 $\overline{R}_D$、$\overline{S}_D$，其作用是将触发器直接置 0 或置 1，即当 $\overline{R}_D=0$ 时，触发器直接复位到 0 态；当 $\overline{S}_D=0$ 时，触发器直接置位到 1 态，其作用与时钟脉冲 CP 无关，故称异步输入端。

3. 集成边沿 D 触发器 74LS74

如图 4-11 所示为 TTL 集成边沿 D 触发器 74LS74 的引脚排列图。

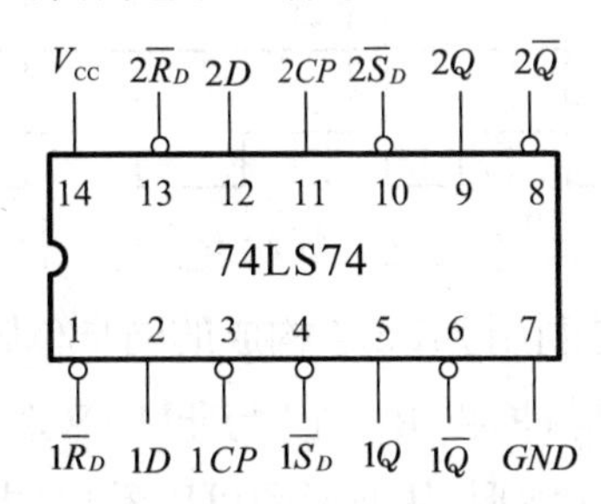

图 4-11　74L74 的引脚排列图

74LS74 内部包含两个带有异步清零端 $\overline{R}_D$ 和异步置位端 $\overline{S}_D$ 的触发器，它们都是 CP 上升沿触发的边沿 D 触发器，异步输入端 $\overline{R}_D$ 和 $\overline{S}_D$ 为低电平有效，其功能表如表 4-5 所示，表中符号“↑”表示上升沿，“↓”表示下降沿。由表 4-5 可看出 74LS74 有如下功能：

(1)异步清 0。当 $\overline{R}_D=0$、$\overline{S}_D=1$ 时，触发器异步置 0，$Q^{n+1}=0$，它与时钟脉冲 CP 及 D 端的输入信号没有关系。

(2)异步置 1。当 $\overline{R}_D=1$、$\overline{S}_D=0$ 时，触发器异步置 1，$Q^{n+1}=1$。

(3)同步清 0。当 $\overline{R}_D=\overline{S}_D=1$，若 $D=0$，则在 CP 上升沿，触发器置 0，$Q^{n+1}=0$。

(4)同步置 1。当 $\overline{R}_D=\overline{S}_D=1$，若 $D=1$，则在 CP 上升沿，触发器置 1，

$Q^{n+1}=1$。

(5)保持。当 $\overline{R}_D=\overline{S}_D=1$，在 $CP=0$ 时，这时不论 D 端输入信号为 0 还是 1，触发器都保持原来的状态不变。

(6)当 $\overline{R}_D=\overline{S}_D=0$ 时，触发器输出 $Q=\overline{Q}=1$，工作不正常，而且在 $\overline{R}_D$ 和 $\overline{S}_D$ 同时由 0 变为 1 时，其输出状态无法预知。

表 4-5　74LS74 的特性表

输　入				输　出	功能说明
$\overline{R}_D$	$\overline{S}_D$	D	CP	Q^{n+1}	
0	1	×	×	0	异步清 0
1	0	×	×	1	异步置 1
1	1	0	↑	0	同步清 0
1	1	1	↑	1	同步置 1
1	1	×	0	Q^n	保持
0	0	×	×	不用	不允许

【例 4-1】 图 4-12 所示为集成 D 触发器 74LS74 的 CP、D、$\overline{S}_D$ 和 $\overline{R}_D$ 的输入波形，试画出其输出端 Q 的波形。设触发器的初始状态 $Q=0$。

解：

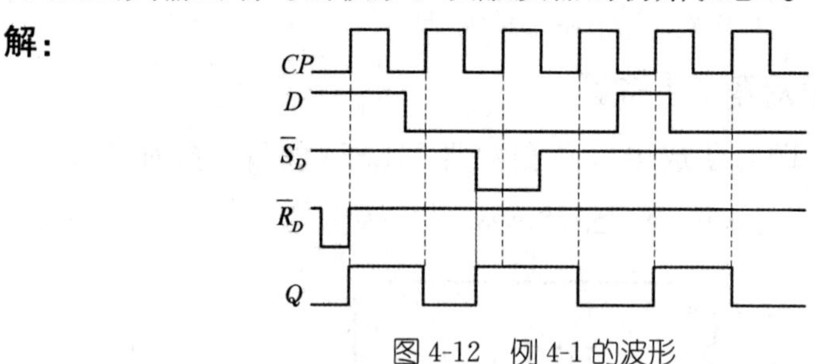

图 4-12　例 4-1 的波形

【例 4-2】 图 4-13(a)是利用 74LS74 构成的同步单脉冲发生电路。该电路借助 CP 产生两个起始不一致的脉冲，再由一个"与非"门来选通，组成一个同步单脉冲发生电路。图(b)是电路的工作波形，从波形图可以看出，电路产生的单脉冲与 CP 脉冲严格同步，且脉冲宽度等于 CP 脉冲的一个周期，电路的正常工作不受开关 S 的机械抖动产生的毛刺影响，因此，可以应用于设备的启动或系统的调试与检测。

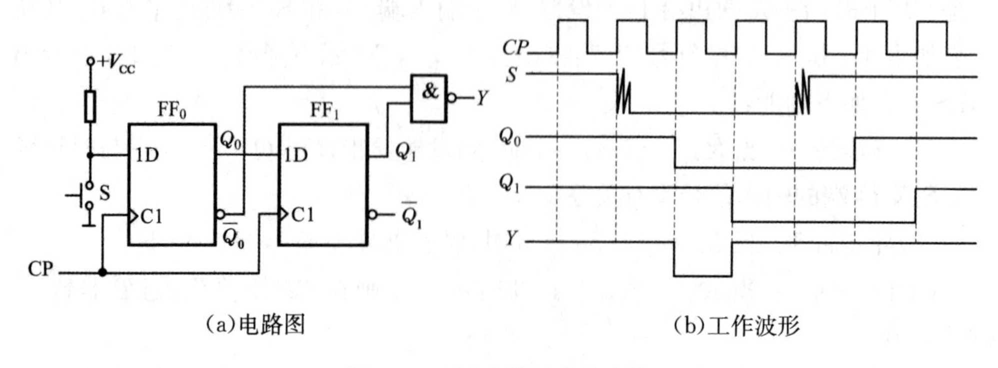

(a)电路图　　(b)工作波形

图 4-13　同步单脉冲发生电路

4.4.2　边沿 JK 触发器

1. 电路结构

在边沿 D 触发器的基础上，增加三个门 G_1，G_2，G_3，把输出 Q 送回 G_1，G_3，就构成了边沿 JK 触发器，其逻辑电路和逻辑符号如图 4-14 所示。

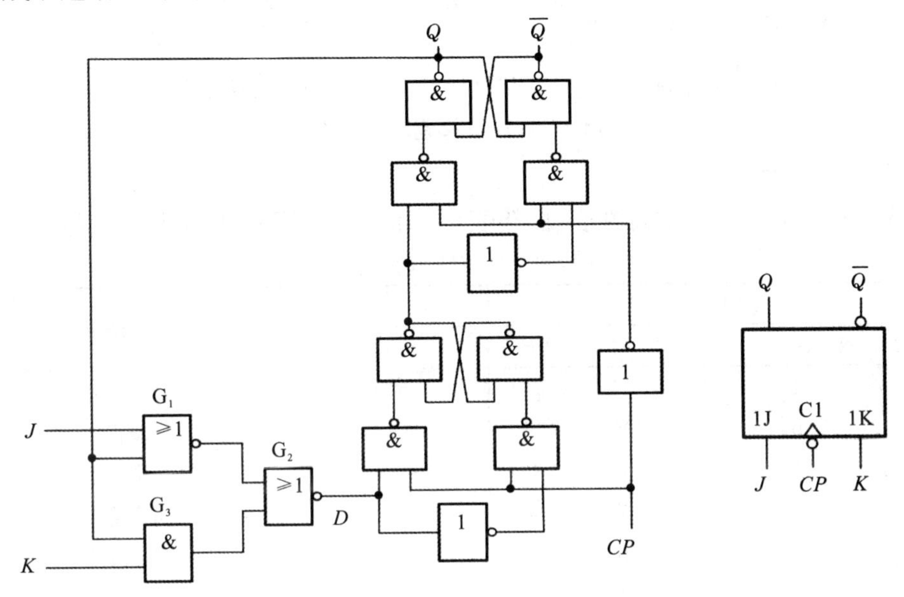

(a)逻辑电路　　　　(b)逻辑符号

图 4-14　边沿 JK 触发器

2. 功能分析

由图 4-14(a)所示电路可得：

$$
\begin{aligned}
D &= \overline{\overline{J+Q^n}+KQ^n} \\
&= (J+Q^n)\cdot\overline{KQ^n} \\
&= (J+Q^n)\cdot(\overline{K}+\overline{Q}^n) \\
&= J\overline{Q}^n+\overline{K}Q^n+J\overline{K} \\
&= J\overline{Q}^n+\overline{K}Q^n
\end{aligned}
\tag{4-5}
$$

将式(4-5)代入边沿 D 触发器的特性方程，可以得到：

$$Q^{n+1}=J\overline{Q}^n+\overline{K}Q^n \qquad CP\text{ 下降沿时刻有效} \tag{4-6}$$

显然，式(4-6)准确地表达了图 4-14(a)所示电路次态 Q^{n+1} 与现态 Q^n 和输入 J、K 之间的逻辑关系。

3. 集成 JK 触发器 74LS112

(1)74LS112 的管脚排列和逻辑符号。

74LS112 为双下降沿 JK 触发器，其引脚排列图及符号图如图 4-15 所示。

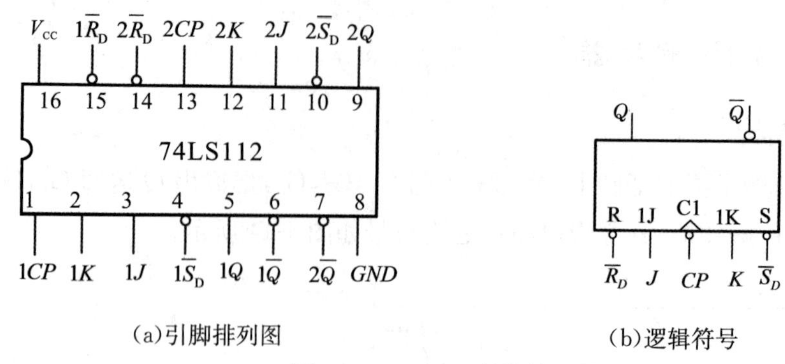

(a)引脚排列图　　(b)逻辑符号

图 4-15　74LS112 管脚排列图

(2)逻辑功能。

表 4-6 为 74LS112 的特性表,由该表可以看出 74LS112 有如下主要功能。

表 4-6　74LS112 功能表

输　入					输　出	功能说明
$\overline{R}_D$	$\overline{S}_D$	J	K	CP	Q^{n+1}	
0	1	×	×	×	0	异步清 0
1	0	×	×	×	1	异步置 1
1	1	0	0	↓	Q^n	保持
1	1	0	1	↓	0	同步清 0
1	1	1	0	↓	1	同步置 1
1	1	1	1	↓	$\overline{Q}^n$	翻转
1	1	×	×	1	Q^n	保持
0	0	×	×	×	不用	不允许

①异步清 0。当 $\overline{R}_D=0$ 、$\overline{S}_D=1$ 时,触发器清 0,它与时钟脉冲 CP 及 J、K 的输入信号无关。

②异步置 1。$\overline{R}_D=1$ 、$\overline{S}_D=0$ 时,触发器置 1,它与时钟脉冲 CP 及 J、K 的输入信号无关。

③保持。取 $\overline{R}_D=\overline{S}_D=1$, 如 $J=K=0$ 时,触发器保持原来的状态不变。即使在 CP 下降沿到来时,电路状态也不会改变, $Q^{n+1}=Q^n$ 。

④同步清 0。取 $\overline{R}_D=\overline{S}_D=1$, 如 $J=0$ 、$K=1$, 在 CP 下降沿到来时,触发器翻转到 0 状态,即清 0, $Q^{n+1}=0$。

⑤同步置 1。取 $\overline{R}_D=\overline{S}_D=1$, 如 $J=1$ 、$K=0$ 时,在 CP 下降沿到来时,触发器翻转到 1 状态,即置 1, $Q^{n+1}=1$。

⑥翻转。取 $\overline{R}_D=\overline{S}_D=1$, 如 $J=K=1$ 时,则每输入 1 个 CP 的下降沿,触发器的状态变化一次, $Q^{n+1}=\overline{Q}^n$, 这种情况常用来计数。

【例 4-3】 图 4-16 所示为集成 JK 触发器 74LS112 的 CP、D、$\overline{S}_D$ 和 $\overline{R}_D$ 的输入波形,试画出其输出端 Q 的波形。设触发器初始状态 $Q=0$。

解:

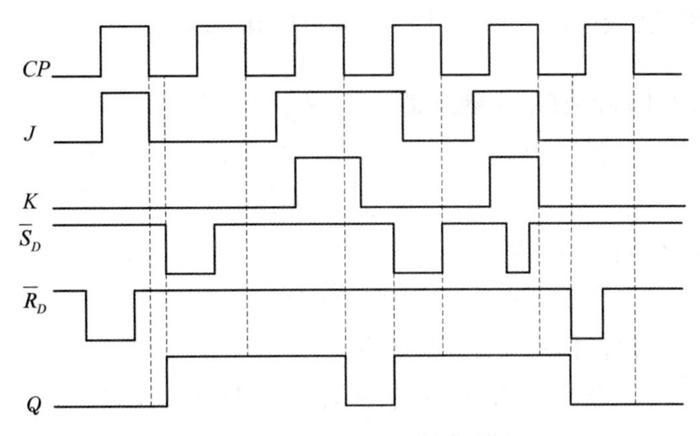

图 4-16　例 4-3 的波形

【例 4-4】 图 4-17 为 74LS112 构成的多路公共照明控制电路，$S_1 \sim S_n$ 为安装在不同处的按钮开关，不同的地方都能独立控制路灯的亮和灭。若触发器处于 0 态时，$Q=0$，三极管 T 截止，继电器 K 的动合触点断开，灯 L 熄灭。当按下按钮开关 S_1 时，触发器由 0 态翻转到 1 态，即 $Q=1$，三极管 T 导通，继电器 K 得电，触点闭合，灯 L 点亮。若再按下按钮开关 S_2 时，则触发器又翻转到 0 态，$Q=0$，T 截止，继电器 K 的触点断开，灯 L 熄灭。这样能实现不同地方独立控制路灯的亮和灭。

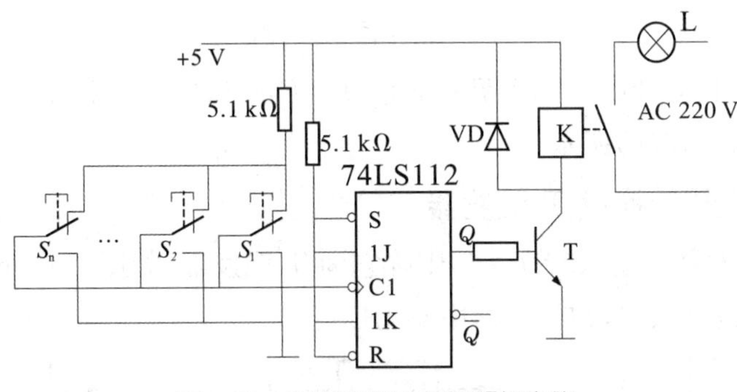

图 4-17　多路控制公共照明灯电路

4.5　不同类型触发器间的转换

从逻辑功能来分，触发器共有五种类型：RS、JK、D、T 和 T′触发器。在数字装置中往往需要各种类型的触发器，而市场上出售的触发器多为集成 D 触发器和 JK 触发器，没有其他类型触发器，因此，必须掌握不同类型触发器之间的转换方法。转换方法一般是先比较两种触发器的特征方程，然后利用逻辑代数的公式和定理，实现两个特征方程之间的变换，进而画出转换后的逻辑电路。

4.5.1 JK 触发器转换成 D、T 和 T′触发器

1. JK 触发器转换成 D 触发器

JK 触发器的特性方程为：

$$Q^{n+1} = J\overline{Q}^n + \overline{K}Q^n \tag{4-7}$$

D 触发器的特性方程为：

$$Q^{n+1} = D \tag{4-8}$$

对照公式(4-7)，对公式(4-8)变换得：

$$Q^{n+1} = D = D(\overline{Q}^n + Q^n) = D\overline{Q}^n + DQ^n \tag{4-9}$$

比较公式(4-9)和(4-7)，可见只要取 $J = D$, $K = \overline{D}$, 就可以把 JK 触发器转换成 D 触发器，如图 4-18(a)所示。转换后，D 触发器的 CP 触发脉冲与转换前 JK 触发器的 CP 触发脉冲相同。

2. JK 触发器转换成 T 触发器

具有保持、翻转功能的触发器称为 T 触发器。T 触发器有一个控制端 T，当 $T=0$ 时，保持；$T=1$ 时，翻转。

T 触发器的特性方程为：

$$Q^{n+1} = T\overline{Q}^n + \overline{T}Q^n \tag{4-10}$$

比较公式(4-10)和(4-7)，可见只要取 $J=K=T$，就可以把 JK 触发器转换成 T 触发器，如图 4-18(b)所示。

3. JK 触发器转换成 T′触发器

如果 T 触发器的输入端 $T=1$，则称它为 T′触发器，如图 4-18(c)所示。T′触发器也称为一位计数器，在计数器中应用广泛。

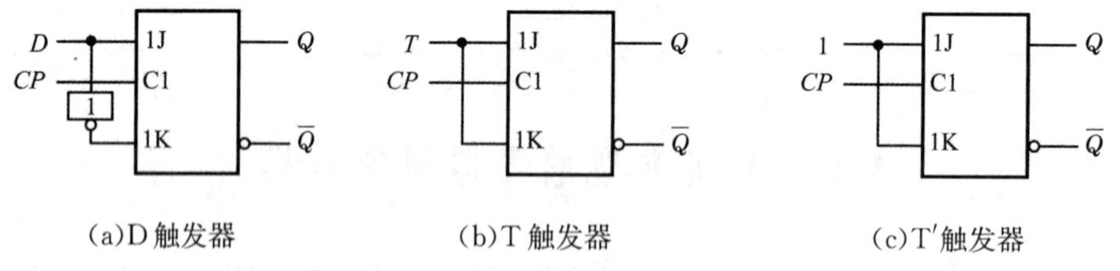

(a)D 触发器　(b)T 触发器　(c)T′触发器

图 4-18　JK 触发器转换成 D、T 和 T′触发器

4.5.2 D 触发器转换成 JK、T 和 T′触发器

由于 D 触发器只有一个信号输入端，且 $Q^{n+1} = D$，因此，只要将其他类型触发器的输入信号经过转换后变为 D 信号，即可实现转换。

1. D 触发器转换成 JK 触发器

令 $D = J\overline{Q}^n + \overline{K}Q^n$，就可实现 D 触发器转换成 JK 触发器，如图 4-19(a)

所示。

2. D 触发器转换成 T 触发器

令 $D=T\overline{Q}^n+\overline{T}Q^n$，就可以把 D 触发器转换成 T 触发器，如图 4-19(b)所示。

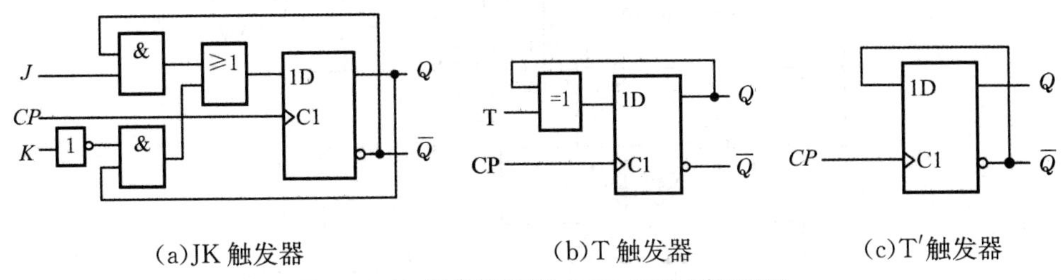

图 4-19　D 触发器转换成 JK、T 和 T′触发器

3. D 触发器转换成 T′触发器

令 $D=\overline{Q}^n$，即直接将 D 触发器的 $\overline{Q}$ 端与 D 端相连，就构成了 T′触发器，如图 4-19(c)所示。D 触发器到 T′触发器的转换最简单，计数器电路中用得最多。

4.6　Multisim 仿真实例

【例 4-5】　D 触发器 7474 的功能测试仿真，如图 4-20 所示。通过拨动开关 S2，给 *CP* 端输入上升沿时钟信号。如果在 *CP* 上升沿时钟信号来临之前，由 S1 输入的 D 为高电平，则灯点亮；若为低电平，则灯不亮。

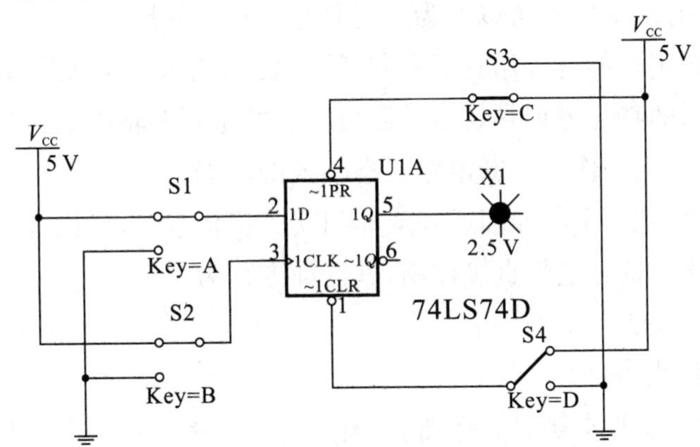

图 4-20　D 触发器 7474 的功能测试仿真

【例 4-6】　双 JK 触发器 74LS112 的功能测试仿真，如图 4-21 所示。

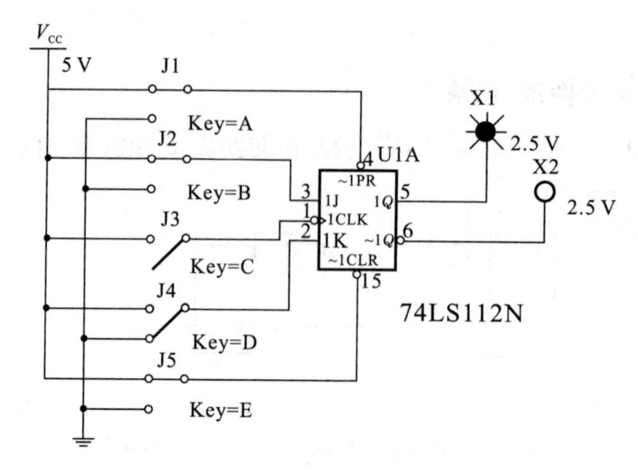

图 4-21　双 JK 触发器 74LS112 的功能测试仿真

本章小结

触发器是数字电路中极其重要的基本单元。触发器有两个稳定状态，在外界触发信号作用下，可以从一个稳态转变为另一个稳态，无外界触发信号作用时，状态保持不变。因此，触发器可以作为二进制存储单元使用。

触发器的逻辑功能可以用特征方程、特性表、卡诺图、状态图和波形图等方式来描述。触发器的特性方程是表示其逻辑功能的重要逻辑参数，在分析和设计时序逻辑电路时，常用来作为判断电路状态转换的依据。

基本触发器：把两个与非门或者或非门交叉连接起来，便构成了基本触发器。其显著特点是输入信号电平直接控制，其特征方程为

$$\begin{cases} Q^{n+1}=S+\overline{R}Q^n \\ RS=0\ \text{（约束条件）} \end{cases}$$

同步触发器：在基本触发器基础上，增加两个控制门和一个控制信号，构成同步触发器。它的显著特点是时钟电平直接控制，其特征方程为

$$\begin{cases} Q^{n+1}=S+\overline{R}Q^n \\ RS=0\ \text{（约束条件）} \end{cases}\quad CP=1\text{（或 0）期间有效}\qquad \text{同步 RS 触发器}$$

$$Q^{n+1}=D\qquad CP=1\text{（或 0）期间有效}\qquad \text{同步 D 触发器}$$

边沿触发器：把两个 D 触发器级联起来，便可构成边沿 D 触发器，再加以改进就可得到边沿 JK 触发器。它的显著特点是边沿控制，其他时间输入信号不起作用，其特征方程为

$Q^{n+1}=D$　　　　　　CP 上升沿(或下降沿)时刻有效　边沿D触发器

$Q^{n+1}=J\overline{Q}^n+\overline{K}Q^n$　　CP 上升沿(或下降沿)时刻有效　边沿JK触发器

边沿触发器逻辑功能分类:按照在时钟脉冲操作下逻辑功能的不同,可把边沿触发器分为

JK型　$Q^{n+1}=J\overline{Q}^n+\overline{K}Q^n$

D型　$Q^{n+1}=D$

T型　$Q^{n+1}=T\oplus Q^n$

T′型　$Q^{n+1}=\overline{Q}^n$

习题4

一、填空题

1. 两个与非门构成的基本RS触发器具有________、________、________的功能。电路中不允许两个输入端同时为________,否则将出现触发器状态不确定。

2. JK触发器具有________、________、________和________四种功能。欲使JK触发器实现 $Q^{n+1}=\overline{Q}^n$ 的功能,则输入端 J 应接________,K 应接________,把JK触发器________就构成了T触发器,T触发器具有的逻辑功能是________和________。将T触发器恒输入1,就构成了T′触发器,T′触发器具有________的功能。

3. JK触发器的特性方程为________。

4. D触发器具有________和________的功能,其特性方程为________。如将输入端 D 和输出 $\overline{Q}$ 相连后,则D触发器处于________状态。

二、选择题

1. 仅具有置"0"和置"1"功能的触发器是(　　)。

A. 基本RS触发器　　B. 钟控RS触发器

C. D触发器　　D. JK触发器

2. 具有保持和翻转功能的触发器是(　　)。

A. JK触发器　　B. T触发器

C. D触发器　　D. T′触发器

3. 触发器由门电路构成,但其功能不同于门电路,触发器主要特点是(　　)。

A. 具有翻转功能　　B. 具有保持功能

C. 具有记忆功能　　D. 以上都对

4. RS触发器当输入 $S=\overline{R}$,具备时钟条件后,次态 Q^{n+1} 为(　　)。

A. $Q^{n+1}=S$　　B. $Q^{n+1}=R$

C. $Q^{n+1}=0$　　D. $Q^{n+1}=1$

5. 当输入 $J=K=1$ 时,JK触发器所具有的功能是(　　)。

A. 置1　　B. 置0　　C. 保持　　D. 翻转

三、综合题

1. 在如题图 4-1 所示的各电路中，设各触发器的初始状态为 0，试根据 CP 的波形对应画出 $Q_1 \sim Q_5$ 的波形。

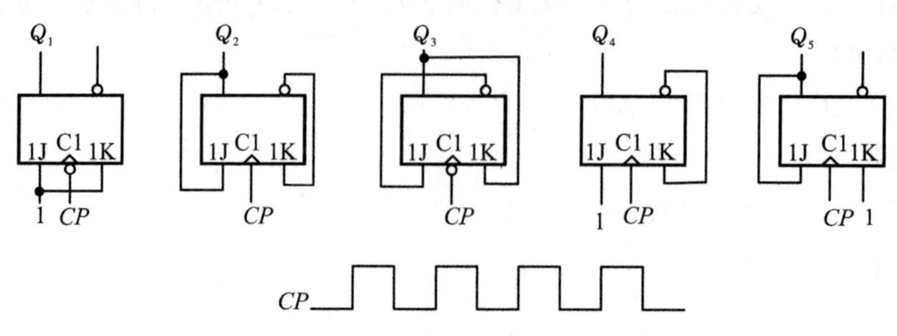

题图 4-1

2. 在如题图 4-2 所示的各电路中，设各触发器的初始状态均为 0，试根据 CP 的波形对应画出 $Q_1 \sim Q_5$ 的波形。

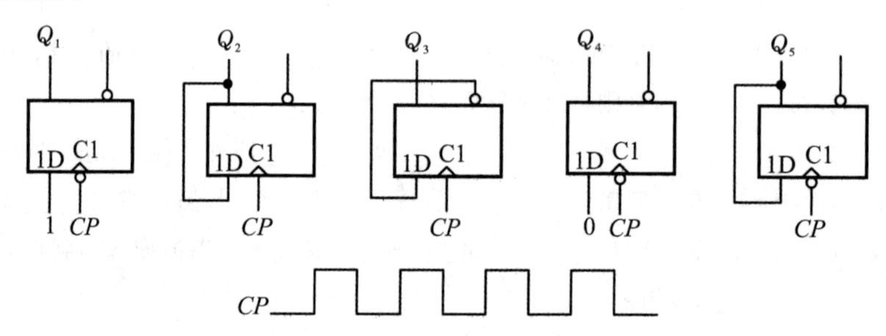

题图 4-2

3. 逻辑电路及 CP 和 A、B 的波形如题图 4-3 所示，设触发器的初始状态为 0，试对应画出 Q 的波形。

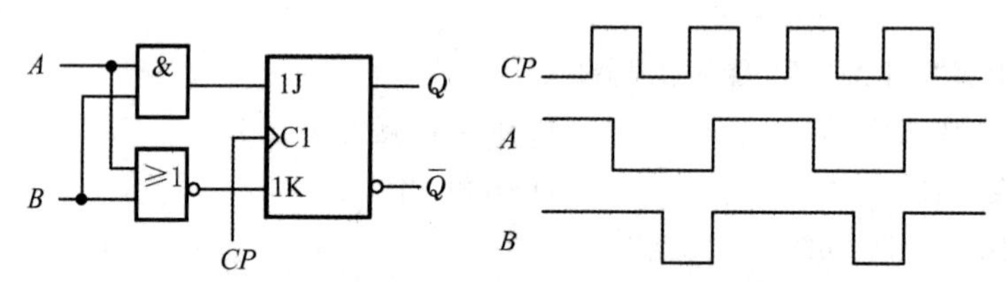

题图 4-3

4. 逻辑电路及 CP 和 D 的波形如题图 4-4 所示，设触发器的初始状态为 0，试对应画出 Q 和 Y 的波形。

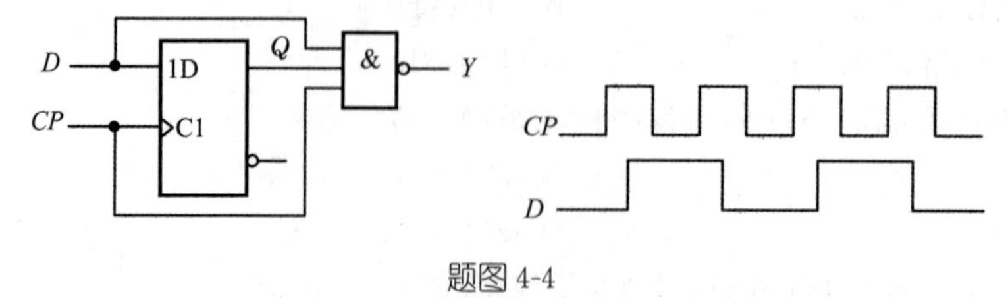

题图 4-4

时序逻辑电路

本章介绍了时序逻辑电路的工作原理和分析、设计方法以及计数器、寄存器、顺序脉冲发生器等常用时序逻辑电路的工作原理，着重介绍了有关中规模集成电路的逻辑功能、使用方法和应用。

5.1 时序逻辑电路的基本分析与设计方法

5.1.1 时序逻辑电路的概述

1. 时序逻辑电路的定义

任一时刻电路的输出信号，不仅取决于该时刻电路的输入信号，而且还取决于电路原来的状态，具有这种逻辑功能特点的电路称为时序逻辑电路，简称为时序电路。

2. 时序电路的结构

时序电路通常由两部分组成：一部分是组合逻辑电路，由逻辑门电路组成；另一部分是存储电路，由触发器组成，其结构框图如图 5-1 所示。对于简单的时序电路，可以没有组合电路，但是一定有触发器，触发器是时序电路的基本元件。

3. 时序电路逻辑功能的表示方法

(1)逻辑表达式。

在图 5-1 中 $X(x_1,\cdots,x_i)$为时序电路的输入信号；$Y(y_1,\cdots,y_j)$为时序电路的输出信号；$W(w_1,\cdots,w_k)$为存储电路的输入信号；$Q(q_1,\cdots,q_m)$为存储电路的输出信号。

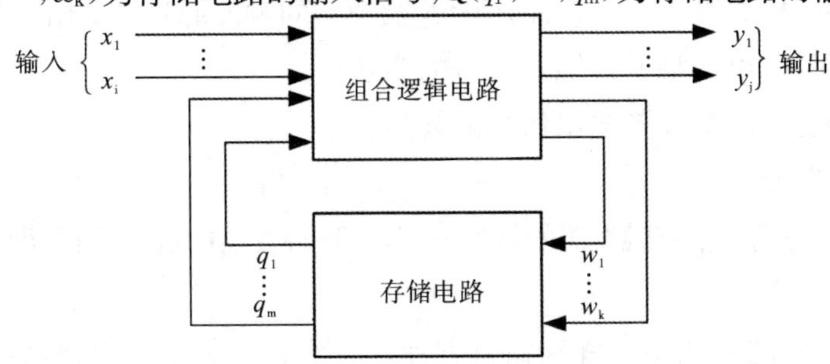

图 5-1 时序逻辑电路结构框图

这些信号之间的关系，可用以下3个方程来描述：

①输出方程：$Y(t_n)=F[X(t_n),Q(t_n)]$，该方程表明时序电路的输出信号与输入信号和现态有关；

②驱动方程：$W(t_n)=G[X(t_n),Q(t_n)]$，该方程是存储电路中各个触发器的输入方程；

③状态方程：$Q(t_{n+1})=H[W(t_n),Q(t_n)]$，该方程是存储电路中各个触发器的次态方程，将各触发器的驱动方程代入其特性方程即可得到状态方程。

(2)状态表、卡诺图、状态图、时序图。

在时序电路中，其现态和次态是由构成该时序电路的触发器的现态和次态分别表示的，可根据第4章介绍的有关方法，列出时序电路的状态表，画出卡诺图、状态图和时序图，具体方法将在后面结合具体电路进行说明。

4. 时序电路的分类

(1)按时钟控制分类。

根据时序电路中触发器状态变化是否同步，分为同步时序电路和异步时序电路。在同步时序电路中，电路中各个触发器共用一个时钟信号 CP，其状态改变受同一个时钟信号 CP 控制；异步时序电路则无统一的时钟信号 CP，触发器的状态变化不同时发生。

(2)按输出信号的特性分类。

按输出信号的特性，时序电路分为 Mealy 型和 Moore 型。在 Mealy 型电路中，电路的输出信号不仅取决于存储电路的现态，还取决于电路的输入信号；在 Moore 型电路中，电路的输出信号仅取决于存储电路的现态。可见，Moore 型电路是 Mealy 型电路的一种特例。

5.1.2 时序电路的基本分析方法

1. 分析的一般步骤

(1)写方程式。

时钟方程：根据给定时序电路图中各触发器的触发脉冲，写出时钟方程。

驱动方程：写出各触发器输入信号的表达式。

输出方程：写出电路各输出信号的表达式。

(2)求状态方程。

将驱动方程代入相应触发器的特性方程，得到触发器的次态方程，即状态方程。

(3)列状态表。

根据时序电路的状态方程和输出方程，列状态表，必须注意，触发器的状态方程只有在满足时钟条件时才会有效，否则电路将保持原来状态不变。

(4)画状态图。

注意:状态转换是由现态转换到次态,输出信号是现态和输入信号的函数。

(5)说明电路功能。

根据时序逻辑电路的状态表或者状态图,说明电路的功能。

2. 分析举例

【例 5-1】 时序电路如图 5-2 所示,写出它的驱动方程、状态方程,列出状态表,画出状态图,分析其逻辑功能。

解: (1)写方程式。

时钟方程: $CP_0 = CP_1 = CP_2 = CP$,对于同步时序电路,其时钟方程可以省去不写。

$$\text{驱动方程:}\begin{cases} D_0 = \overline{Q}_2^n \\ D_1 = Q_0^n \\ D_2 = Q_1^n Q_0^n \end{cases} \tag{5-1}$$

(2)将各触发器的驱动方程代入特性方程,即得电路的状态方程。

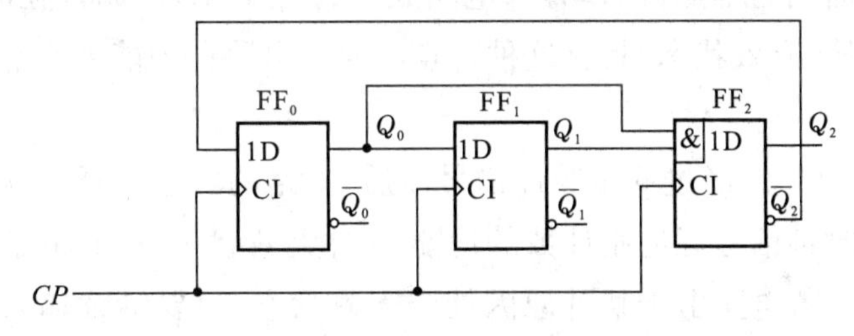

图 5-2　例 5-1 电路图

特性方程: $Q^{n+1} = D$

$$\text{状态方程:}\begin{cases} Q_0^{n+1} = D_0 = \overline{Q}_2^n \\ Q_1^{n+1} = D_1 = Q_0^n \\ Q_2^{n+1} = D_2 = Q_1^n Q_0^n \end{cases} \tag{5-2}$$

(3)计算、列状态表(设初态为 000)。

将各状态代入式 5-2 可得其次态,列状态表如表 5-1 所示。

表 5-1　例 5-1 的状态表

现态			次态		
Q_2^n	Q_1^n	Q_0^n	Q_2^{n+1}	Q_1^{n+1}	Q_0^{n+1}
0	0	0	0	0	1
0	0	1	0	1	1
0	1	1	1	1	1
1	1	1	1	1	0
1	1	0	0	0	0
0	1	0	0	0	1
1	0	1	0	1	0
1	0	0	0	0	0

(4)画状态图,如图 5-3 所示。

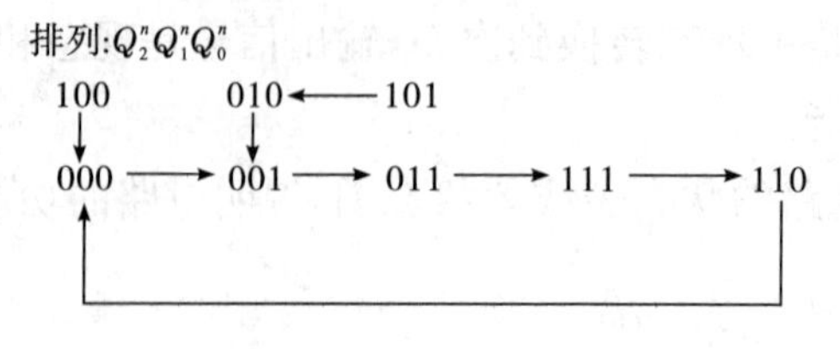

图 5-3　例 5-1 状态图

(5)说明电路功能。

有效状态与有效循环:在时序电路中,凡是被利用的状态,都称为有效状态。由有效状态构成的循环称为有效循环。图 5-3 中 5 个状态 000、001、011、111、110 均被利用,故均为有效状态。这 5 个有效状态构成的循环为有效循环。

无效状态与无效循环:在时序电路中,凡是没被利用的状态,都称为无效状态。由无效状态形成的循环称为无效循环。图 5-3 中 3 个状态 100、101、010 未被利用,故均为无效状态。

电路能自启动与不能自启动:当电路处于任一个无效状态,在时钟信号的作用下,最终能进入有效状态,具有这种特点的时序电路称为能够自启动,否则就不能自启动。

从图 5-3 中可知,经过 5 个脉冲信号以后,电路的状态循环变化一次,所以这个电路具有对时钟信号五进制计数的功能;3 种无效状态,在脉冲的作用下,均能变为有效状态。若电路由于某种原因处于无效状态,只要继续输入脉冲信号,电路便会自动返回到有效状态工作,所以,该电路是一个能够自启动的同步五进制计数器。

3. 异步时序电路的分析

异步时序电路中,各触发器的触发脉冲不统一,分析时要写出时钟方程,并根据各触发器的时钟方程及触发方式,确定各脉冲端是否有触发信号作用。当触发脉冲有效时,触发器状态才会改变;而当触发脉冲无效时,触发器保持原状态不变。

【例 5-2】 试分析图 5-4 所示电路,画出状态图,说明其功能,并分析能否自启动。

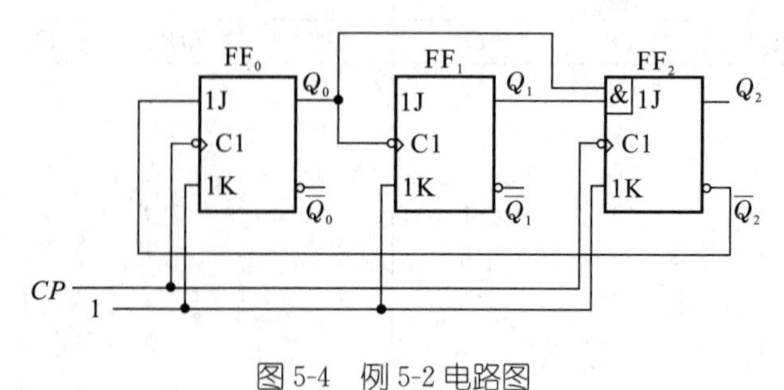

图 5-4　例 5-2 电路图

解：（1)写方程式。

时钟方程：
$$\begin{cases} CP_0 = CP & CP\text{ 下降沿有效} \\ CP_1 = Q_0^n & Q_0\text{ 下降沿有效} \\ CP_2 = CP & CP\text{ 下降沿有效} \end{cases} \tag{5-3}$$

驱动方程：
$$\begin{cases} J_0 = \overline{Q}_2^n & K_0 = 1 \\ J_1 = 1 & K_1 = 1 \\ J_2 = Q_1^n Q_0^n & K_2 = 1 \end{cases} \tag{5-4}$$

(2)将式(5-4)代入特性方程，即得电路的状态方程。

特性方程：
$$Q^{n+1} = J\overline{Q}^n + \overline{K}Q^n$$

状态方程：
$$\begin{cases} Q_0^{n+1} = \overline{Q}_2^n \overline{Q}_0^n & CP\text{ 下降沿有效} \\ Q_1^{n+1} = \overline{Q}_1^n & Q_0\text{ 下降沿有效} \\ Q_2^{n+1} = \overline{Q}_2^n Q_1^n Q_0^n & CP\text{ 下降沿有效} \end{cases} \tag{5-5}$$

(3)计算、列状态表　(设初态为 000)。

计算时要注意每个状态方程有效的时钟条件，只有当其时钟条件具备时，触发器才会按照其状态方程更新状态，否则保持原来状态不变。根据计算结果，列状态表如表 5-2 所示，据此可画得状态图，如图 5-5 所示。

表 5-2　例 5-2 的状态表

现态			次态		
Q_2^n	Q_1^n	Q_0^n	Q_2^{n+1}	Q_1^{n+1}	Q_0^{n+1}
0	0	0	0	0	1
0	0	1	0	1	0
0	1	0	0	1	1
0	1	1	1	0	0
1	0	0	0	0	0
1	0	1	0	1	0
1	1	0	0	1	0
1	1	1	0	0	0

(4)画状态图。

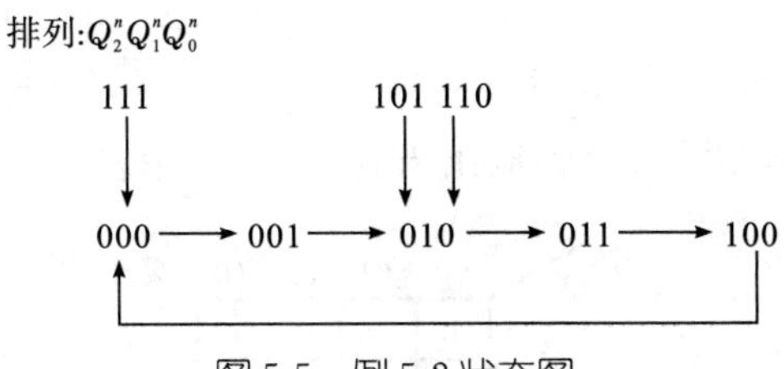

图 5-5　例 5-2 状态图

(5)说明电路功能。

由状态图可看出，该电路共有 5 个有效循环状态，所以为五进制计数器，且可以自启动。

5.1.3 时序电路的设计方法

1. 设计步骤

(1)逻辑抽象。根据逻辑功能要求,设定状态,建立原始的状态图。

(2)状态化简。合并等价状态。输入相同时,输出相同,且转换的状态也相同的状态叫作等价状态。

(3)状态分配(状态编码),确定触发器的数目。据电路的状态数 M,确定所用触发器数目 n,应满足:$2^n \geqslant M$。

(4)选择触发器的类型,求驱动方程和输出方程。确定触发器类型(JK 或 D)后,根据状态图,求出状态方程和输出方程,进而求出驱动方程。

(5)画逻辑图。根据驱动方程和输出方程,画出电路图。

(6)判断电路能否自启动。

由于异步时序电路中各触发器的时钟脉冲不统一。因此设计异步时序电路时,要为每个触发器选择一个合适的时钟信号,即求各触发器的时钟方程。除此之外,异步时序电路的设计方法与同步时序电路基本相同。

2. 设计举例

【例 5-3】 按如图 5-6 所示状态图,设计同步时序电路。

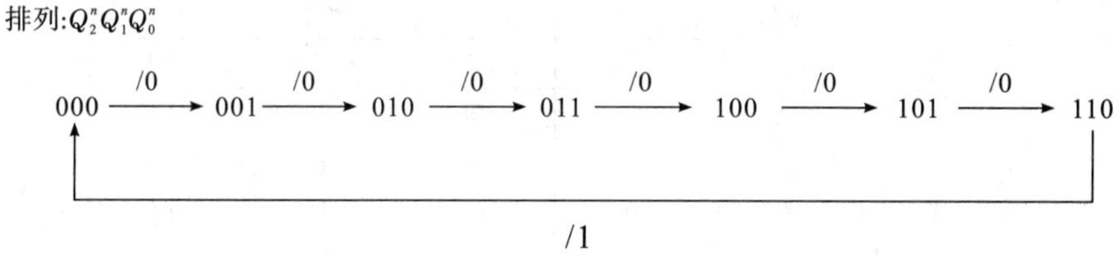

排列:$Q_2^n Q_1^n Q_0^n$

000 —/0→ 001 —/0→ 010 —/0→ 011 —/0→ 100 —/0→ 101 —/0→ 110 —/1→ 000

图 5-6 例 5-3 状态图

解: 由于已给出状态图,所以设计直接从第 4 步开始。

(1)选择触发器,求时钟方程、输出方程、状态方程。

因需用 3 位二进制代码,选用 3 个 CP 下降沿触发的 JK 触发器,分别用 FF_0、FF_1、FF_2表示。

由于要求采用同步方案,故时钟方程为:$CP_0 = CP_1 = CP_2 = CP$

利用图 5-7 所示卡诺图,得到输出方程:$Y = Q_1^n Q_2^n$

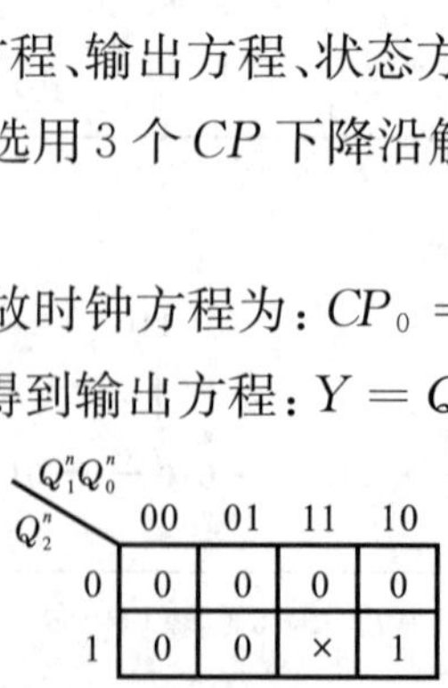

Q_2^n \ $Q_1^n Q_0^n$	00	01	11	10
0	0	0	0	0
1	0	0	×	1

图 5-7 例 5-3 Y 的卡诺图

利用图 5-8 所示次态卡诺图,得到状态方程:

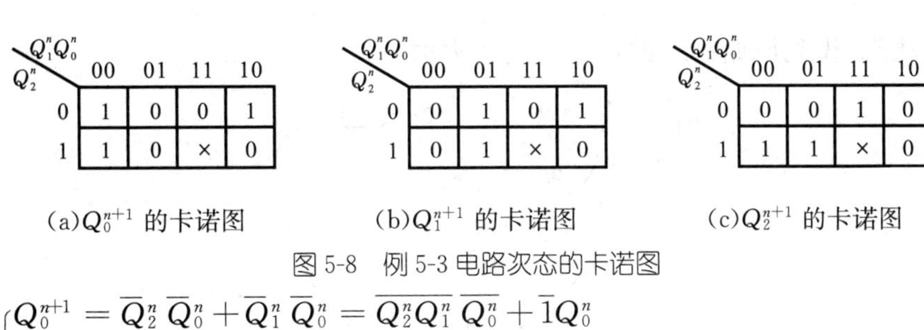

(a)Q_0^{n+1} 的卡诺图　(b)Q_1^{n+1} 的卡诺图　(c)Q_2^{n+1} 的卡诺图

图 5-8　例 5-3 电路次态的卡诺图

$$\begin{cases} Q_0^{n+1} = \overline{Q}_2^n\,\overline{Q}_0^n + \overline{Q}_1^n\,\overline{Q}_0^n = \overline{Q_2^nQ_1^n}\,\overline{Q_0^n} + \overline{1}Q_0^n \\ Q_1^{n+1} = Q_0^n\,\overline{Q}_1^n + \overline{Q}_2^n\,\overline{Q}_0^nQ_1^n \\ Q_2^{n+1} = Q_1^nQ_0^n\,\overline{Q}_2^n + \overline{Q}_1^nQ_2^n \end{cases} \tag{5-6}$$

(2)变换状态方程,使之与所选择触发器的特性方程一致,得到驱动方程:

$$\begin{cases} J_0 = \overline{Q_2^nQ_1^n} & K_0 = 1 \\ J_1 = Q_0^n & K_1 = \overline{\overline{Q}_2^n\,\overline{Q}_0^n} \\ J_2 = Q_1^nQ_0^n & K_2 = Q_1^n \end{cases} \tag{5-7}$$

(3)画逻辑电路图,如图 5-9 所示。

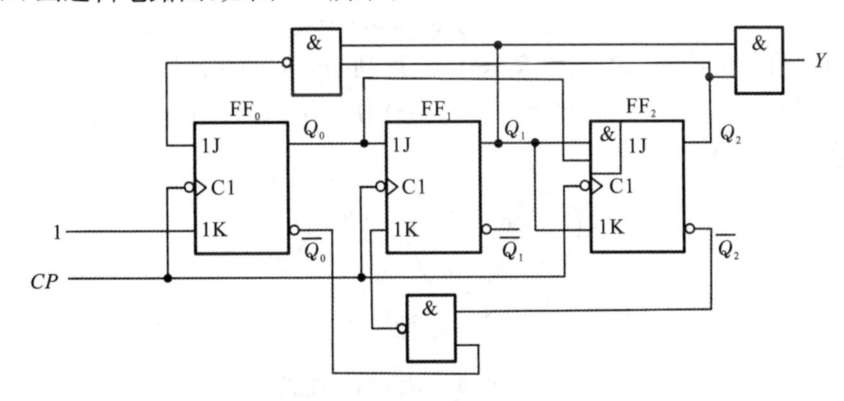

图 5-9　例 5-3 电路图

(4)检查电路能否自启动。

将无效状态 111 代入式(5-6)计算:

$$\begin{cases} Q_0^{n+1} = \overline{Q_2^nQ_1^n}\,\overline{Q}_0^n + \overline{1}Q_0^n = 0 \\ Q_1^{n+1} = Q_0^n\,\overline{Q}_1^n + \overline{Q}_2^n\,\overline{Q}_0^nQ_1^n = 0 \\ Q_2^{n+1} = Q_1^nQ_0^n\,\overline{Q}_2^n + \overline{Q}_1^nQ_2^n = 0 \end{cases}$$

可见 111 的次态为有效状态 000,故电路能够自启动。

【例 5-4】　设计一个串行数据检测电路,要求连续输入 3 个或 3 个以上 1 时,输出为 1,否则输出为 0。

解:　(1)根据给定条件要求,确定逻辑变量、建立原始状态图。

用 X 表示输入、Y 表示输出,可用 4 个状态 S_0、S_1、S_2、S_3 表示电路不同状态,其中,S_0 表示初态,S_1、S_2、S_3 分别表示连续输入 1 个 1、2 个 1、3 个及 3 个以上 1 时电路的状态，得到原始状态图，如图 5-10 所示。

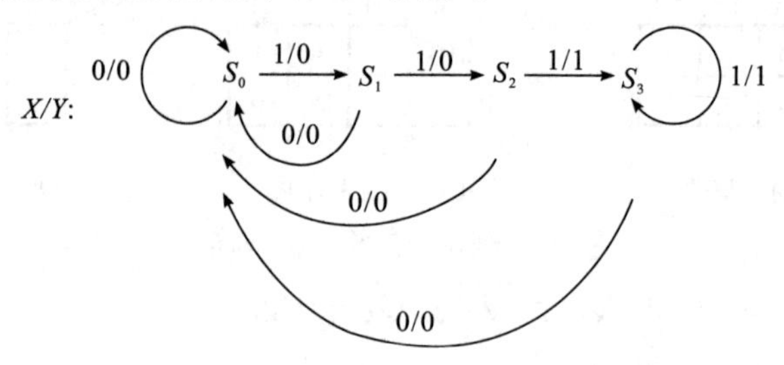

图 5-10 例 5-4 原始状态图

(2)合并等价状态，得最简状态图。

显然 S_2、S_3 等价，合并后的最简状态图如图 5-11 所示。

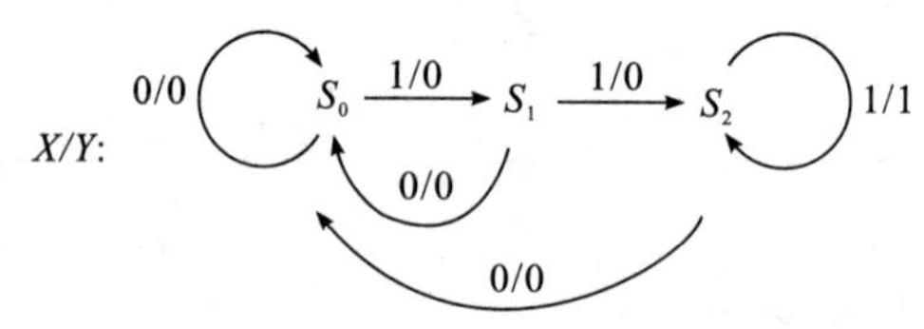

图 5-11 例 5-4 最简状态图

(3)用最少位数的二进制码表示状态，得到编码后的状态图。

三个状态可用两位二进制编码表示：分别用 00、01、11 表示 S_0、S_1、S_2，编码后的状态图如图 5-12 所示。

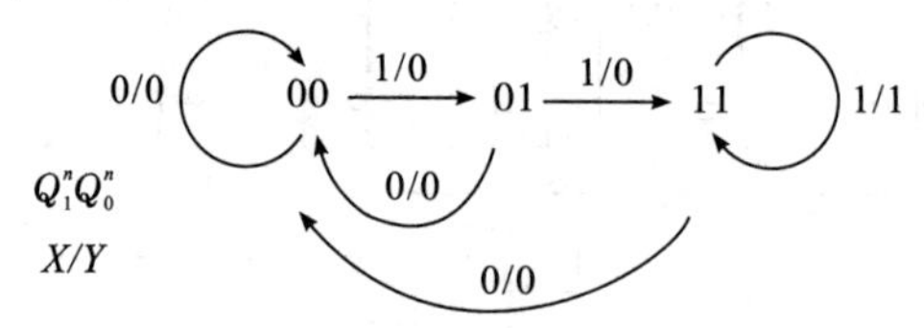

图 5-12 例 5-4 编码后的状态图

(4)选择触发器，求时钟方程、输出方程、状态方程。

选用 2 个 CP 上升沿触发(也可选择下降沿触发)的 JK 触发器。让二者同步工作(也可异步工作)，则：$CP_0 = CP_1 = CP$。

利用图 5-13 所示卡诺图，得到输出方程：

$$Y = XQ_1^n \tag{5-8}$$

利用图 5-14 所示次态卡诺图，化简得到状态方程：

$$\begin{cases} Q_0^{n+1} = X \\ Q_1^{n+1} = XQ_0^n \end{cases}$$

X \ $Q_1^nQ_0^n$	00	01	11	10
0	0	0	0	×
1	0	0	1	×

图 5-13 例 5-4 Y 的卡诺图

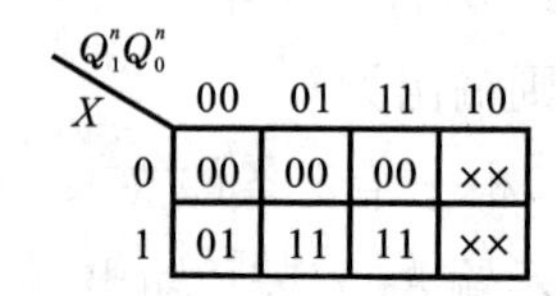

X \ $Q_1^nQ_0^n$	00	01	11	10
0	00	00	00	××
1	01	11	11	××

图 5-14 例 5-4 $Q_1^{n+1}Q_0^{n+1}$ 的卡诺图

(5)变换状态方程。

$$Q_0^{n+1}=X(\overline{Q}_0^n+Q_0^n)=X\overline{Q}_0^n+XQ_0^n$$

$$\begin{aligned}Q_1^{n+1}&=XQ_0^n(\overline{Q}_1^n+Q_1^n)\\&=XQ_0^n\overline{Q}_1^n+XQ_0^nQ_1^n\\&=XQ_0^n\overline{Q}_1^n+XQ_0^nQ_1^n+XQ_1^n\overline{Q}_0^n\quad(XQ_1^n\overline{Q}_0^n\text{ 为约束项})\\&=XQ_0^n\overline{Q}_1^n+XQ_1^n\end{aligned}\qquad(5\text{-}9)$$

使之与所选择触发器的特征方程一致,得到驱动方程:

$$\begin{cases}J_0=X & K_0=\overline{X}\\J_1=XQ_0^n & K_1=\overline{X}\end{cases}\qquad(5\text{-}10)$$

(6)画逻辑电路图如图 5-15 所示。

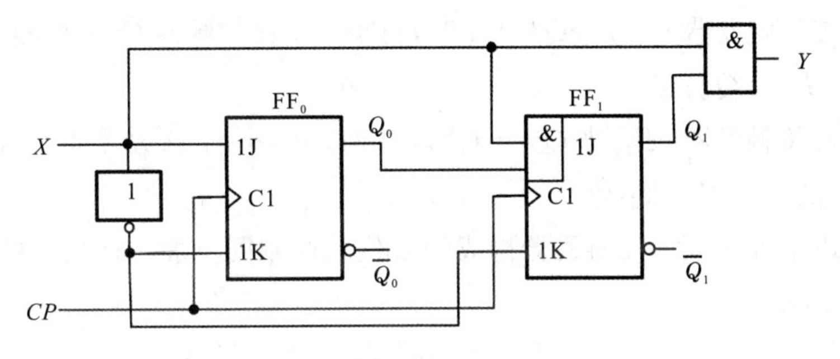

图 5-15　例 5-4 电路图

(7)将无效状态带入状态方程,检查电路能否自启动。

将无效状态 10 代入输出方程式(5-8)和状态方程式(5-9),得到状态图如图 5-16所示,所以电路能自启动。

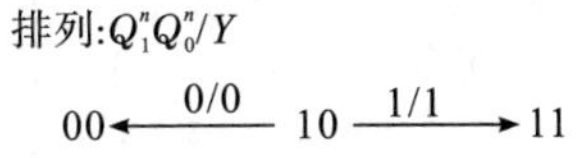

排列:$Q_1^nQ_0^n/Y$

00 ←0/0— 10 —1/1→ 11

图 5-16　例 5-4 无效状态

5.2　计 数 器

在数字电路中,将统计输入脉冲 CP 的个数称为计数,实现计数功能的逻辑电路称为计数器。计数器是数字系统中应用较多的时序逻辑电路。计数器除了计数的基本功能以外,还可以用在定时、分频、产生节拍脉冲和脉冲序列等逻辑电路中。

计数器的种类很多,按计数器中触发器翻转是否同步,可分为同步计数器和异步计数器;按计数进制,可分为二进制、十进制和 N 进制计数器;按计数增减,可分为加法、减法和可逆计数器。

5.2.1 二进制计数器

1. 二进制同步计数器

同步计数器中各触发器同时受到时钟脉冲的触发，各个触发器的翻转与时钟同步，所以工作速度较快，工作频率较高。因此同步计数器又称并行进位计数器。

(1)3 位二进制同步加法计数器。

表 5-3 为 3 位二进制同步加法计数器的状态表，若采用 JK 触发器，则从该表可以得出各触发器 J、K 端的逻辑关系式。

①最低位触发器 FF_0，每输入一个计数脉冲 CP，触发器状态翻转一次，故 $J_0=K_0=1$；

②第二位触发器 FF_1，当 $Q_0^n=1$ 时，再来一个计数脉冲 CP，触发器状态才翻转，故 $J_1=K_1=Q_0^n$；

③第三位触发器 FF_2，当 $Q_1^n=Q_0^n=1$ 时，再来一个计数脉冲 CP，触发器状态才翻转，故 $J_2=K_2=Q_1^nQ_0^n$。

根据以上分析，由 JK 触发器构成的 3 位二进制同步加法计数器的逻辑电路如图 5-17 所示。

表 5-3　3 位二进制同步加法计数器状态表

计数脉数	二进制数			十进制数
	Q_2	Q_1	Q_0	
0	0	0	0	0
1	0	0	1	1
2	0	1	0	2
3	0	1	1	3
4	1	0	0	4
5	1	0	1	5
6	1	1	0	6
7	1	1	1	7
8	0	0	0	0

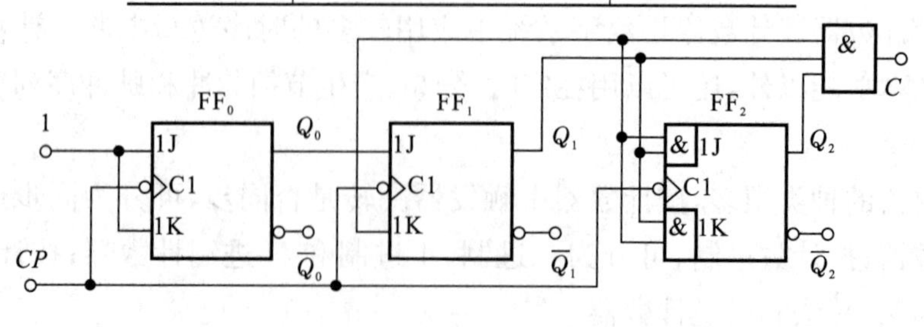

图 5-17　3 位二进制同步加法计数器电路图

(2)3 位二进制同步减法计数器。

根据二进制减法计数状态转换规律，最低位触发器 FF_0 与加法计数中 FF_0 相同，每来一个计数脉冲翻转一次，故 $J_0 = K_0 = 1$。其他触发器的翻转条件则是所有低位触发器的 Q 端全为 0，故 $J_1 = K_1 = \overline{Q}_0^n$、$J_2 = K_2 = \overline{Q}_1^n\overline{Q}_0^n$。所以只要将图 5-17 中的 FF_1、FF_2 中的 J、K 端改接为相邻低位触发器的 $\overline{Q}$ 端，就构成了 3 位二进制同步减法计数器。

(3)集成二进制同步计数器。

①集成 4 位二进制同步加法计数器 74LS161/74LS163。

图 5-18 为 74LS161 的引脚排列图和逻辑功能示意图。其中，CP 为输入计数脉冲；$\overline{LD}$ 为预置数控制端；$\overline{CR}$ 为清零端；CT_P、CT_T 为计数器工作状态控制端；$D_0 \sim D_3$ 为并行数据输入端；CO 为进位信号输出端；$Q_0 \sim Q_3$ 为计数器状态输出端。

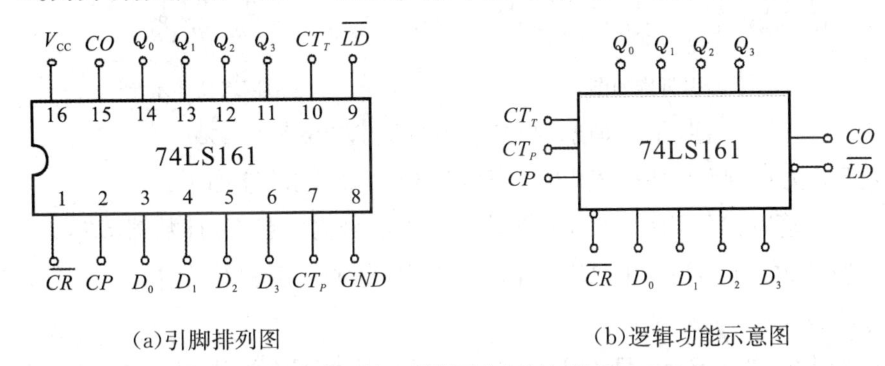

(a)引脚排列图　　(b)逻辑功能示意图

图 5-18　集成 4 位二进制同步加法计数器 74LS161

表 5-4 为 74LS161 功能表，由该表可知 74LS161 功能如下：

a. 异步清零：当 $\overline{CR} = 0$ 时，不管其他输入信号为何状态，计数器清零。

b. 同步置数：当 $\overline{CR} = 1$ 且 $\overline{LD} = 0$ 时，在 CP 的上升沿作用下，$Q_3 \sim Q_0$ 分别接收 $D_3 \sim D_0$ 的数据。

c. 加计数：当 $\overline{CR} = \overline{LD} = 1$ 且 $CT_P = CT_T = 1$ 时，计数器对 CP 信号按照二进制加法进行计数。

d. 保持：当 $\overline{CR} = \overline{LD} = 1$ 且 $CT_P \cdot CT_T = 0$ 时，计数器不计数，将保持原状态不变。

表 5-4　74LS161 的功能表

$\overline{CR}$	$\overline{LD}$	CP_P	CP_T	CP	D_3	D_2	D_1	D_0	Q_3	Q_2	Q_1	Q_0
0	×	×	×	×	×	×	×	×	0	0	0	0
1	0	×	×	↑	d_3	d_2	d_1	d_0	d_3	d_2	d_1	d_0
1	1	1	1	↑	×	×	×	×	加计数			
1	1	0	×	×	×	×	×	×	保持			
1	1	×	0	×	×	×	×	×	保持			

74LS163 的引脚排列和功能与 74LS161 相同，不同之处是 74LS163 采用同步清零。

②集成双 4 位二进制同步加法计数器 CC4520。

图 5-19 为 CC4520 的引脚排列图和逻辑功能示意图。其中，EN 为使能端，也可以作为计数脉冲输入端；CP 为计数脉冲输入端，也可以作为使能端；CR 是清零端；$Q_0 \sim Q_3$ 为计数器状态输出端。

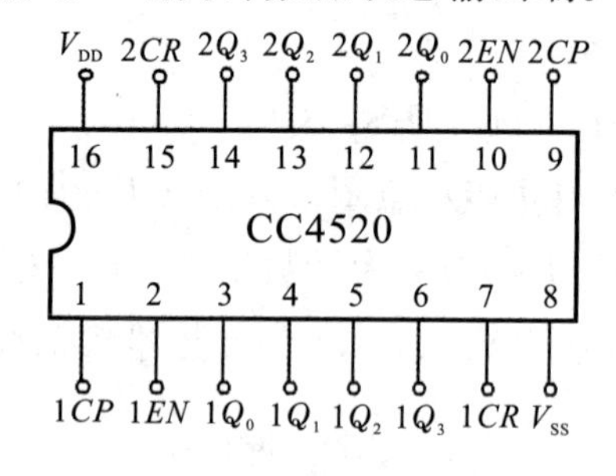

(a)引脚排列图

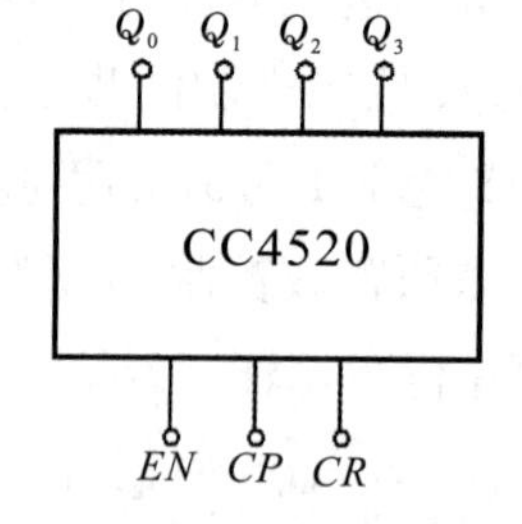

(b)逻辑功能示意图

图 5-19　集成双 4 位二进制同步加法计数器 CC4520

表 5-5 为 CC4520 功能表，由该表可知 CC4520 的功能如下：

a. 异步清零：当 $CR=1$ 时，不管其他输入信号为何状态，计数器清零。

b. 加计数：当 $CR=0$ 且 $EN=1$ 时，在 CP 脉冲上升沿作用下，按照二进制加法进行计数。

c. 加计数：当 $CR=0$ 且 $CP=0$ 时，在 EN 脉冲下降沿作用下，按照二进制加法进行计数。

d. 保持：当 $CR=0$ 且 $EN=0$ 或 $CR=0$ 且 $CP=1$ 时，计数器将保持原状态不变。

表 5-5　CC4520 的功能表

CR	EN	CP	Q_3	Q_2	Q_1	Q_0
1	×	×	0	0	0	0
0	1	↑	加法计数			
0	↓	0	加法计数			
0	0	×	保持			
0	×	1	保持			

③集成 4 位二进制同步可逆计数器 74LS191。

74LS191 是单时钟输入 4 位二进制同步可逆计数器。图 5-20 为 74LS191 的引脚排列图和逻辑功能示意图。其中，CP 为输入计数脉冲；$\overline{LD}$ 为预置数控制端；$\overline{U}/D$ 是加减计数控制端；$\overline{CT}$ 是使能端；CO/BO 是进位/借位信号输出端；$\overline{RC}$ 是多个芯片级联时级间串行计数使能端；$D_0 \sim D_3$ 为并行数据输入端；$Q_0 \sim Q_3$ 为计数器状态输出端。

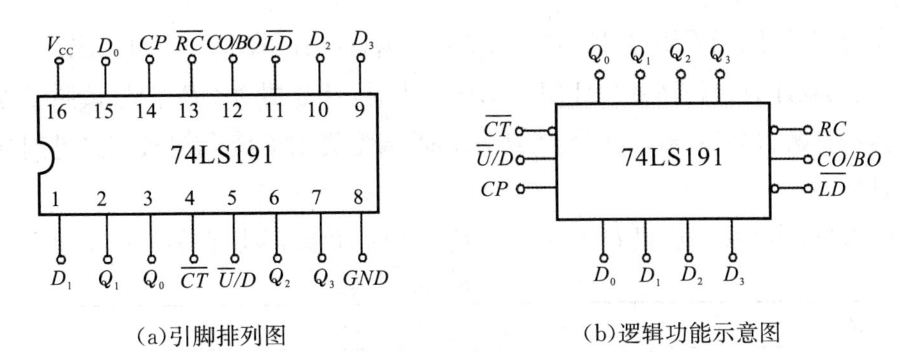

(a)引脚排列图　　(b)逻辑功能示意图

图 5-20　集成 4 位二进制同步可逆计数器 74LS191

表 5-6 为 74LS191 功能表，由该表可知 74LS191 功能如下：

a. 异步置数：当$\overline{LD}=0$时，不管其他输入信号为何状态，计数器并行置数。

b. 加、减计数：当$\overline{LD}=1$且$\overline{CT}=0$时，若$\overline{U}/D=0$，则在 CP 脉冲上升沿作用下，按照二进制加法进行计数；否则按照二进制减法进行计数。

c. 保持：当$\overline{LD}=1$且$\overline{CT}=1$时，计数器将保持原状态不变。

表 5-6　74LS191 的功能表

$\overline{LD}$	$\overline{CT}$	$\overline{U}/D$	CP	D_3	D_2	D_1	D_0	Q_3	Q_2	Q_1	Q_0
0	×	×	×	d_3	d_2	d_1	d_0	d_3	d_2	d_1	d_0
1	0	0	↑	×	×	×	×	加计数			
1	0	1	↑	×	×	×	×	减计数			
1	1	×	×	×	×	×	×	保持			

④集成 4 位二进制同步可逆计数器 74LS193。

74LS193 是双时钟输入 4 位二进制同步可逆计数器。图 5-21 为 74LS193 的引脚排列图和逻辑功能示意图。其中，CP_U为加法计数脉冲输入端；CP_D为减法计数脉冲输入端；$\overline{LD}$为预置数控制端；CR 为清零端；$\overline{CO}$为进位信号输出端；$\overline{BO}$借位信号输出端；$D_0 \sim D_3$为并行数据输入端；$Q_0 \sim Q_3$为计数器状态输出端。

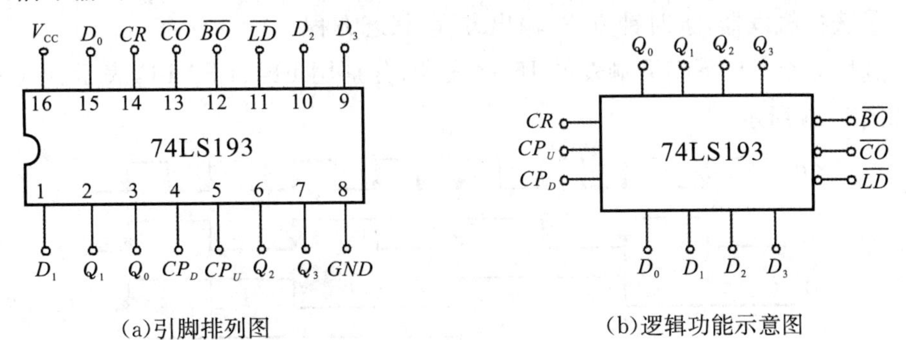

(a)引脚排列图　　(b)逻辑功能示意图

图 5-21　集成 4 位二进制同步可逆计数器 74LS193

表 5-7 为 74LS193 功能表，由该表可知 74LS193 功能如下：

a. 异步清零：当 $CR=1$ 时，不管其他输入信号为何状态，计数器清零。

b. 异步置数：当 $CR=0$ 且 $\overline{LD}=0$ 时，$Q_3\sim Q_0$ 分别接收 $D_3\sim D_0$ 的数据。

c. 加、减计数：当 $CR=0$ 且 $\overline{LD}=CP_D=1$ 时，计数器对 CP_U 信号按照二进制加法进行计数；当 $CR=0$ 且 $\overline{LD}=CP_U=1$ 时，计数器对 CP_D 信号按照二进制减法进行计数。

d. 保持：当 $CR=0$ 且 $\overline{LD}=CP_U=CP_D=1$ 时，计数器将保持原状态不变。

表 5-7　74LS193 的功能表

CR	$\overline{LD}$	CP_U	CP_D	D_3	D_2	D_1	D_0	Q_3	Q_2	Q_1	Q_0
1	×	×	×	×	×	×	×	0	0	0	0
0	0	×	×	d_3	d_2	d_1	d_0	d_3	d_2	d_1	d_0
0	1	↑	1	×	×	×	×	加计数			
0	1	1	↑	×	×	×	×	减计数			
0	1	1	1	×	×	×	×	保持			

2. 二进制异步计数器

二进制异步计数器结构简单，各触发器之间是串行进位，当计数脉冲到来时，各触发器的状态从低位到高位依次改变，故又称为串行进位计数器。由于它的进位（或借位）信号是逐级传递的，因而使计数速度受到限制，工作频率不能太高。

（1）3 位二进制异步加法计数器。

①状态图。

3 位二进制异步加法计数器状态图如图 5-22 所示。

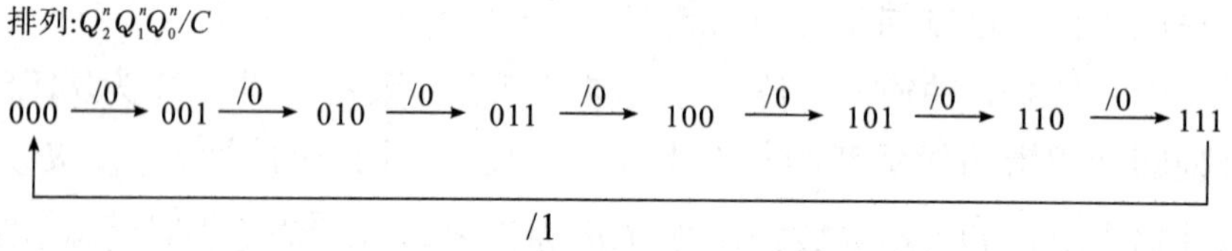

排列：$Q_2^n Q_1^n Q_0^n / C$

000 —/0→ 001 —/0→ 010 —/0→ 011 —/0→ 100 —/0→ 101 —/0→ 110 —/0→ 111

111 —/1→ 000

图 5-22　3 位加法计数器状态图

②选择触发器，求时钟方程、输出方程、状态方程。

选用 3 个 CP 下降沿触发的 JK 触发器，分别用 FF_0、FF_1、FF_2 表示。其波形图如图 5-23 所示。

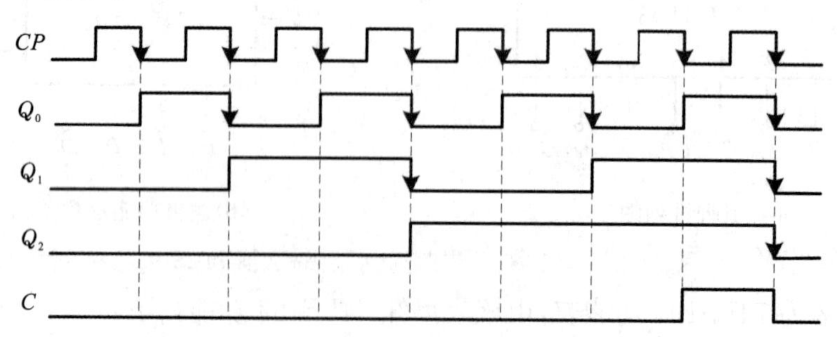

图 5-23　3 位加法计数器波形图

输出方程：$C = Q_2^n Q_1^n Q_0^n$

FF_0 每输入一个时钟脉冲翻转一次，FF_1 在 Q_0 由 1 变 0 时翻转，FF_2 在 Q_1 由 1 变 0 时翻转。

时钟方程：
$$\begin{cases} CP_0 = CP \\ CP_1 = Q_0 \\ CP_2 = Q_1 \end{cases} \tag{5-11}$$

状态方程：
$$\begin{cases} Q_0^{n+1} = \overline{Q}_0^n & CP\text{ 下降沿有效} \\ Q_1^{n+1} = \overline{Q}_1^n & Q_0\text{ 下降沿有效} \\ Q_2^{n+1} = \overline{Q}_2^n & Q_1\text{ 下降沿有效} \end{cases} \tag{5-12}$$

③求驱动方程。

3 个 JK 触发器均为只要其触发信号下降沿有效，状态就翻转，所以 3 个触发器都应接成 T' 型，驱动方程：

$$\begin{cases} J_0 = K_0 = 1 \\ J_1 = K_1 = 1 \\ J_2 = K_2 = 1 \end{cases} \tag{5-13}$$

④逻辑电路如图 5-24 所示。

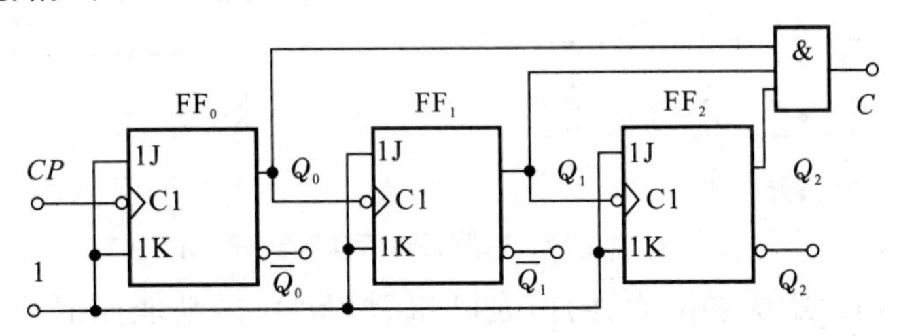

图 5-24　3 位二进制异步加法计数器电路图

(2)3 位二进制异步减法计数器。

3 位二进制异步减法计数器状态图如图 5-25 所示。

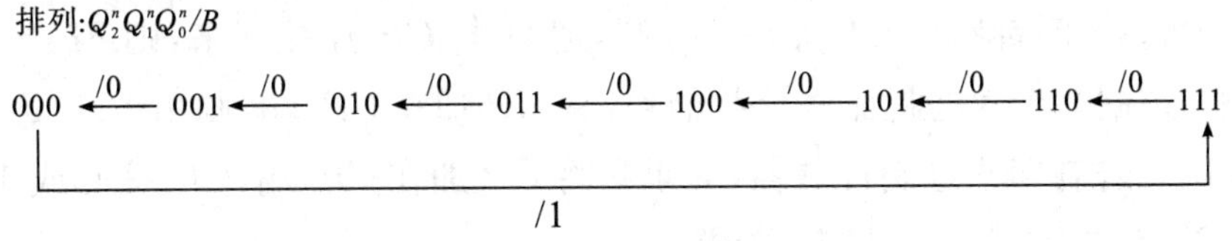

排列：$Q_2^n Q_1^n Q_0^n / B$

000 ←/0— 001 ←/0— 010 ←/0— 011 ←/0— 100 ←/0— 101 ←/0— 110 ←/0— 111

/1

图 5-25　3 位减法计数器状态图

选用 3 个 CP 下降沿触发的触发器，分别用 FF_0、FF_1、FF_2 表示。由状态图可知：

FF_0 每输入一个时钟脉冲翻转一次，FF_1 在 Q_0 由 0 变 1 时翻转，FF_2 在 Q_1 由 0 变 1 时翻转，若为下降沿触发的触发器，其高位脉冲端与低位的 $\overline{Q}$ 端相连，即 $CP_i = \overline{Q}_{i-1}$。

由 T' 触发器构成 3 位二进制异步减法计数器如图 5-26 所示，若选用 JK 触发器时，则 3 个触发器都应接成 T' 型。

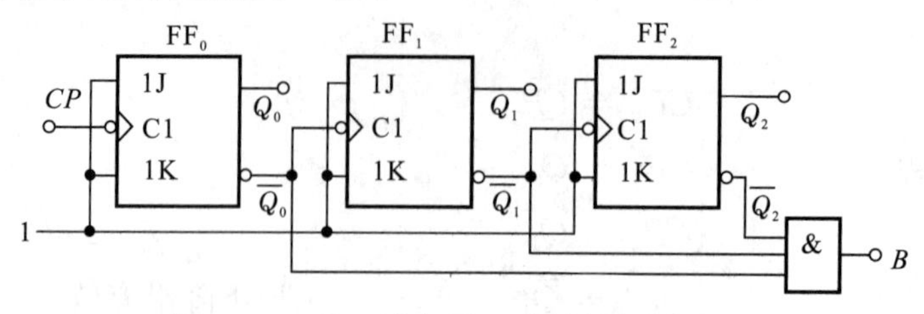

图 5-26　3 位二进制异步减法计数器电路图

(3)集成二进制异步加法计数器 74LS197。

74LS197 是双时钟输入的集成 4 位二进制异步可逆计数器。图 5-27 为 74LS197 的引脚排列图和逻辑功能示意图。其中，CP_0、CP_1 均为计数脉冲输入端；$CT/\overline{LD}$ 为预置数控制端；$\overline{CR}$ 为清零端；$D_0 \sim D_3$ 为并行数据输入端；$Q_0 \sim Q_3$ 为计数器状态输出端。

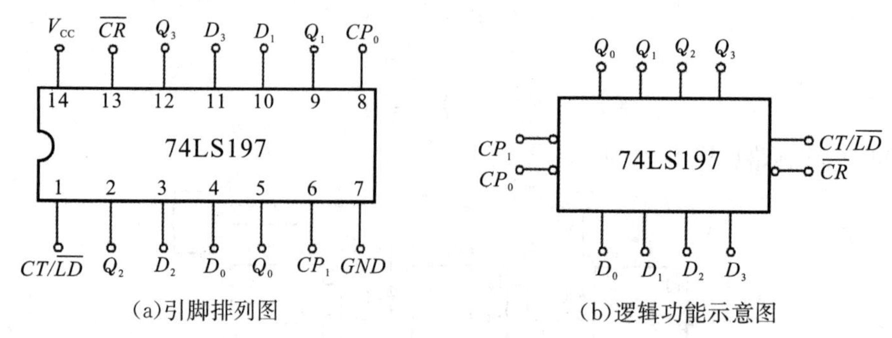

(a)引脚排列图　　　　(b)逻辑功能示意图

图 5-27　集成 4 位二进制异步可逆计数器 74LS197

表 5-8 为 74LS197 功能表，由该表可知 74LS197 的功能如下：

a. 异步清零：当 $\overline{CR}=0$ 时，不管其他输入信号为何状态，计数器清零。

b. 异步置数：当 $\overline{CR}=1$ 且 $CT/\overline{LD}=0$ 时，$Q_0 \sim Q_3$ 分别接收 $D_0 \sim D_3$ 的数据。

c. 加计数：当 $\overline{CR}=1$ 且 $CT/\overline{LD}=1$ 时，则构成二、八、十六进制异步加法计数器，即若将输入时钟脉冲 CP 加在 CP_0 端，把 Q_0 与 CP_1 连接起来，则 $FF_0 \sim FF_3$ 构成 4 位二进制即十六进制加法计数器；若将 CP 加在 CP_1 端，则由 FF_1、FF_2、FF_3 构成 3 位二进制即八进制计数器；如果只将 CP 加在 CP_0 端，CP_1 接 0 或 1，则由 FF_0 形成 1 位二进制即二进制计数器。

表 5-8　74LS197 功能表

$\overline{CR}$	$CT/\overline{LD}$	CP	D_3	D_2	D_1	D_0	Q_3	Q_2	Q_1	Q_0
0	×	×	×	×	×	×	0	0	0	0
1	0	×	d_3	d_2	d_1	d_0	d_3	d_2	d_1	d_0
1	1	↓	×	×	×	×	加计数(二、八、十六进制)			

5.2.2　十进制计数器

按照十进制数规律对时钟脉冲进行计数的逻辑电路称为十进制计数器，它有10个有效状态，需用4个触发器才能实现。

1. 十进制同步计数器

(1)十进制同步加法计数器。

①状态图如图5-28所示。

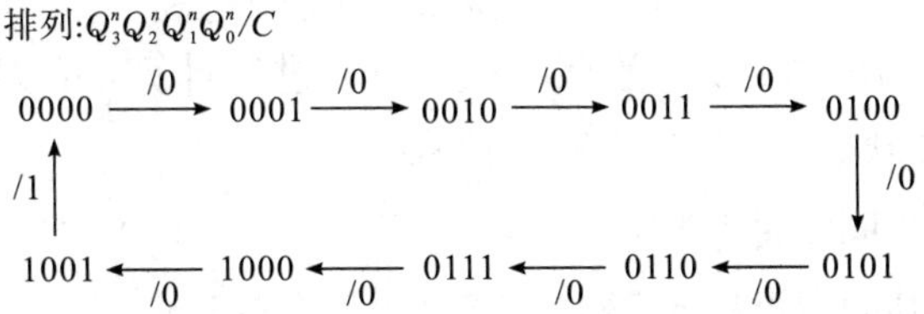

排列：$Q_3^nQ_2^nQ_1^nQ_0^n/C$

0000 —/0→ 0001 —/0→ 0010 —/0→ 0011 —/0→ 0100 —/0→ 0101 —/0→ 0110 —/0→ 0111 —/0→ 1000 —/0→ 1001 —/1→ 0000

图5-28　十进制加法计数器状态图

②选择触发器，求时钟方程、输出方程、状态方程。

选用4个CP下降沿触发的JK触发器，分别用FF_0、FF_1、FF_2、FF_3表示。

时钟方程：$CP_0=CP_1=CP_2=CP_3=CP$

其进位信号C的卡诺图如图5-29所示，次态卡诺图如图5-30所示。

$Q_3^nQ_2^n$ \ $Q_1^nQ_0^n$	00	01	11	10
00	0	0	0	0
01	0	0	0	0
11	×	×	×	×
10	0	1	×	×

图5-29　进位信号C的卡诺图

$Q_3^nQ_2^n$ \ $Q_1^nQ_0^n$	00	01	11	10
00	0001	0010	0100	0011
01	0101	0110	1000	0111
11	××××	××××	××××	××××
10	1001	0000	××××	××××

图5-30　次态卡诺图

输出方程：
$$C=Q_3^nQ_0^n \tag{5-14}$$

状态方程：
$$\begin{cases}
Q_0^{n+1}=\overline{Q}_0^n=1\cdot\overline{Q}_0^n+\overline{1}\cdot Q_0^n \\
Q_1^{n+1}=\overline{Q}_3^nQ_0^n\cdot\overline{Q}_1^n+\overline{Q}_0^n\cdot Q_1^n \\
Q_2^{n+1}=\overline{Q}_2^nQ_1^nQ_0^n+Q_2^n\overline{Q}_1^n+Q_2^n\overline{Q}_0^n \\
\qquad\;\;=Q_1^nQ_0^n\cdot\overline{Q}_2^n+\overline{Q_1^nQ_0^n}\cdot Q_2^n \\
Q_3^{n+1}=\overline{Q}_0^n\cdot Q_3^n+Q_2^nQ_1^nQ_0^n \\
\qquad\;\;=\overline{Q}_0^n\cdot Q_3^n+Q_2^nQ_1^nQ_0^n\cdot\overline{Q}_3^n+Q_2^nQ_1^nQ_0^nQ_3^n(\text{约束项}) \\
\qquad\;\;=\overline{Q}_0^n\cdot Q_3^n+Q_2^nQ_1^nQ_0^n\cdot\overline{Q}_3^n
\end{cases} \tag{5-15}$$

③由式(5-15)得驱动方程：

$$\begin{cases}
J_0=K_0=1 \\
J_1=\overline{Q}_3^nQ_0^n \qquad K_1=Q_0^n \\
J_2=K_2=Q_1^nQ_0^n \\
J_3=Q_2^nQ_1^nQ_0^n \qquad K_3=Q_0^n
\end{cases} \tag{5-16}$$

④逻辑电路图如图 5-31 所示。

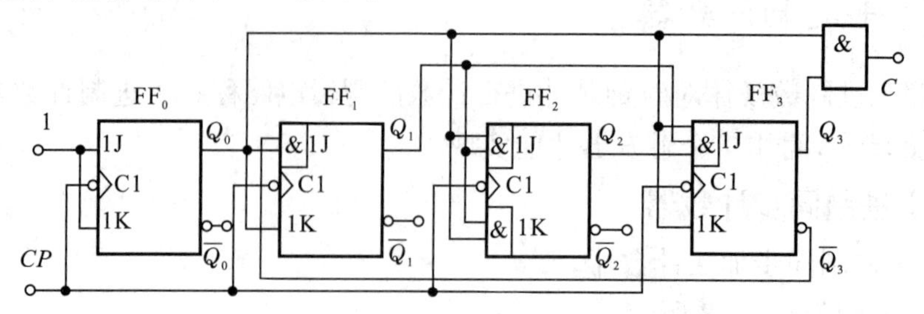

图 5-31 十进制加法计数器电路图

将无效状态 1010～1111 分别代入式(5-15)进行计算，可以验证在 CP 脉冲作用下都能回到有效状态，故电路能够自启动。

(2)集成十进制同步计数器。

①集成十进制同步加法计数器 74LS160、74LS162。

a. 74LS160、74LS162 的引脚排列图、逻辑功能示意图与 74LS161、74LS163 相同，不同的是，74LS160 和 74LS162 是十进制同步加法计数器，而 74LS161 和 74LS163 是 4 位二进制即十六进制同步加法计数器。

b. 74LS162 功能表如表 5-9 所示。74LS160 与 74LS162 的唯一区别是，74LS160 采用的是异步清零方式，而 74LS162 采用同步清零方式。

表 5-9 74LS162 的功能表

$\overline{CR}$	$\overline{LD}$	CP_P	CP_T	CP	D_3	D_2	D_1	D_0	Q_3	Q_2	Q_1	Q_0
0	×	×	×	↑	×	×	×	×	0	0	0	0
1	0	×	×	↑	d_3	d_2	d_1	d_0	d_3	d_2	d_1	d_0
1	1	0	×	×	×	×	×	×	保持			
1	1	×	0	×	×	×	×	×	保持			
1	1	1	1	↑	×	×	×	×	十进制加计数			

②集成十进制同步可逆计数器 74LS190、74LS192。

a. 74LS190 是单时钟集成十进制同步可逆计数器，其引脚排列图和逻辑功能示意图与 74LS191 相同，74LS190 功能表如表 5-10 所示。

表 5-10 74LS190 的功能表

$\overline{LD}$	$\overline{CT}$	$\overline{U}/D$	CP	D_3	D_2	D_1	D_0	Q_3	Q_2	Q_1	Q_0
0	×	×	×	d_3	d_2	d_1	d_0	d_3	d_2	d_1	d_0
1	0	0	↑	×	×	×	×	十进制加法计数			
1	0	1	↑	×	×	×	×	十进制减法计数			
1	1	×	×	×	×	×	×	保持			

b. 74LS192 是双时钟集成十进制同步可逆计数器，其引脚排列图和逻辑功能示意图与 74LS193 相同，其功能表如表 5-11 所示。

表 5-11　74LS192 的功能表

CR	$\overline{LD}$	CP_U	CP_D	D_3	D_2	D_1	D_0	Q_3	Q_2	Q_1	Q_0
1	×	×	×	×	×	×	×	0	0	0	0
0	0	×	×	d_3	d_2	d_1	d_0	d_3	d_2	d_1	d_0
0	1	↑	1	×	×	×	×	十进制加计数			
0	1	1	↑	×	×	×	×	十进制减计数			
0	1	1	1	×	×	×	×	保持			

2. 集成十进制异步计数器 74LS290

图 5-32 为 74LS290 的引脚排列图、逻辑功能示意图和结构框图。其中，CP_0、CP_1 均为计数脉冲输入端；S_{0A}、S_{0B} 为清零端；S_{9A}、S_{9B} 为置 9 端；$Q_0 \sim Q_3$ 为计数器状态输出端。

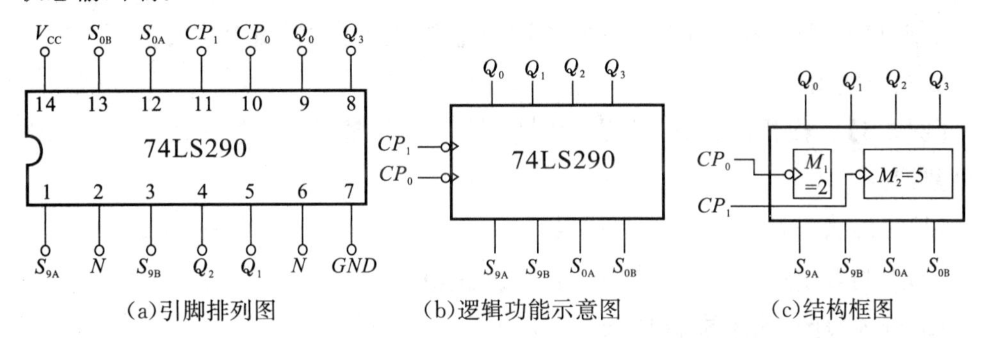

(a)引脚排列图　(b)逻辑功能示意图　(c)结构框图

图 5-32　集成十进制异步计数器 74LS290

表 5-12 为 74LS290 功能表，由该表可知 74LS290 功能如下：

①异步清零：当 $S_{0A} \cdot S_{0B} = 1$ 且 $S_{9A} \cdot S_{9B} = 0$ 时，无论有无时钟脉冲 CP，计数器直接清零。

②异步置 9：当 $S_{0A} \cdot S_{0B} = 0$ 且 $S_{9A} \cdot S_{9B} = 1$ 时，无论有无时钟脉冲 CP，计数器直接置 9，即 $Q_3Q_2Q_1Q_0 = 1001$。

③计数：当 $S_{0A} \cdot S_{0B} = 0$ 且 $S_{9A} \cdot S_{9B} = 0$ 时，根据 CP_0、CP_1 的不同接法，对输入计数脉冲 CP，进行二、五、十进制加法计数。计数模 $M=2$ 时，$CP = CP_0$，输出端为 Q_0；$M=5$ 时，$CP = CP_1$，输出端为 $Q_3Q_2Q_1$；$M=10$ 时，$CP = CP_0$ 且 $Q_0 = CP_1$，输出端 $Q_3Q_2Q_1Q_0$。

表 5-12　74LS290 的功能表

$S_{0A} \cdot S_{0B}$	$S_{9A} \cdot S_{9B}$	CP	Q_3	Q_2	Q_1	Q_0
1	0	×	0	0	0	0
×	1	×	1	0	0	1
0	0	↓	加计数(二、五、十进制)			

5.2.3 任意(N)进制计数器

上述介绍的集成计数器通常为二进制和十进制计数器，在实际应用中常需要任意(N)进制的计数器，如十二进制、六十进制等。获得N进制计数器有两种方法：一是用触发器和逻辑门进行设计，二是用集成计数器(集成二进制计数器和十进制计数器)变换而成。前一种方法已经在第3章介绍，本节主要介绍第二种方法，即利用集成计数器构成N进制计数器。

1. 同步方式(适用于具有同步清零端或者同步置数端的集成计数器)

(1)思路：当 N 进制计数到 S_{N-1} 后，使计数回到 S_0 状态。

(2)步骤：

①写出状态 S_{N-1} 的二进制代码。

②求归零逻辑，即求同步清零端或同步置数端信号的逻辑表达式。

③画连线图。

【例 5-5】 采用74LS163分别用同步清零和同步置数方式，构成一个十二进制计数器。

(1)写出状态 S_{N-1} 的二进制代码。　　$S_{N-1}=S_{12-1}=S_{11}=1011$

(2)求归零逻辑。　　$\overline{CR}=\overline{LD}=\overline{Q_3^nQ_1^nQ_0^n}$

(3)画连线图，如图5-33所示。

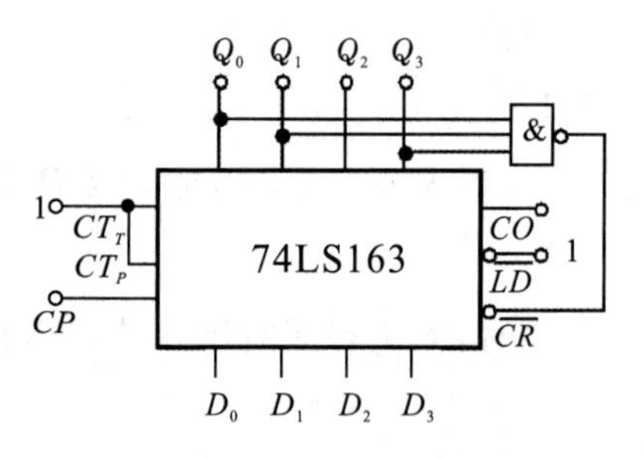

(a)用同步清零端 $\overline{CR}$ 归零

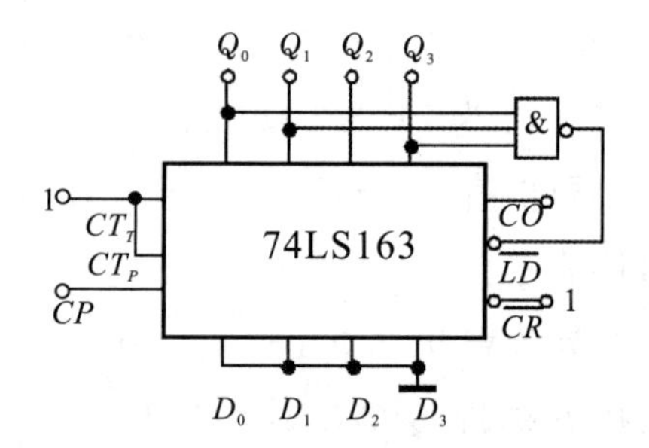

(b)用同步置数端 $\overline{LD}$ 归零

图5-33　例5-5采用74LS163构成12进制计数器

同步清零是在清零信号有效时，再来一个 CP 脉冲，才能使触发器清零；同步置数在置数信号有效时，再来一个 CP 脉冲，计数器才会被置数。图(a)中反馈清零信号为1011，其 $D_0\sim D_3$ 可随意处理；图(b)中反馈置数信号为1011，其 $D_0\sim D_3$ 不能随意处理，必须都接0；计数器有效状态为0000～1011。

同步方式的特点是清零信号或置数信号均为有效状态。

2. 异步方式(适用于具有异步清零端或者异步置数端的集成计数器)

(1)思路：当计数到 S_N 时，立即产生清零或置数信号，使计数回到 S_0 状态。状

态 S_N瞬间即逝，不计为有效状态。

(2)步骤：

①写出状态 S_N的二进制代码。

②求归零逻辑，即求异步清零端或异步置数端信号的逻辑表达式。

③画连线图。

【例 5-6】 用 74LS197 构成一个十二进制计数器。

(1)写出状态 S_N的二进制代码。

74LS197 是二—八—十六进制异步计数器(由 CP_0、CP_1不同的连接方法决定)。当 CP_0作为时钟脉冲端、CP_1接 Q_0时，74LS197 是十六进制计数器。

$S_N = S_{12} = 1100$

(2)求归零逻辑。　$\overline{CR} = \overline{Q_3^n Q_2^n}$或 $CT/\overline{LD} = \overline{Q_3^n Q_2^n}$。

(3)画连线图，如图 5-34 所示。图(a)中 $D_0 \sim D_3$可随意处理；图(b)中 $D_0 \sim D_3$不能随意处理，必须都接 0。

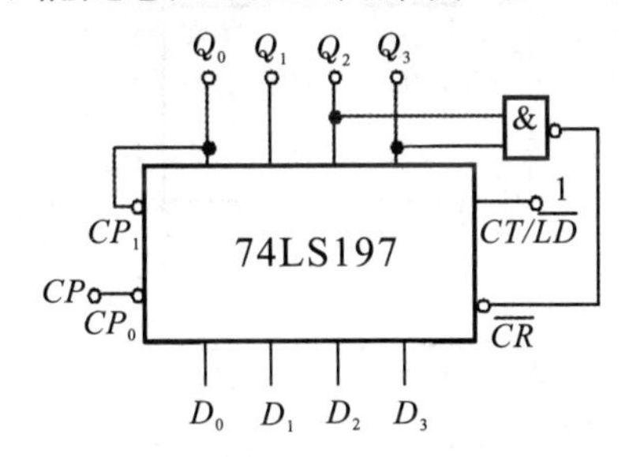

(a)用同步清零端$\overline{CR}$归零

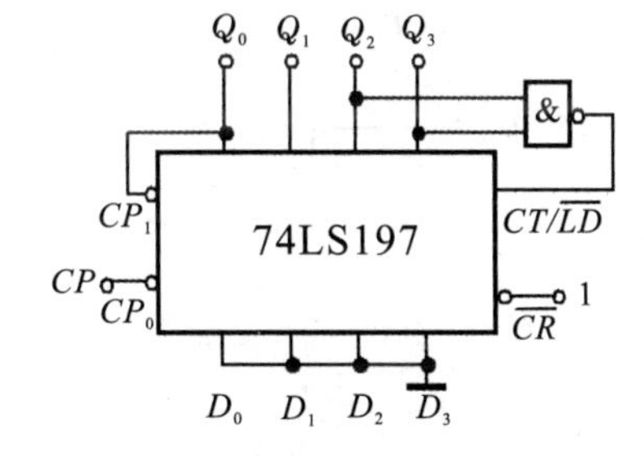

(b)用同步置数端 $CT/\overline{LD}$归零

图 5-34　例 5-6 采用 74LS197 构成 12 进制计数器

异步清零是在清零信号有效时，直接将计数器清零(与 CP 脉冲无关)；异步置数是在置数信号有效时，直接将计数器置数(与 CP 脉冲无关)。

异步方式的特点是清零信号或置数信号存在的时间非常短暂，瞬间即逝，是过渡状态，不计为有效状态，不在有效循环内。故计数器有效状态为 0000～1011。

3. 容量扩展

利用多个芯片级联，可对计数器进行扩展。如把一个 N_1 进制计数器与另一个 N_2 进制计数器串联起来，可以构成一个 $N = N_1 \cdot N_2$ 进制计数器。

(1)同步计数器有进位或借位输出端，可以选择合适的进位或借位输出信号，来驱动下一级计数器计数。

【例 5-7】 利用 74LS161 构成 256 进制计数器。

解： 74LS161 是 4 位二进制计数器，先将两片 74LS161 同步级联，组成 $N = 16 \times 16 = 256$ 进制计数器，在级间采用串行进位方式，将低位计数器的进位输出直接作为高位计数器的时钟脉冲。其连线图如图 5-35 所示。

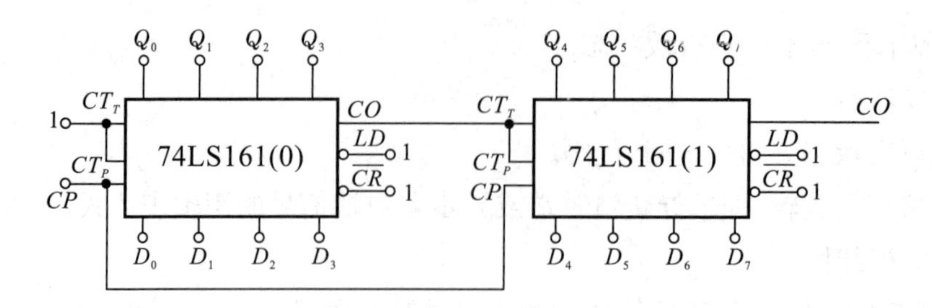

图 5-35　例 5-7 两片 74LS161 构成的 256 进制计数器

(2)异步计数器一般没有专门的进位信号输出端,通常可以用本级的高位输出信号驱动下一级计数器计数,即采用串行进位方式来扩展容量。

【例 5-8】 利用 74LS290 构成 100 进制。

解: 74LS290 为二一五一十进制计数器,先用两片 74LS290 接成 8421BCD 十进制计数器,然后再将它们接成 100 进制计数器。连线图如图 5-36 所示。

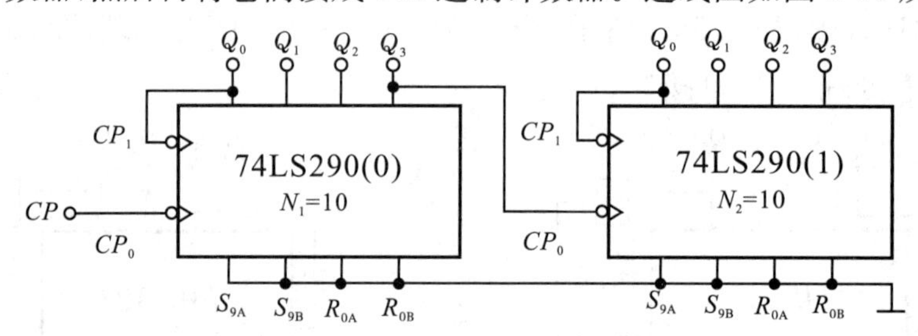

图 5-36　例 5-8 两片 74LS290 构成的 100 进制计数器

5.3　寄存器

寄存器用于暂时存储数据,是常用时序逻辑电路。一个触发器可以存放一位二进制数,若要存储 n 位二进制数,需要 n 个触发器。

寄存器从功能上来分,可以分为基本寄存器和移位寄存器两种,后者除了寄存数据外,还有将数据移位的功能。

寄存器按输入输出数据的方式不同,分为串行输入一串行输出、串行输入一并行输出、并行输入一串行输出、并行输入一并行输出 4 种方式。寄存器的 n 位数据由一个时钟触发脉冲控制,同时接收(发出),称为并行输入(输出);寄存器的 n 位数据由 n 个触发脉冲按顺序逐位移入(移出),称为串行输入(输出)。

5.3.1　基本寄存器

基本寄存器又称为数码寄存器,可暂时存放数码。寄存器是由触发器构成的,对于触发器的选择只要求其具有置 1、清 0 的功能,故无论是用同步触发器、主从触发器,还是用边沿触发器均可实现。通常存储数据之前,先将寄存器清零,否则可能出错。

74LS175 是常用的 4 位集成基本寄存器，其内部电路图如图 5-37 所示，其引脚排列图和逻辑功能示意图，如图 5-38 所示，其中，CP 是时钟脉冲端；$\overline{R}_D$ 为异步清零端；$D_0 \sim D_3$ 为并行数据输入端；$Q_0 \sim Q_3$ 是并行数据输出端。

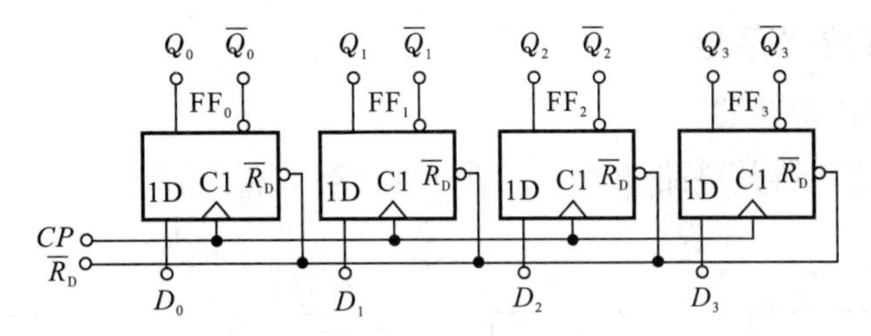

图 5-37　74LS175 内部电路图

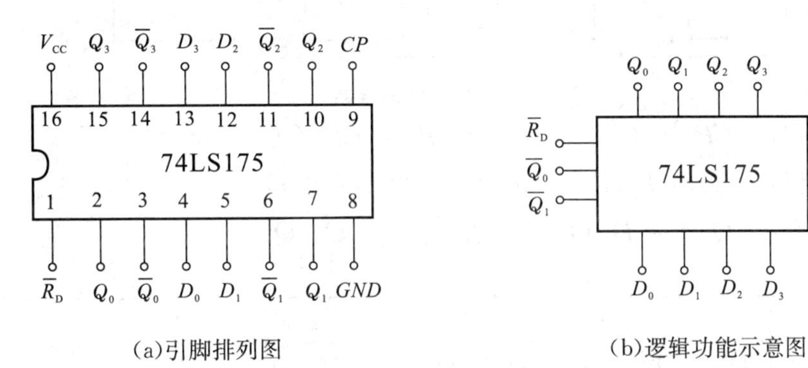

(a)引脚排列图　　(b)逻辑功能示意图

图 5-38　74LS175 引脚排列图及逻辑功能示意图

74LS175 功能表如表 5-13 所示，由该表可知 74LS175 功能如下：

①异步清零：当 $\overline{R}_D = 0$ 时，不管其他输入信号为何状态，4 个 D 触发器直接清零。

②同步置数：当 $\overline{R}_D = 1$ 且 CP 上升沿作用时，$D_0 \sim D_3$ 数据并行置入寄存器中；即 $Q_3^{n+1}Q_2^{n+1}Q_1^{n+1}Q_0^{n+1} = D_3D_2D_1D_0$。

③保持：当 $\overline{R}_D = 1$ 且 CP=0 或者 CP=1 时，寄存器保持状态不变。

表 5-13　74LS175 的功能表

$\overline{R}_D$	CP	D_3	D_2	D_1	D_0	Q_3	Q_2	Q_1	Q_0
0	×	×	×	×	×	0	0	0	0
1	↑	d_3	d_2	d_1	d_0	d_3	d_2	d_1	d_0
1	1/0	×	×	×	×	数据保持			

【特点】 并入并出，结构简单，抗干扰能力强。

5.3.2 移位寄存器

移位寄存器不但可以寄存数码，而且在移位脉冲的作用下，可将寄存器中的数码根据需要向左或者向右移动1位。

1.单向移位寄存器

(1)4位右移寄存器。

4位右移寄存器其电路如图5-39所示，状态如表5-14所示。

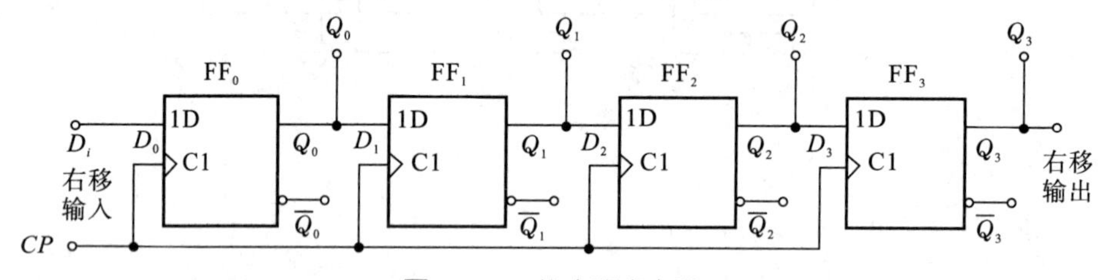

图5-39 4位右移寄存器

时钟方程： $CP_0=CP_1=CP_2=CP_3=CP$

驱动方程： $D_0=D_i$、$D_1=Q_0^n$、$D_2=Q_1^n$、$D_3=Q_2^n$

状态方程： $Q_0^{n+1}=D_i$、$Q_1^{n+1}=Q_0^n$、$Q_2^{n+1}=Q_1^n$、$Q_3^{n+1}=Q_2^n$

表5-14 4位右移寄存器状态表

输入		现态				次态				说明
D_i	CP	Q_0^n	Q_1^n	Q_2^n	Q_3^n	Q_0^{n+1}	Q_1^{n+1}	Q_2^{n+1}	Q_3^{n+1}	
1	↑	0	0	0	0	1	0	0	0	连续输入4个1
1	↑	1	0	0	0	1	1	0	0	
1	↑	1	1	0	0	1	1	1	0	
1	↑	1	1	1	0	1	1	1	1	

(2)4位左移寄存器。

4位左移寄存器其电路如图5-40所示，状态如表5-15所示。

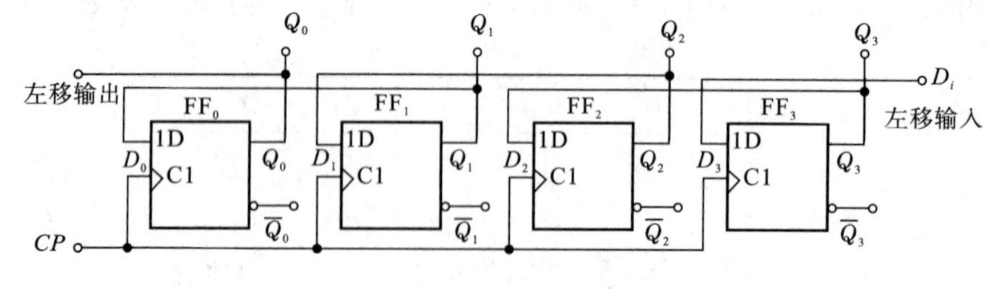

图5-40 4位左移寄存器

时钟方程： $CP_0=CP_1=CP_2=CP_3=CP$

驱动方程： $D_0=Q_1^n$、$D_1=Q_2^n$、$D_2=Q_3^n$、$D_3=D_i$

状态方程： $Q_0^{n+1}=Q_1^n$、$Q_1^{n+1}=Q_2^n$、$Q_2^{n+1}=Q_3^n$、$Q_3^{n+1}=D_i$

表5-15　4位左移寄存器状态表

输入		现态				次态				说明
D_i	CP	Q_0^n	Q_1^n	Q_2^n	Q_3^n	Q_0^{n+1}	Q_1^{n+1}	Q_2^{n+1}	Q_3^{n+1}	
1	↑	0	0	0	0	0	0	0	1	连续输入4个1
1	↑	1	0	0	0	0	0	1	1	
1	↑	1	1	0	0	0	1	1	1	
1	↑	1	1	1	0	1	1	1	1	

【特点】

①单向移位寄存器中的数码，在 CP 脉冲操作下，可以依次右移或左移。

②n 位单向移位寄存器可以寄存 n 位二进制代码。n 个 CP 脉冲即可完成串行输入工作，此后可从 $Q_0 \sim Q_{n-1}$ 端获得并行的 n 位二进制数码，再用 n 个 CP 脉冲又可实现串行输出操作。

③若串行输入端状态为0，则 n 个 CP 脉冲后，寄存器便被清零。

2.集成移位寄存器

(1)8位单向移位寄存器74LS164。

图5-41为74LS164的引脚排列图和逻辑功能示意图。其中，CP 是时钟脉冲端；$D_s = D_{sA} \cdot D_{sB}$ 是数码串行输入端；$\overline{CR}$为清零端；$Q_0 \sim Q_7$ 是数码并行输出端。

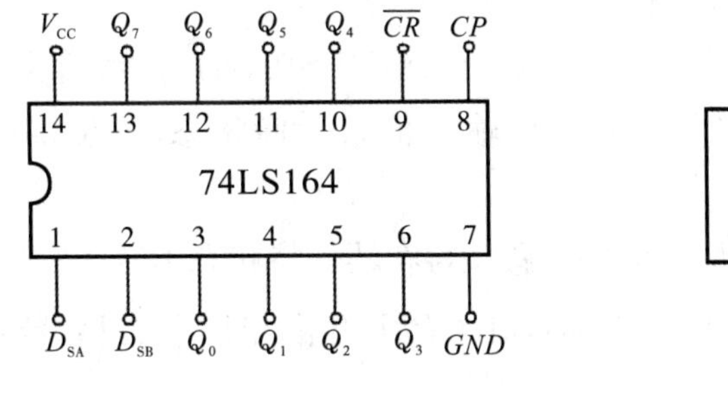

(a)引脚排列图　　(b)逻辑功能示意图

图5-41　8位单向移位寄存器74LS164

表5-16为74LS164功能表，由该表可知74LS164功能如下：

①异步清零：当$\overline{CR}=0$时，不管其他输入信号为何状态，移位寄存器直接清零。

②保持：当$\overline{CR}=1$且$CP=0$时，移位寄存器保持状态不变。

③送数：当$\overline{CR}=1$且CP上升沿作用时，将加在 $D_s = D_{sA} \cdot D_{sB}$ 端的二进制数码，依次送入移位寄存器中。

表 5-16　74LS164 的功能表

$\overline{CR}$	$D_{SA} \cdot D_{SB}$	CP	工作状态
0	×	×	异步清零
1	×	0	保持
1	1	↑	输入一个数 1
1	0	↑	输入一个数 0

(2)4 位双向移位寄存器 74LS194。

图 5-42 为 74LS194 的引脚排列图和逻辑功能示意图。其中，CP 是时钟脉冲端；$\overline{CR}$为清零端；M_0、M_1 是工作状态控制端；D_{SR} 和 D_{SL} 分别是右移和左移串行数据输入端；$D_0 \sim D_3$ 为并行数据输入端；$Q_0 \sim Q_3$ 是并行数据输出端。

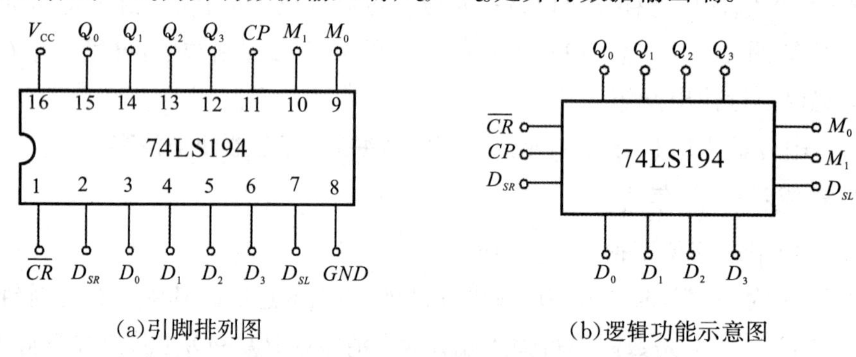

(a)引脚排列图　　(b)逻辑功能示意图

图 5-42　4 位双向移位寄存器 74LS194

74LS194 功能表如表 5-17 所示，由该表可知 74LS194 的功能如下：

①异步清零：当$\overline{CR}=0$ 时，不管其他输入信号为何状态，移位寄存器直接清零。

②保持：当$\overline{CR}=1$ 且 $M_1M_0=00$ 时，移位寄存器保持状态不变。

③右移：当$\overline{CR}=1$ 且 $M_1M_0=01$ 时，在 CP 上升沿作用下右移，数据由 D_{SR} 送入。

④左移：当$\overline{CR}=1$ 且 $M_1M_0=10$ 时，在 CP 上升沿作用下左移，数据由 D_{SL} 送入。

⑤并行输入：当$\overline{CR}=1$ 且 $M_1M_0=11$ 时，在 CP 上升沿作用下，并行数据$D_0 \sim D_3$被送到相应的输出端 $Q_0 \sim Q_3$。

表 5-17　74LS194 的功能表

$\overline{CR}$	M_1	M_0	CP	工作状态
0	×	×	×	异步清零
1	0	0	×	保持
1	0	1	↑	右移
1	1	0	↑	左移
1	1	1	↑	并行输入

【例 5-9】 分析图 5-43 由 74LS194 所接电路的功能。

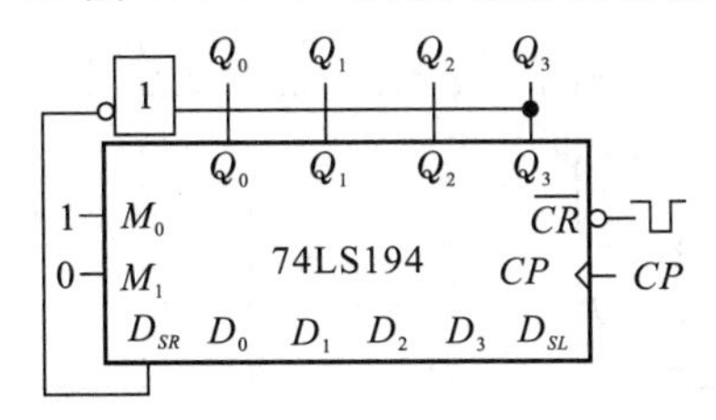

图 5-43　例 5-9 电路图

解： 由图 5-43 可知，$M_1M_0=01$ 故为右移寄存器，Q_3 端反相后，接入串行输入端 D_{SR}。其状态图如图 5-44 所示，可知该电路有 8 个有效状态，是八进制计数器，但不能自启动。

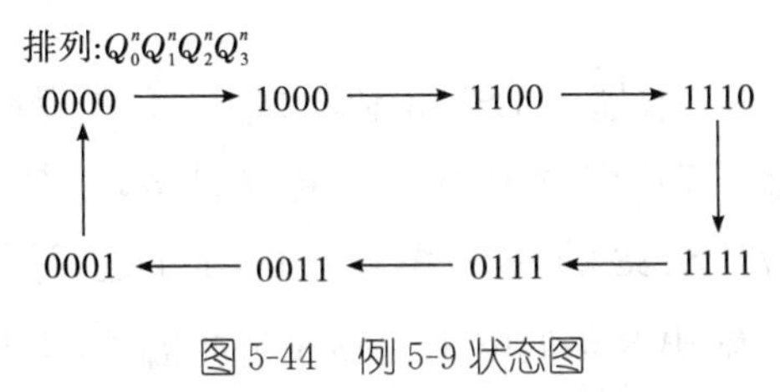

图 5-44　例 5-9 状态图

5.3.3　顺序脉冲发生器

在一些数字系统中，常需要按事先设定好的顺序进行一系列操作，故通常采用顺序脉冲发生器，产生一组在时间上有一定先后顺序的脉冲，然后组成各种控制信号。

1. D 触发器构成的顺序脉冲发生器

图 5-45 是一个利用 4 位 D 触发器构成的顺序脉冲发生器，将移位寄存器的最后一级输出 Q_3 直接反馈到第一级的 D 触发器输入端 D_0，如果电路的初始状态为 0010，在时钟脉冲的作用下，电路 $Q_0\sim Q_3$ 的状态将按 0010→0001→1000→0100 的次序循环变化。

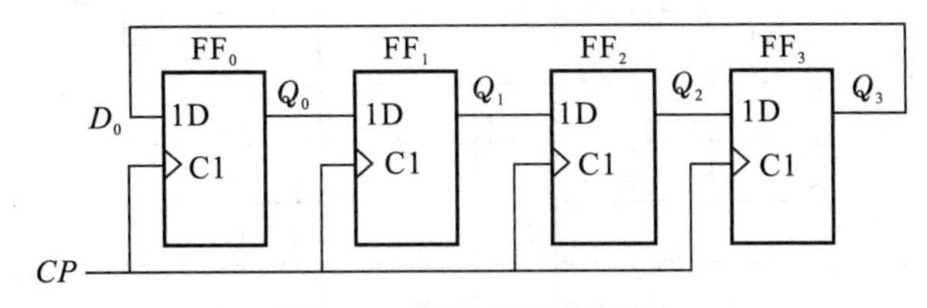

图 5-45　顺序脉冲发生器

2. 4 位双向移位寄存器 74LS194 构成的顺序脉冲发生器

图 5-46(a)是由 74LS194 构成的顺序脉冲发生器。$M_1M_0=10$ 故为左移寄存器，$\overline{CR}=1$，Q_0 和 D_{SL} 相连，使电路处于 $Q_0Q_1Q_2Q_3=D_0D_1D_2D_3=0001$，在移位脉冲 CP 的作用下，电路开始进行左移操作，由 $Q_3Q_2Q_1Q_0$ 端依次输出顺序脉冲，如

图 5-46(b)所示。

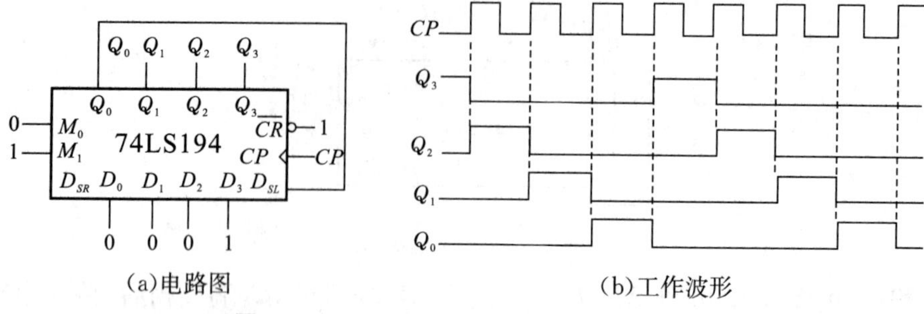

(a)电路图　　(b)工作波形

图 5-46　由 74LS194 构成的顺序脉冲发生器

3.4 位二进制计数器 74LS163 和 3－8 线译码器 74LS138 构成的顺序脉冲发生器

图 5-47 是用二进制计数器 74LS163 和集成 3－8 线译码器 74LS138 构成的 8 路输出顺序脉冲发生器。74LS163 构成十六进制计数器，其 $Q_2Q_1Q_0$ 状态在000～111 之间循环变化，使 74LS138 的 $A_2A_1A_0$ 在 000～111 之间循环变化，则 74LS138 译码器的 $\overline{Y}_0$ ～ $\overline{Y}_7$ 输出端输出 8 路低电平的顺序脉冲信号，波形如图5-48所示。

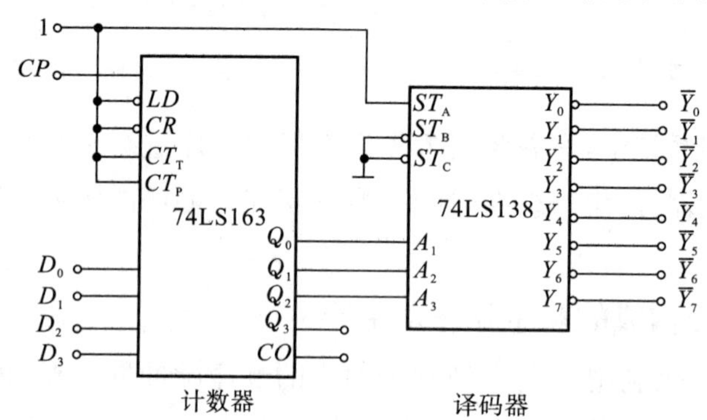

图 5-47　由 74LS163 和 74LS138 构成的 8 输出顺序脉冲发生器

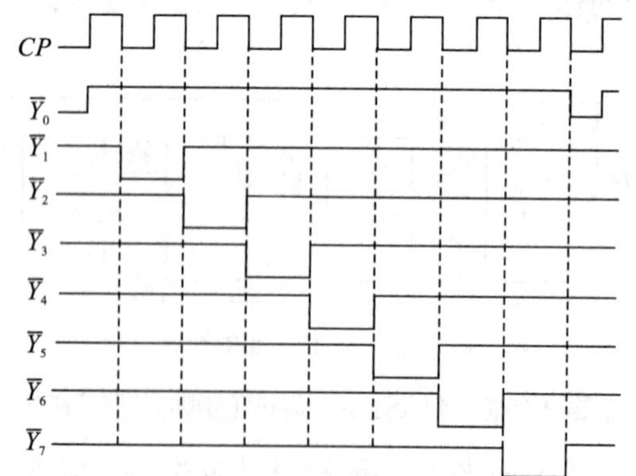

图 5-48　8 输出顺序脉冲发生器波形图

5.4　Multisim 仿真实例

【例 5-10】　采用 74LS163 构成六进制计数器。

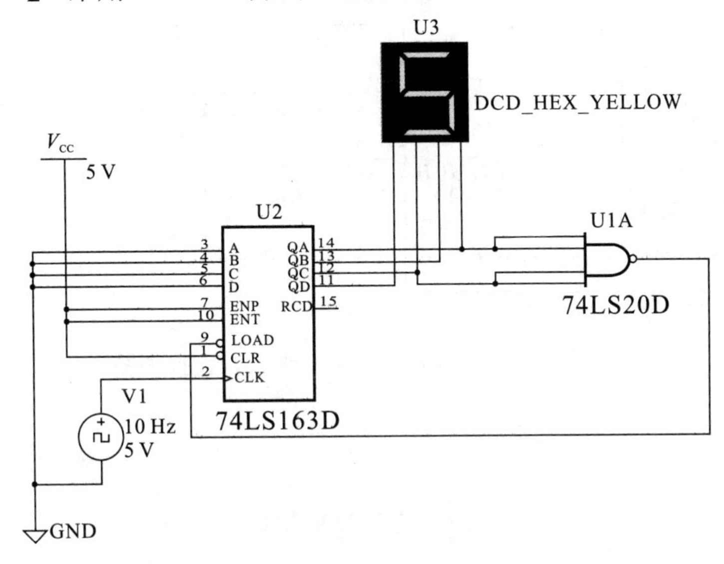

图 5-49　例 5-10 用 74LS163 构成六进制计数器仿真图

【例 5-11】　利用两片 74LS160 芯片构成 24 进制计数器。

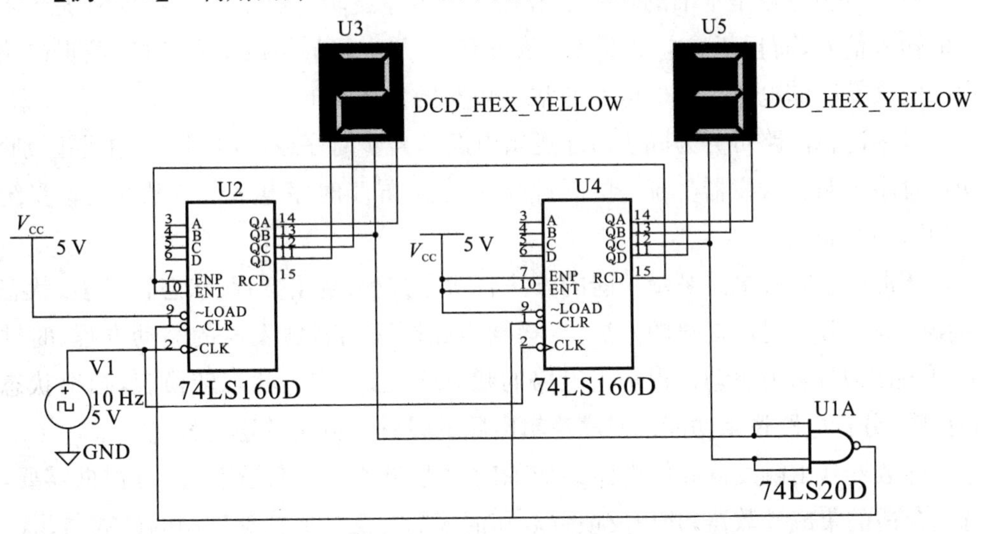

图 5-50　例 5-11 用 74LS160 构成 24 进制仿真图

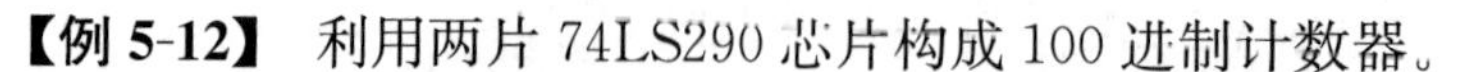

【例 5-12】 利用两片 74LS290 芯片构成 100 进制计数器。

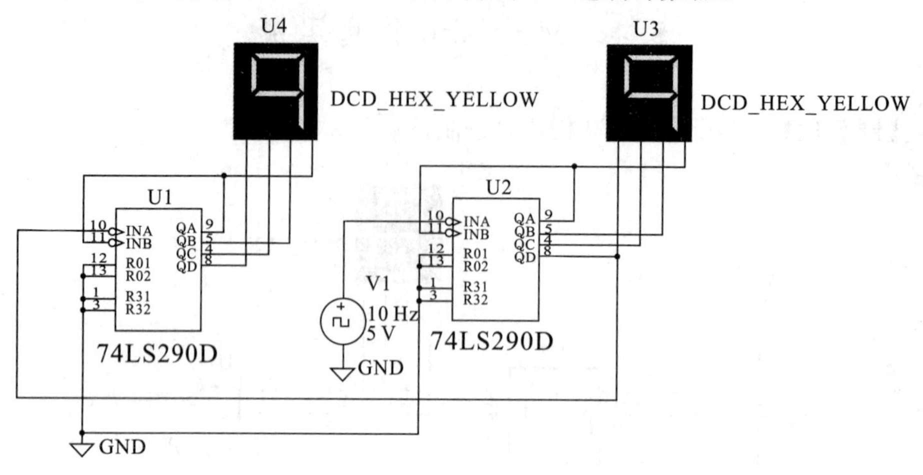

图 5-51 例 5-12 用 74LS290 构成 100 进制仿真图

本章小结

时序逻辑电路是本书的重要章节之一。时序逻辑电路的输出不仅取决于当时的输入信号，而且还与电路原来的状态有关；从电路的组成上看，时序逻辑电路中一定含有存储电路。存储电路通常以触发器为基本单元。

时序逻辑电路可分为同步时序逻辑电路和异步时序逻辑电路。其主要区别：同步时序电路各触发器受统一的时钟脉冲控制，异步时序电路中各触发器不受统一的脉冲控制。

通常描述时序电路逻辑功能的方法有状态方程、输出方程、状态转换表、状态转换图等。分析时序电路的方法是：根据电路图写出各触发器的驱动方程、时钟方程、输出方程；由驱动方程求出电路的状态方程，并列出状态转换表，画出状态转换图，分析电路逻辑功能。时序逻辑电路的设计是分析的逆过程。

计数器是由触发器和门电路组成的时序逻辑器件，用途广泛。可根据需要，选用合适的集成计数器，并用反馈置数和清零的方法构成任意进制的计数器。

寄存器是一种既能暂时存放数据，又能左右移位，还能串、并行转换的逻辑器件。

习题 5

一、选择题

1. 下列逻辑电路中，不是时序逻辑电路的有(　　)。

A. 计数器　　B. 触发器　　C. 寄存器　　D. 译码器

2. 同步计数器和异步计数器比较，同步计数器的显著优点是(　　)。

A. 工作速度高　　B. 触发器利用率高　　C. 电路简单　　D. 不受时钟 CP 控制

3. 把一个五进制计数器与一个四进制计数器串联可得到(　　)进制计数器。

A. 4　　B. 5　　C. 9　　D. 20

4. N 个触发器可以构成最大计数长度(进制数)为(　　)的计数器。

A. N　　B. $2N$　　C. N^2　　D. 2^N

5. N 个触发器可以构成能寄存(　　)位二进制数码的寄存器。

A. $N-1$　　B. N　　C. $N+1$　　D. $2N$

6. 五个 D 触发器构成环形计数器，其计数长度为(　　)。

A. 5　　B. 10　　C. 25　　D. 32

7. 要使 JK 触发器的输出 Q 从 1 变成 0，它的输入信号 JK 应为(　　)。

A. 00　　B. 01　　C. 10　　D. 无法确定

8. 同步时序电路和异步时序电路比较，其差异在于后者(　　)。

A. 没有触发器　　B. 没有统一的时钟脉冲控制

C. 没有稳定状态　　D. 输出只与内部状态有关

9. 一位 8421BCD 码计数器至少需要(　　)个触发器。

A. 3　　B. 4　　C. 5　　D. 10

10. 欲设计 0,1,2,3,4,5,6,7 这几个数的计数器，如果设计合理，采用同步二进制计数器，最少应使用(　　)级触发器。

A. 2　　B. 3　　C. 4　　D. 8

11. 8 位移位寄存器串行输入，经(　　)个脉冲后，8 位数码全部移入寄存器中。

A. 1　　B. 2　　C. 4　　D. 8

12. 某电视机水平－垂直扫描发生器需要一个分频器将 31500Hz 的脉冲转换为 60Hz 的脉冲，欲构成此分频器至少需要(　　)个触发器。

A. 10　　B. 60　　C. 525　　D. 31500

13. 指出下列电路中能够把串行数据变成并行数据的电路应该是(　　)。

A. JK 触发器　　B. 3/8 线译码器　　C. 移位寄存器　　D. 十进制计数器

14. 若用 JK 触发器来实现特性方程为 $Q^{n+1}=\overline{A}Q^n+AB$，则 JK 端的方程为(　　)。

A. $J=AB, K=\overline{\overline{A}+B}$　　B. $J=AB, K=A+\overline{B}$

C. $J=\overline{\overline{A}+B}, K=AB$　　D. $J=A\overline{B}, K=AB$

15. 若要设计一个脉冲序列为 1101001110 的序列脉冲发生器，应选用(　　)个触发器。

A. 2　　B. 3　　C. 4　　D. 10

二、判断题(正确打√,错误的打×)

1. 同步时序电路由组合电路和存储器两部分组成。 (　　)

2. 组合电路不含有记忆功能的器件。 (　　)

3. 同步时序电路具有统一的时钟 CP 控制。 (　　)

4. 异步时序电路的各级触发器类型不同。 (　　)

5. 计数器的模是指构成计数器的触发器的个数。 (　　)

6. 计数器的模是指输入的计数脉冲的个数。 (　　)

7. D 触发器的特征方程 $Q^{n+1}=D$,而与 Q^n 无关,所以 D 触发器不是时序电路。 (　　)

8. 把一个 5 进制计数器与一个 10 进制计数器串联可得到 15 进制计数器。 (　　)

9. 同步二进制计数器的电路比异步二进制计数器复杂,所以实际应用中较少使用同步二进制计数器。 (　　)

10. 利用反馈归零法获得 N 进制计数器时,若为异步置零方式,则状态 S_N 只是短暂的过渡状态,不能稳定,会立刻变为状态 S_0。 (　　)

三、填空题

1. 组合逻辑电路在结构上由________构成,时序逻辑电路在结构上必须包含________;时序逻辑电路的输出不仅取决于当前时刻的输入,而且与________有关。

2. 数字电路按照是否有记忆功能通常可分为两类:________和________。

3. 时序逻辑电路按照其触发器是否有统一的时钟控制分为________时序电路和________时序电路。

4. 寄存器按照功能不同可分为两类:________寄存器和________寄存器。

5. 由四位移位寄存器构成的顺序脉冲发生器可产生________个顺序脉冲。

四、综合题

1. 分析题图 5-1 所示逻辑电路的功能,说明电路是几进制计数器,能否自启动,并画出电路的状态转换图。

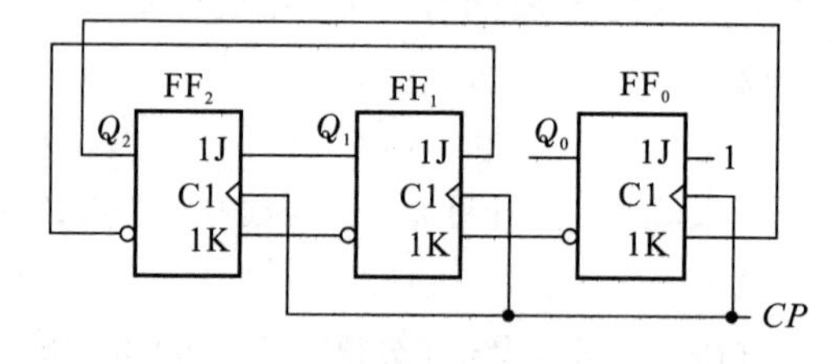

题图 5-1

2. 分析题图 5-2 所示电路的逻辑功能,写出它的驱动方程、状态方程、列出状态转换真值表,画出状态转换图和时序图。

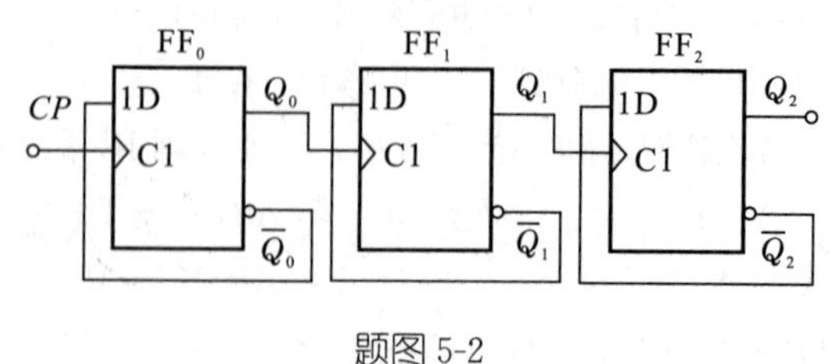

题图 5-2

3. 分析题图 5-3 所示电路，指出是几进制计数器。74LS163 为二进制同步加法计数器，同步清零，同步置数。

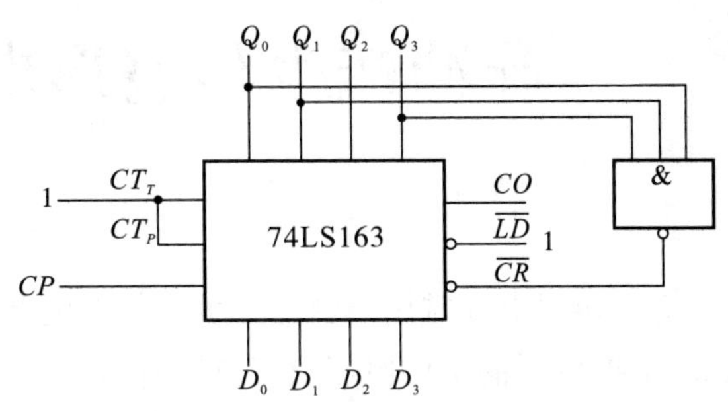

题图 5-3

4. 集成 4 位二进制加法计数器 74LS161 的连接图如题图 5-4 所示，试分析电路的功能。要求：(1)列出状态转换表；(2)说明计数模值。

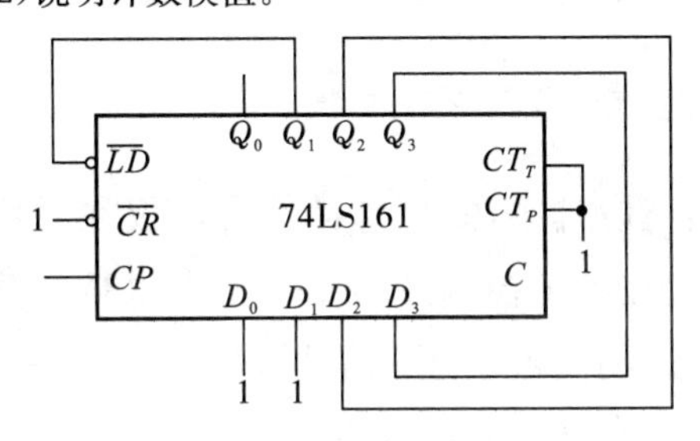

题图 5-4

5. 利用集成电路芯片 74LS160 设计一个七进制加法计数器。要求：

(1)用异步清零法实现；(2)用同步置数法实现。

6. 集成计数器 74LS161 为同步模 16 递增计数器，具有异步清零、同步预置数等功能，试用异步清零法构成模 11 计数器。

7. 由 D 触发器组成的左移位寄存器如题图 5-5 所示，设各触发器初态均为 0，D_L＝1011，写出连续 4 个 CP 作用后，Q_3～Q_0 的状态。

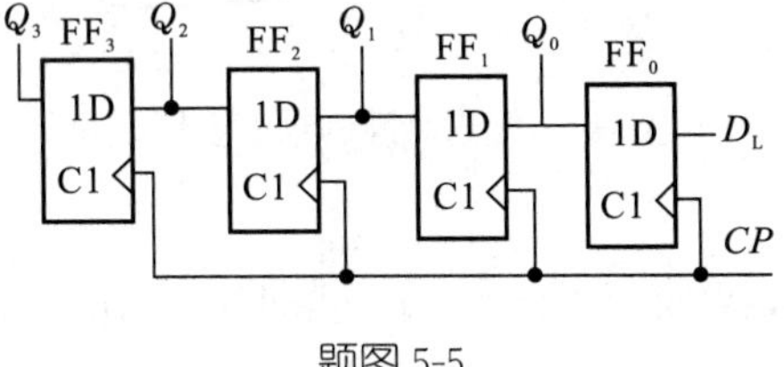

题图 5-5

脉冲产生与整形电路

本章主要介绍了555定时器和常用的脉冲产生与整形电路，包括施密特触发器、单稳态触发器和多谐振荡器的工作原理及其应用电路。

6.1 概述

6.1.1 矩形脉冲信号的基本参数

在数字电路的应用与设计中，矩形脉冲信号不仅在时序电路中常被用作标准的脉冲信号源使用，而且在各种控制及检测电路中也被广泛应用。

矩形脉冲信号是二进制的数字逻辑信号，信号状态只有0和1两种取值，其对应的电平信号为低电平和高电平。在图6-1中所示的波形就是矩形脉冲信号，一般具有以下几个常用的基本参数。

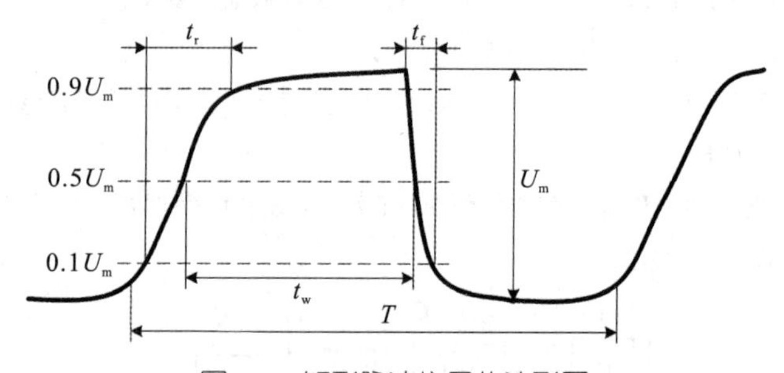

图6-1 矩形脉冲信号的波形图

1. 脉冲周期 T

在周期脉冲信号中，相邻的两个脉冲的间隔时间叫作脉冲周期，通常用 T 表示。

2. 脉冲幅度 U_m

脉冲信号的输出幅度所能达到的最大值称为脉冲幅度，通常用 U_m 表示。

3. 脉冲宽度 t_w

从脉冲前沿由低到高上升到 $0.5U_m$ 开始，到脉冲后沿由高到低下降到 $0.5U_m$ 结束，所经历的时间称为脉冲宽度，通常用 t_w 表示。

4. 上升时间 t_r

脉冲信号的上升沿从 $0.1U_m$ 上升到 $0.9U_m$ 所经历的时间称为上升时间，通常

用 t_r 表示。

5. 下降时间 t_f

脉冲信号的下降沿从 $0.9U_m$ 下降到 $0.1U_m$ 所经历的时间称为下降时间，通常用 t_f 表示。

6. 占空比 q

脉冲宽度与脉冲周期的比值称为占空比，通常用 q 表示，即 $q=\frac{t_w}{T}$。

6.1.2　获得矩形脉冲信号的方法

常用的获得矩形脉冲信号方法有以下两种：一是利用各种自激振荡脉冲发生电路，直接产生矩形脉冲信号；二是通过整形变换电路，把周期性的非矩形信号（如正弦波信号、三角波信号）转变成矩形脉冲信号。本章将要介绍的多谐振荡器是常见的脉冲产生电路，施密特触发电路和单稳态触发电路是两种常见的脉冲整形电路。

6.1.3　555 定时器

555 定时器是一种中规模集成电路，该器件由于体积小巧、使用方便等特点，被广泛应用。使用 555 定时器，只需要在其外围加入少量电阻和电容，就能构成施密特触发器、单稳态触发器和多谐振荡器等电路。

1. 电路结构

图 6-2 是 555 定时器内部电路结构图。

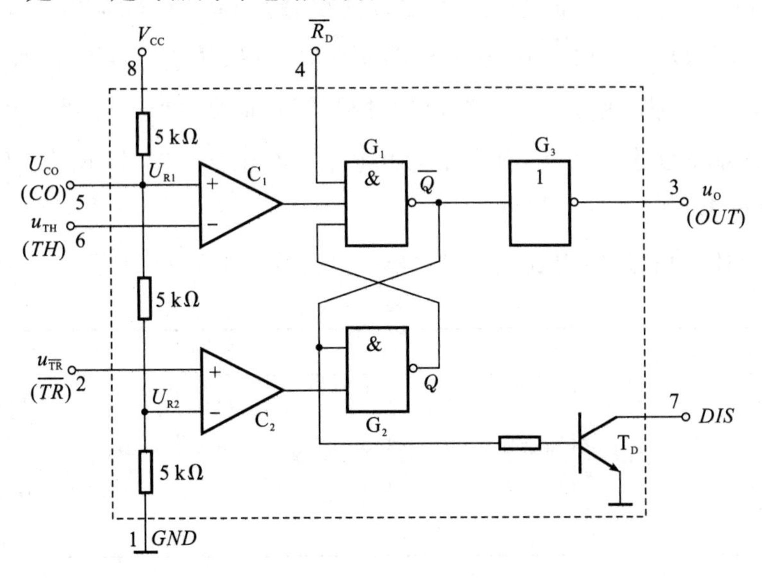

图 6-2　555 定时器内部电路结构图

由图 6-2 所示，555 定时器的内部由四个部分组成。

(1)由三个阻值为 5 kΩ 的电阻组成的分压器。

(2)两个电压比较器 C_1 和 C_2。

(3)由与非门 G_1 和 G_2 组成的基本 RS 触发器。

(4)放电三极管 T_D 和缓冲器 G_3。

2. 基本特性

在图 6-2 中，TH(6 脚)是比较器的 C_1 的输入端；$\overline{TR}$(2 脚)是比较器 C_2 的输入端。电源 V_{cc}(8 脚)经三个 5 kΩ 电阻分压后，得到两个比较器的参考电压 U_{R1} 和 U_{R2}。当控制电压输入端 CO(5 脚)悬空时，则比较器 C_1 和 C_2 的参考电压分别为 $U_{R1} = \frac{2}{3}V_{cc}$，$U_{R2} = \frac{1}{3}V_{cc}$。如果在 CO 端外加电压 U_{co}，则比较器 C_1 和 C_2 的参考电压将发生变化，分别为 $U_{R1} = U_{co}$，$U_{R2} = \frac{1}{2}U_{co}$。

若设在 TH 和 $\overline{TR}$ 端分别加输入电压 u_{TH} 和 $u_{\overline{TR}}$，则比较器 C_1 和 C_2 的输出状态、触发器的输出状态和输出电压 u_o(3 脚)会随着 u_{TH} 和 $u_{\overline{TR}}$ 的不同发生以下变化。

(1)当 $u_{TH} > U_{R1}$、$u_{\overline{TR}} > U_{R2}$ 时，比较器 C_1 输出低电平，C_2 输出高电平，RS 触发器被置 0，即 $Q = 0$，$\overline{Q} = 1$，故输出端 u_o 为低电平，放电三极管 T_D 导通。

(2)当 $u_{TH} < U_{R1}$、$u_{\overline{TR}} > U_{R2}$ 时，比较器 C_1 和 C_2 输出均为高电平，触发器状态保持不变，电路也保持原状态不变。

(3)当 $u_{TH} < U_{R1}$、$u_{\overline{TR}} < U_{R2}$ 时，比较器 C_1 输出高电平，C_2 输出低电平，RS 触发器被置 1，即 $Q = 1$，$\overline{Q} = 0$，故输出端 u_o 为高电平，放电三极管 T_D 截止。

此外，$\overline{R}_D$(4 脚)为复位输入端，它的控制级别最高，即当 $\overline{R}_D$ 为低电平时，无论其他输入端的状态如何，输出 u_o 都为低电平。在正常工作时，$\overline{R}_D$ 接高电平。

3. 功能表

根据上述分析，可以得到 555 定时器的功能表，如表 6-1 所示。

表 6-1　555 定时器的功能表

$\overline{R}_D$	u_{TH}	$u_{\overline{TR}}$	u_o	T_D 的状态
0	×	×	低电平	导通
1	$>U_{R1}$	$>U_{R2}$	低电平	导通
1	$<U_{R1}$	$>U_{R2}$	不变	不变
1	$<U_{R1}$	$<U_{R2}$	高电平	截止

6.2　施密特触发器

施密特触发器是一种常用的脉冲整形电路，它能将边沿变化缓慢的电压信号整形为标准的矩形脉冲信号。

施密特触发器可以由 555 定时器加一些外围器件构成，也可以由分立器件和集成逻辑门电路组成。用户还可直接选用专门的集成施密特触发器产品。本节主要介绍由 555 定时器构成的施密特触发器和集成施密特触发器。

6.2.1　由 555 定时器构成的施密特触发器

1. 电路组成及工作原理

将 555 定时器的两个输入端 TH(6 脚)和 $\overline{TR}$(2 脚)短接在一起作为施密特触发器的信号输入端，即可得到施密特触发器，其电路如图 6-3(a)所示。当施密特触发器输入为三角波信号时，分析输出信号的工作变化过程，其工作波形图如图 6-3(b)所示。

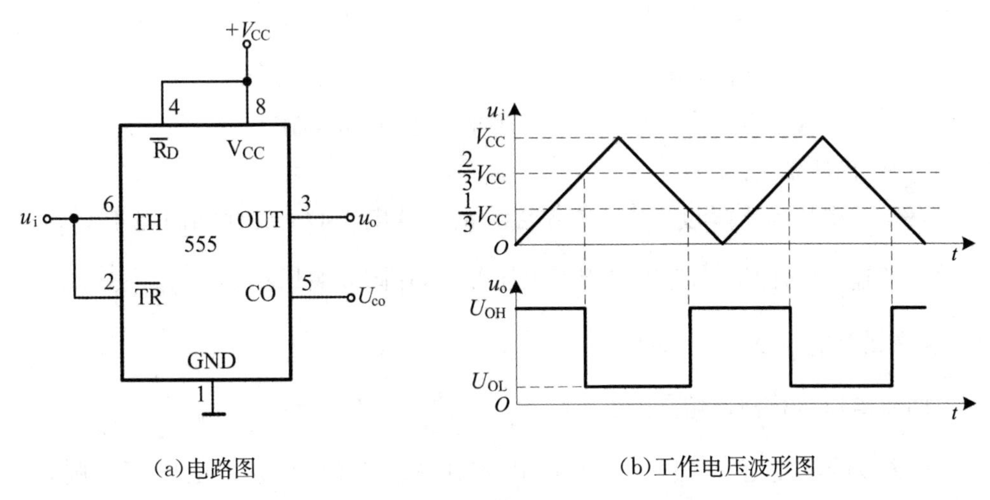

(a)电路图　　(b)工作电压波形图

图 6-3　555 定时器构成的施密特触发器

(1)当 $0 < u_i < \frac{1}{3}V_{cc}$ 时，输出电压 u_o 置高电平 U_{OH}；

(2)当 $\frac{1}{3}V_{cc} < u_i < \frac{2}{3}V_{cc}$ 时，输出电压 u_o 维持高电平 U_{OH}；

(3)当 $u_i > \frac{2}{3}V_{cc}$ 时，输出电压 u_o 由高电平跳变至低电平 U_{OL}；

(4)u_i 从高于 $\frac{2}{3}V_{cc}$ 处下降，当 $\frac{1}{3}V_{cc} < u_i < \frac{2}{3}V_{cc}$ 时，输出电压 u_o 维持低电平 U_{OL}；

(5)当 u_i 继续下降，$0 < u_i < \frac{1}{3}V_{cc}$ 时，输出电压 u_o 由低电平 U_{OL} 跳变至高电平 U_{OH}。

2.滞回特性及主要参数

由上述分析，可得到施密特触发器几个主要的静态参数。施密特触发器的电路符号和电压传输特性(滞回特性)如图 6-4 所示。

(1)正向阈值电压 U_{T+}。

在输入电压 u_i 上升过程中，输出电压 u_o 由高电平 U_{OH} 跳变到低电平 U_{OL} 时，所对应的输入电压值，称为正向阈值电压 U_{T+}，在图 6-4(b)中，$U_{T+} = \frac{2}{3}V_{cc}$。

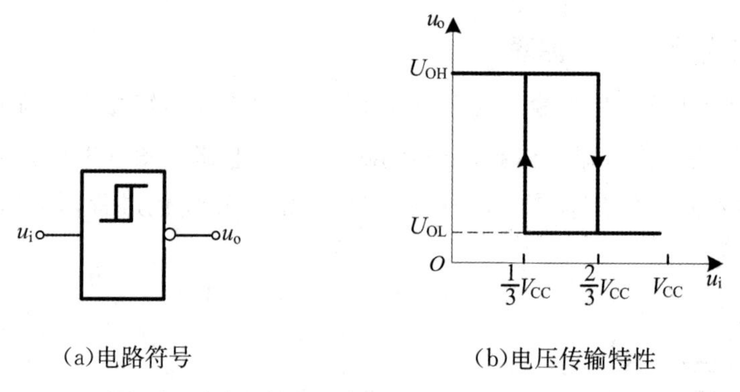

(a)电路符号　　(b)电压传输特性

图 6-4　施密特触发器的电路符号和电压传输特性

(2)负向阈值电压 U_{T-}。

在输入电压 u_i 下降过程中，输出电压 u_o 由低电平 U_{OL} 跳变到高电平 U_{OH} 时，所对应的输入电压值，称为负向阈值电压 U_{T-}，在图 6-4(b)中，$U_{T-} = \frac{1}{3}V_{cc}$。

(3)回差电压 ΔU_T。

回差电压也称滞回电压，定义为 $\Delta U_T = U_{T+} - U_{T-} = \frac{1}{3}V_{cc}$。

若 CO 端不使用，一般接 0.01 μF 电容到地。若 CO 端外加电压 U_{co}，则 $U_{T+} = U_{co}$、$U_{T-} = \frac{U_{co}}{2}$、$\Delta U_T = \frac{U_{co}}{2}$。所以可以通过改变外加电压 U_{co}，来调节回差电压 ΔU_T 的大小。

6.2.2　集成施密特触发器

因为施密特触发器应用普遍，所以市场上有专门的集成施密特触发器芯片出售，可以供用户直接使用。

1. TTL 集成施密特触发器

图 6-5(a)、(b)分别是常见的 TTL 集成施密特触发器 74LS14(六反相器)和 74LS13(双 4 输入与非门)的引脚功能图。

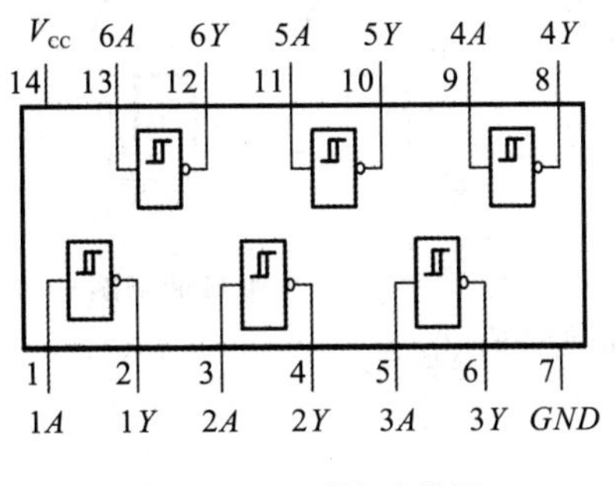

(a)74LS14 引脚功能图

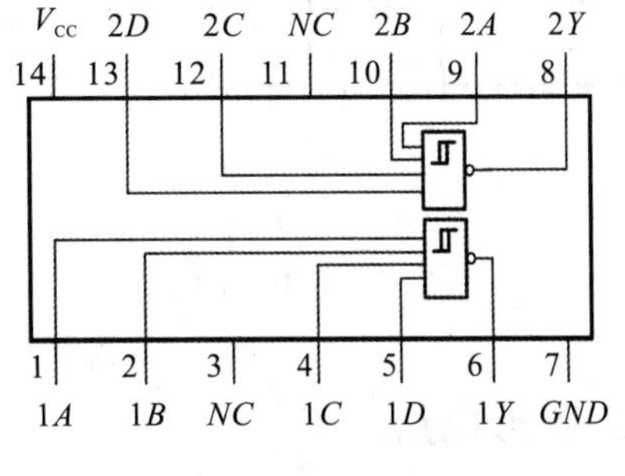

(b)74LS13 引脚功能图

图 6-5　TTL 集成施密特触发器

2. CMOS 集成施密特触发器

图 6-6(a)、(b)是常见的 CMOS 集成施密特触发器 CC40106(六反相器)和 CC4093(四 2 输入与非门)的引脚功能图。

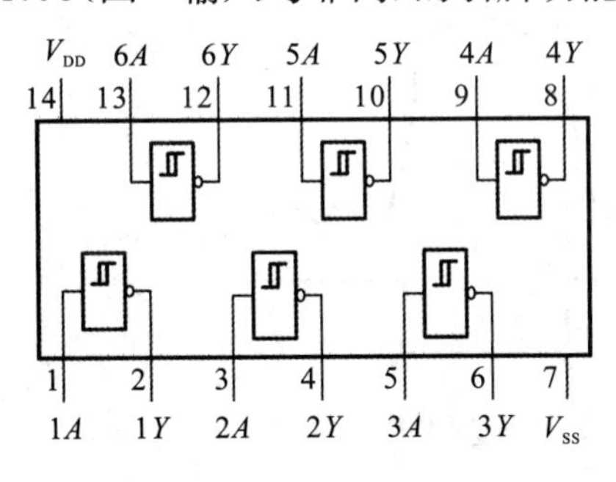

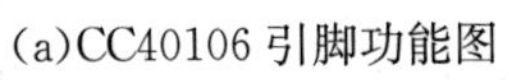
(a)CC40106 引脚功能图

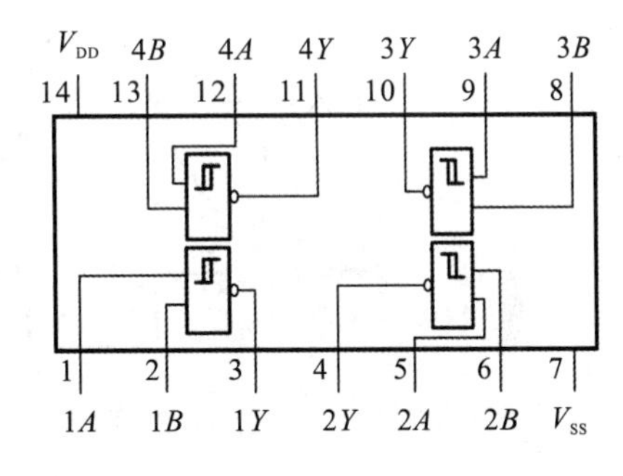

(b)CC4093 引脚功能图

图 6-6　集成施密特触发器

集成施密特触发器的 U_{T+} 和 U_{T-} 都可通过查阅产品手册找到。CMOS 集成施密特触发器的 U_{T+} 和 U_{T-} 与电源电压 V_{DD} 有关，其静态参数也可查阅手册找到。

6.2.3　施密特触发器的应用

1. 波形变换

施密特触发器的输出波形有两个特点，一是输出只有高电平和低电平两种状态；二是输出电压在电平转变时波形的边沿十分陡峭。因此，这种电路常用于将缓慢变化的输入信号，转换为标准脉冲信号波形。图 6-7 所示的将正弦波转变为矩形脉冲波形的电路，正是利用施密特触发器的这一特性。

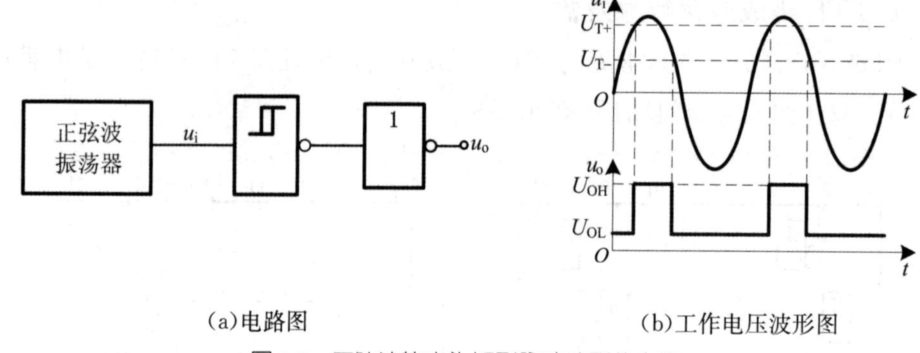

(a)电路图　　(b)工作电压波形图

图 6-7　正弦波转变为矩形脉冲波形的电路

2. 整形电路

在数字电路中，矩形脉冲信号在传递时通常会发生波形畸变，利用施密特触发器，可对畸变的信号进行整形，把不规则的矩形输入信号转变成为矩形脉冲信号，其转换效果较为理想，其工作电压波形如图 6-8 所示。

施密特触发器的应用相当广泛，除了以上两个简单的应用外，还可用于信号的鉴幅和脉冲展宽等电路。

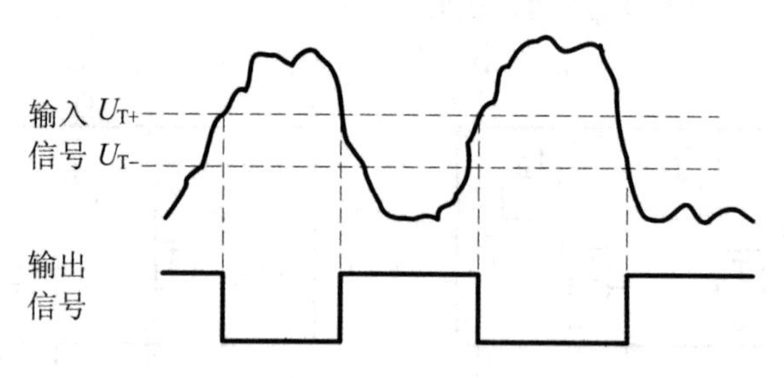

图 6-8　整形电路的工作电压波形图

6.3　单稳态触发器

单稳态触发器在数字系统中应用广泛，例如产生固定宽度的脉冲，用于定时；把不规则的脉冲信号转换成标准的脉冲，用于整形等。

单稳态触发器具有三个特点：第一，它只有稳态和暂稳态两种状态；第二，在外来触发信号作用下，触发器由稳态翻转到暂稳态，在暂稳态维持一段时间后，又自动返回到稳态；第三，暂稳态维持的时间，仅取决于电路本身的参数，与输入信号无关。

6.3.1　用 555 定时器构成的单稳态触发器

1. 电路组成及工作原理

图 6-9(a)所示电路为用 555 定时器构成的单稳态触发器。555 定时器的 2 脚

作为触发信号输入端，6 脚与 7 脚短接在一起后，接入电容 C 到地。图 6-9(b)所示为在 u_i触发信号作用下的 u_c与 u_o对应的波形，其工作原理如下。

(1)无触发信号输入，电路处于稳态。

当电路无触发信号输入时，$u_i=1$，电路工作在稳态，输出 $u_o=0$，555 定时器内放电三极管 T_D饱和导通，7 脚相当于短接至“地”，电容电压 $u_c=0$ V。

(2)输入信号下降沿触发，电路进入暂稳态。

当输入信号 u_i下降沿跳变时，输出电压 u_o由低电平跳变为高电平，相应的整个电路由稳态进入暂稳态。

(3)暂稳态维持。

在暂稳态期间，555 定时器内放电三极管 T_D截止，直流电源 V_{cc}经 R 向 C 充电。电容电压 u_c由 0 开始上升，在 u_c上升到阈值电压 $\frac{2}{3}V_{cc}$ 之前，电路维持暂稳态。

(4)自动返回稳态。

当 u_c上升到 $\frac{2}{3}V_{cc}$ 时，输出电压 u_o由高电平跳变至低电平，放电三极管 T_D由截止进入饱和导通，7 脚相当于短接至“地”，电容 C 经放电三极管 T_D对地迅速放电，电压 u_c由 $\frac{2}{3}V_{cc}$ 降至 0，放电过程结束，电路自动返回稳态。由于放电的时间常数 $\tau_2=R_{CES}C$，三极管饱和导通等效电阻 R_{CES}很小，所以放电时间很短暂。

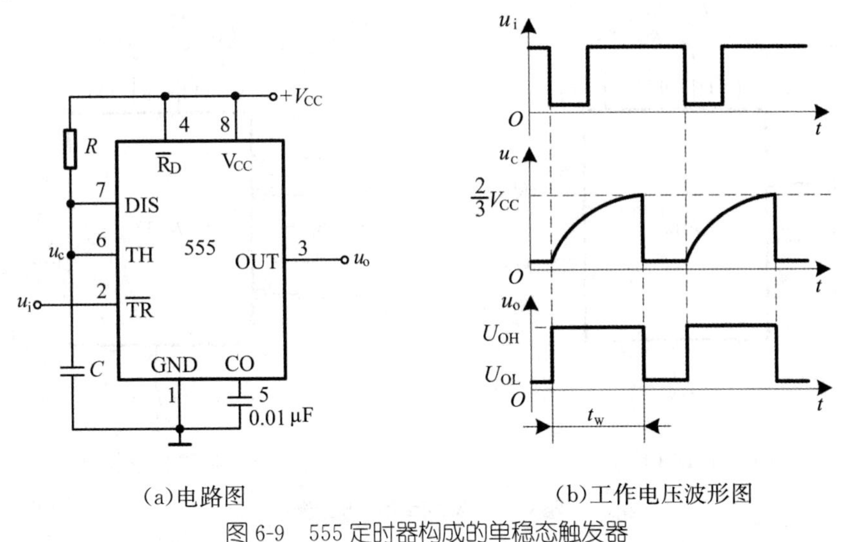

(a)电路图　　(b)工作电压波形图

图 6-9　555 定时器构成的单稳态触发器

2. 输出脉冲宽度 t_W

由图 6-9(b)可见，输出脉冲宽度 t_w就是暂稳态维持时间，即电容电压由 0 充电至 $\frac{2}{3}V_{cc}$ 的所需时间。将 $u_c(0^+)\approx 0$ V，$u_c(\infty)=V_{cc}$，$u_c(t_w)=\frac{2}{3}V_{cc}$，代入 RC

电路的动态方程得

$$\begin{aligned} t_{\mathrm{w}} &= \tau_1 \ln \frac{u_{\mathrm{c}}(\infty) - u_{\mathrm{c}}(0^+)}{u_{\mathrm{c}}(\infty) - u_{\mathrm{c}}(t_{\mathrm{w}})} \\ &= RC\ln \frac{V_{\mathrm{cc}} - 0}{V_{\mathrm{cc}} - \frac{2}{3}V_{\mathrm{cc}}} \\ &= RC\ln 3 \\ &= 1.1RC \end{aligned} \tag{6-1}$$

由上式可知，单稳态触发器输出脉冲宽度 t_{w} 仅取决于定时元件 R 和 C 的大小，调节 R 和 C 的取值即可改变 t_{w}。

6.3.2 集成单稳态触发器

集成稳态触发器按照是否具有重触发功能，可分为可重触发和非重触发两类。所谓可重触发，即触发器在暂稳态期间，可以接收新的触发信号，重新开始暂稳态过程，即输出脉冲宽度在之前暂稳态的基础上再拓展 t_{w}；而非重触发则相反，触发器在暂稳态工作时，即使有新的触发信号输入，它也会将原先的暂稳态进行下去，直至完成，即非重触发器只能在稳态时接收触发信号，输出脉冲宽度固定。非重触发单稳态触发器 74121 和可重触发单稳态触发器 74122 均是典型的 TTL 集成单稳态触发器，其图形符号如图 6-10 所示。

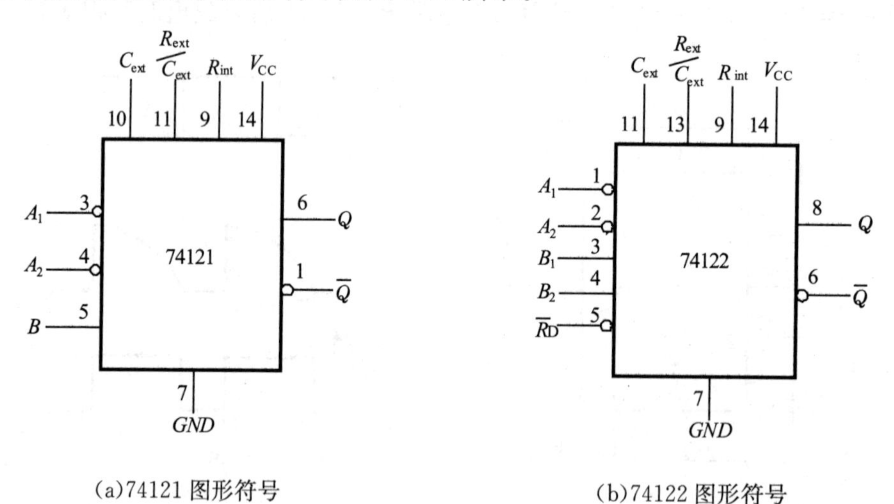

(a)74121 图形符号　　(b)74122 图形符号

图 6-10　集成单稳态触发器

1. 非重触发单稳态触发器 74121

74121 主要引脚功能如图 6-10(a)所示，具体功能如表 6-2 所示。A_1(3 脚)和 A_2(4 脚)是两个下降沿有效的触发输入端，B(5 脚)是上升沿有效的触发输入端。Q(6 脚)和 $\overline{Q}$(1 脚)是两个状态互补的输出端。$R_{\mathrm{ext}}/C_{\mathrm{ext}}$(11 脚)、$C_{\mathrm{ext}}$(10 脚)是外

接定时电阻和电容的连接端，外接定时电阻 R_{ext}（1.4～40 kΩ）接在 V_{cc} 与 R_{ext}/C_{ext} 之间；外接定时电容 C_{ext}（0.01×10^{-3}～10 μF）接在 C_{ext} 与 R_{ext}/C_{ext} 之间。R_{int}（9 脚）是 74121 内部已设置的 2kΩ 的定时电阻的连接端。

表 6-2　集成单稳态触发器 74121 的功能表

输入			输出		工作状态
A_1	A_2	B	Q	$\overline{Q}$	
0	×	1	0	1	保持稳态
×	0	1			
×	×	0			
1	1	×			
1	↓	1	正脉冲	负脉冲	下降沿触发
↓	1	1			
↓	↓	1			
0	×	↑	正脉冲	负脉冲	上升沿触发
×	0	↑			

图 6-11 为集成单稳态触发器 74121 的外部连线图。图 6-11(a)是使用外部电阻 R_{ext} 且触发器为下降沿触发工作，其输出脉冲宽度为

$$t_w \approx 0.7R_{ext}C_{ext} \tag{6-2}$$

图 6-11(b)是使用内部电阻 R_{int} 且触发器为上升沿触发工作，其输出脉冲宽度为

$$t_w \approx 0.7R_{int}C_{ext} \tag{6-3}$$

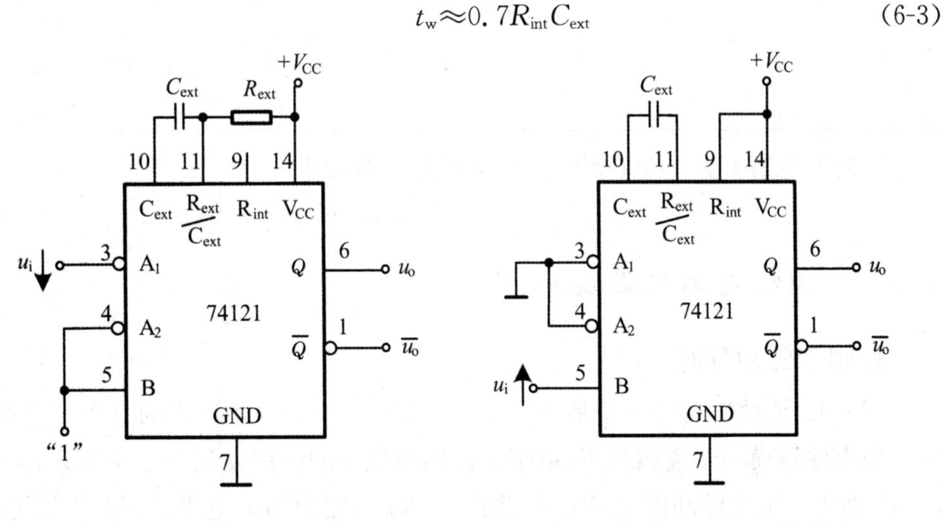

(a)使用外接电阻 R_{ext}（下降沿触发）　　(b)使用内部电阻 R_{int}（上升沿触发）

图 6-11　集成单稳态触发器 74121 的外部连线图

2. 可重触发单稳态触发器 74122

74122 主要引脚功能如图 6-10(b)所示，具体功能如表 6-3 所示。A_1(1 脚)和 A_2(2 脚)是两个下降沿有效的触发输入端，B_1(3 脚)和 B_2(4 脚)是两个上升沿有效的触发输入端。Q(8 脚)和 $\overline{Q}$(6 脚)是两个状态互补的输出端。R_{ext}/C_{ext}(13 脚)、C_{ext}(11 脚)和 R_{int}(9 脚)是外接定时电阻和电容的连接端，外接定时电阻 R_{ext}(5～50 kΩ)、外接定时电容 C_{ext}(无限制)的接法与 74121 相同。$\overline{R}_D$(5 脚)是复位端，低电平有效。

表 6-3　集成单稳态触发器 74122 的功能表

输入					输出		工作状态
$\overline{R}_D$	A_1	A_2	B_1	B_2	Q	$\overline{Q}$	
0	×	×	×	×	0	1	复位
×	1	1	×	×	0	1	保持稳态
×	×	×	0	×			
×	×	×	×	0			
1	0	×	↑	1	⊓	⊔	上升沿触发
1	0	×	1	↑			
1	×	0	↑	1			
1	×	0	1	↑			
↑	0	×	1	1			
↑	×	0	1	1			
1	1	↓	1	1	⊓	⊔	下降沿触发
1	↓	↓	1	1			
1	↓	1	1	1			

当定时电容 C_{ext}>1000 pF 时，其输出脉冲宽度为

$$t_w \approx 0.32 R_{ext} C_{ext} \tag{6-4}$$

6.3.3　单稳态触发器的应用

1. 用于脉冲延时

图 6-12 是触摸式定时控制开关电路，其中 555 定时器构成的是单稳态触发器。当人体触摸一下金属片 P，由于人体感应电压的作用就相当于在触发输入端(2 脚)加入一个负脉冲信号，555 的输出端(3 脚)输出为高电平，灯泡 R_L 发光，当暂稳态时间 t_w 结束时，555 的输出端为低电平，灯泡熄灭。该触摸开关常用在夜间定时照明，脉冲延时时间由定时元件 R、C 参数决定。

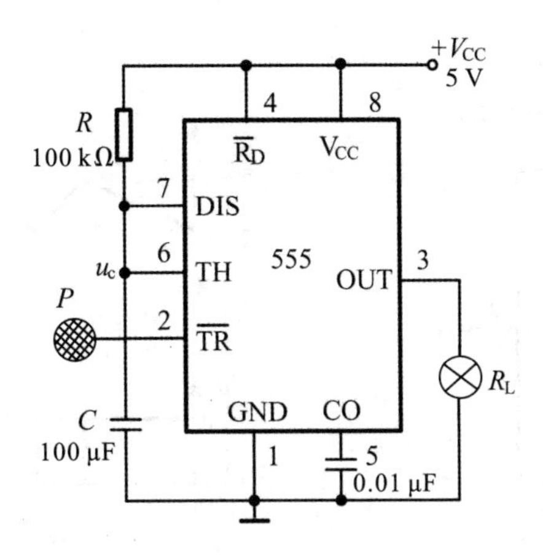

图 6-12　触摸式定时控制开关电路

2. 用于脉冲整形

单稳态触发器可将幅度和宽度都不规则的输入信号 u_i，整形成为幅度和宽度都相同的标准矩形脉冲 u_o，其脉冲宽度 t_w 取决于暂稳态时间，即 R、C 参数。图6-13是单稳态触发器用于脉冲整形的波形图。

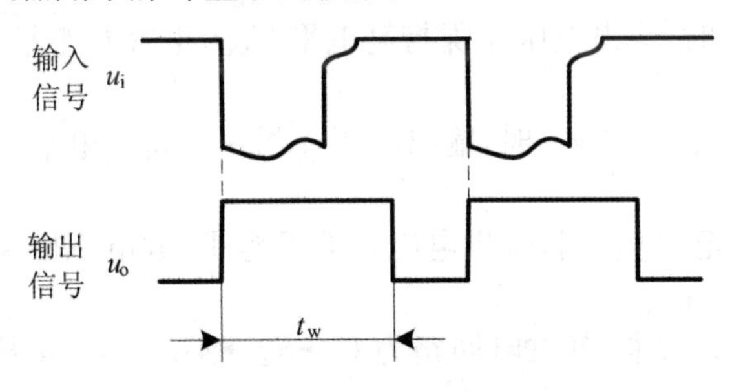

图 6-13　单稳态触发器用于脉冲整形的波形

6.4　多谐振荡器

多谐振荡器是一种能够自动产生矩形脉冲信号的自激振荡器，不需要外部的触发输入信号。由于矩形脉冲信号中含有非常丰富的高次谐波，所以此电路又称多谐振荡器。

6.4.1　用 555 定时器构成的多谐振荡器

1. 电路组成及工作原理

将 555 定时器的输入端 TH（6 脚）和 $\overline{TR}$（2 脚）短接，再将 DIS（7 脚）接 R_2 和 C 组成的积分电路接到 TH 和 $\overline{TR}$ 的短接点上，就构成了多谐振荡器，如图 6-14(a)所示。图 6-14(b)为多谐振荡器中的电容电压 u_c 和对应输出 u_o 波形，其工作原理如下。

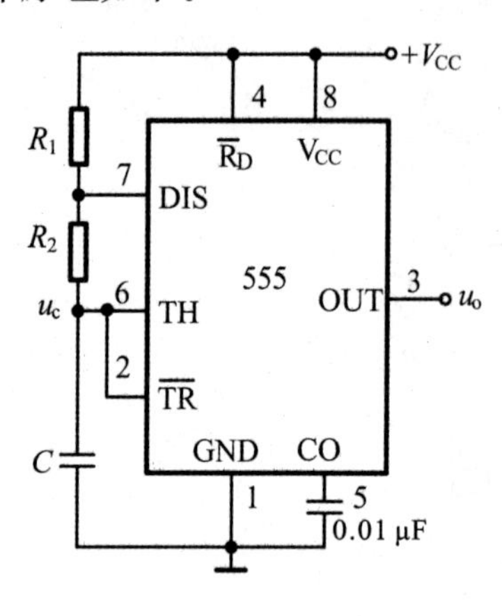

(a)电路图

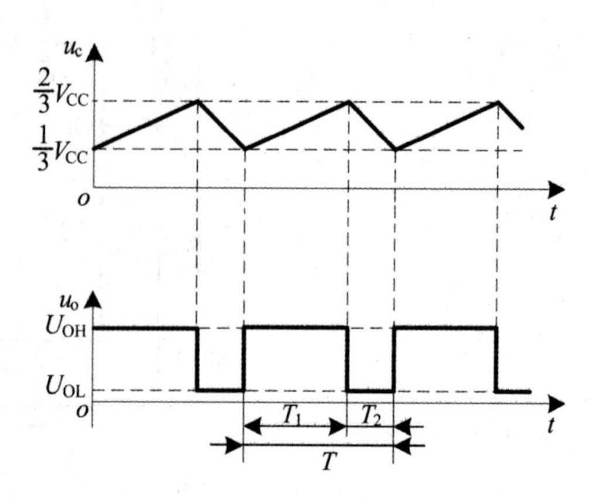

(b)工作电压波形图

图 6-14　555 定时器构成的多谐振荡器

(1)假设初始时刻电容电压 $u_c=0$,输出电压 u_o置高电平 U_{OH},555 定时器内放电三极管 T_D截止,电容 C 充电回路为 $V_{cc}\to R_1\to R_2\to C\to$地,$u_c$从零逐渐增大。当 u_c增大至 $\frac{1}{3}V_{cc}$ 时,输出电压 u_o保持高电平 U_{OH},电容 C 继续充电。

(2)当 $\frac{1}{3}V_{cc}<u_c<\frac{2}{3}V_{cc}$ 时,输出电压 u_o继续保持高电平 U_{OH}。

(3)当 u_c上升至 $\frac{2}{3}V_{cc}$ 时,输出电压 u_o置低电平,放电三极管 T_D饱和导通,电容 C 充电结束,开始放电,其放电回路为 $C\to R_2\to T_D\to$地。u_c从 $\frac{2}{3}V_{cc}$ 处逐渐下降,当 $\frac{1}{3}V_{cc}<u_c<\frac{2}{3}V_{cc}$ 时,输出电压 u_o保持低电平 U_{OL}。

(4)当 u_c下降至 $\frac{1}{3}V_{cc}$ 时,输出电压 u_o置高电平 U_{OH},T_D截止,电容 C 放电结束,又开始充电。

至此,电容 C 经历一个完整的充放电过程,在以后的时间内,电容 C 不停地在充电和放电这两种状态间交替变换,多谐振荡器的输出电压也在高电平和低电平交替变换,形成标准的矩形脉冲信号。

2. 主要参数

(1)振荡周期 T 和频率 f。

电容充电的时间常数 $\tau_1=(R_1+R_2)C$,电容放电的时间常数 $\tau_2=R_2C$。经 RC 动态方程计算得

$$T_1 = \tau_1 \ln \frac{u_c(\infty) - u_c(0^+)}{u_c(\infty) - u_c(T_1)}$$

$$= \tau_1 \ln \frac{V_{cc} - \frac{1}{3}V_{cc}}{V_{cc} - \frac{2}{3}V_{cc}} \tag{6-4}$$

$$= 0.7(R_1 + R_2)C$$

同理可得

$$T_2 = 0.7R_2C \tag{6-5}$$

因此，电路的振荡周期和频率分别为

$$T = T_1 + T_2 = 0.7(R_1 + 2R_2)C \tag{6-6}$$

$$f = \frac{1}{T} \approx \frac{1.43}{(R_1 + 2R_2)C} \tag{6-7}$$

(2)输出波形占空比 q。

占空比是脉冲宽度与脉冲周期之比，即

$$q = \frac{T_1}{T}$$

$$= \frac{0.7(R_1 + R_2)C}{0.7(R_1 + 2R_2)C} \tag{6-8}$$

$$= \frac{R_1 + R_2}{R_1 + 2R_2}$$

3. 占空比可调的多谐振荡器电路

在图 6-14 所示电路中，因为电容 C 的充放电时间 $T_1 \neq T_2$，所以矩形波占空比 $q \neq 50\%$ 且 q 不可调。如果利用二极管 D_1 和 D_2，将电容 C 充电和放电回路分开设置，通过调节电位器改变充电和放电时间常数 τ_1 和 τ_2，可得占空比可调的多谐振荡器，如图 6-15 所示。

由于二极管的单向导电性，电容 C 的充电回路为 $V_{cc} \to R_1 \to D_1 \to C \to$ 地，时间常数 $\tau_1 = R_1C$。电容 C 的放电回路为 $C \to R_2 \to D_2 \to T_D \to$ 地，时间常数 $\tau_2 = R_2C$，信号的占空比为

$$q = \frac{T_1}{T} = \frac{T_1}{T_1 + T_2} = \frac{0.7R_1C}{0.7R_1C + 0.7R_2C} = \frac{R_1}{R_1 + R_2} \tag{6-9}$$

只要调节电位器，就可调节占空比 q。当 $R_1 = R_2$ 时，$q = 50\%$，输出 u_o 为对称的矩形波。

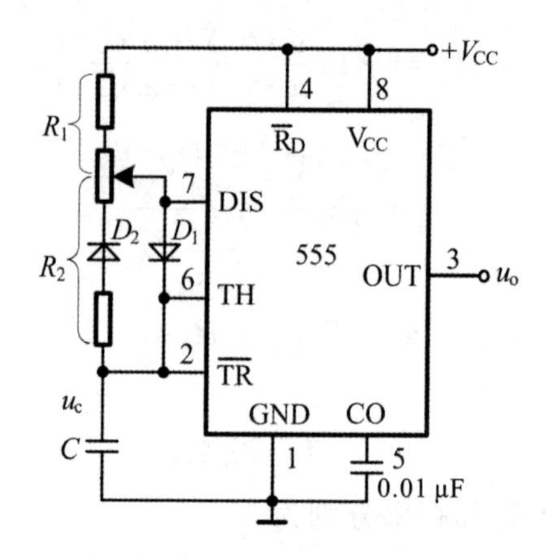

图 6-15　占空比可调的多谐振荡器

6.4.2　石英晶体多谐振荡器

在数字系统中，对时钟脉冲频率的稳定性有着严格的要求。由 555 定时器构成的多谐振荡器，其振荡频率由电容充、放电时电容电压到达阈值电压的时间决定，稳定性很容易受到温度、湿度等外界条件的干扰。因此，在振荡频率稳定性要求很高的地方，常采用石英晶体构成石英晶体多谐振荡器。

1. 石英晶体的选频特性

图 6-16(a)为石英晶体图形符号，图 6-16(b)为石英晶体的频率特性。石英晶体的选频特性很好，且频率特性的稳定度很高。只有当外加信号频率为 f_0时，其等效阻抗最小，最容易被石英晶体通过，其他频率的信号通过时都会被严重衰减。因此，f_0称为石英晶体的固有频率。

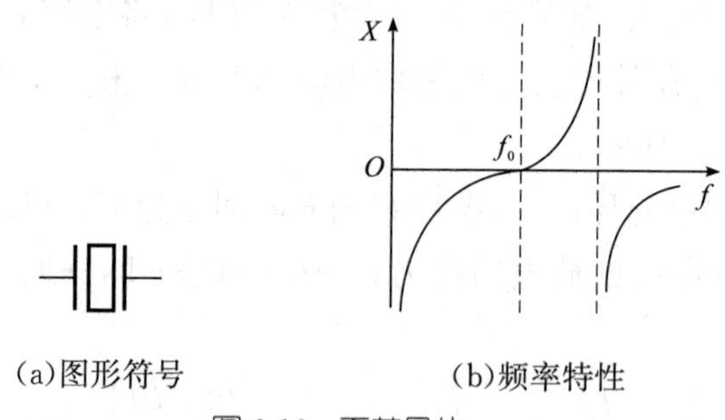

(a)图形符号　　(b)频率特性

图 6-16　石英晶体

2. 石英晶体多谐振荡器

图 6-17 所示为一种典型的 CMOS 石英晶体多谐振荡器。电阻 R_F和反相器 G_1在工作时构成一个反相放大器，石英晶体、电容 C_1 和 C_2 构成电容三点式振荡器，输出频率为 f_0的正弦波信号。经反相器 G_2整形缓冲后，u_o输出为矩形脉冲信号，G_2还起到隔离负载对振荡电路工作影响的作用。

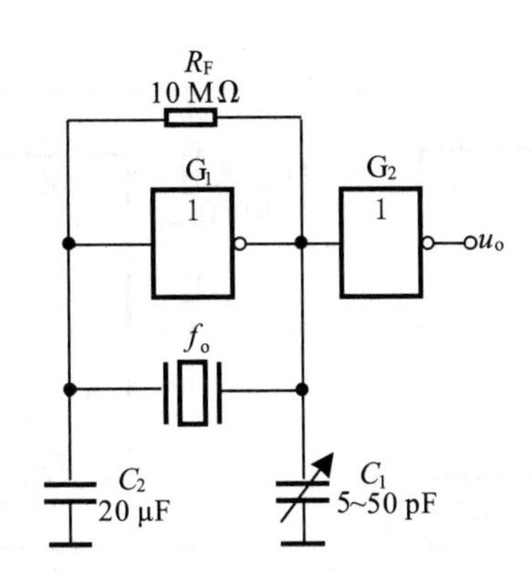

图 6-17　CMOS 石英晶体多谐振荡器

6.4.3　多谐振荡器的应用

1. 秒脉冲发生器

在图 6-18 中的石英晶体多谐振荡器，产生基准信号的频率 $f=32768=2^{15}$ Hz，经 FF_1～FF_{15} 共 15 级 T′触发器构成的计数器分频后，可作为计时单元的基准秒脉冲信号源。

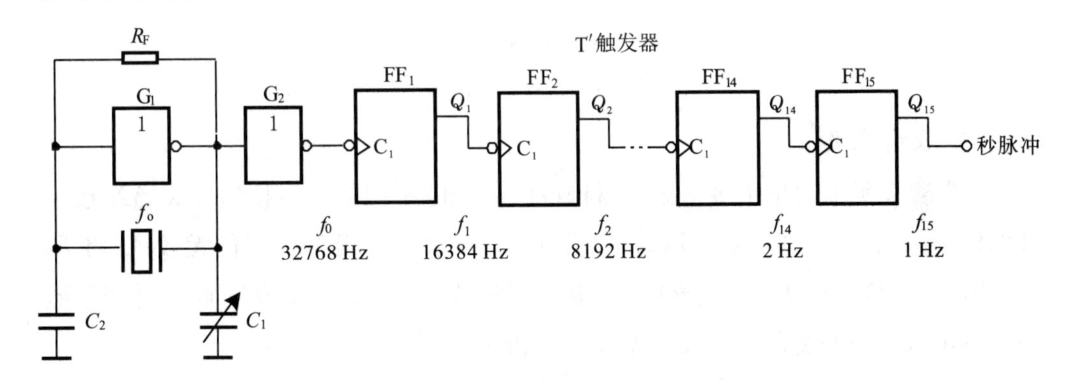

图 6-18　秒脉冲信号发生器

2. 模拟声响电路

图 6-19(a)所示为由 2 个 555 定时器构成的模拟声响电路，其中 555(1)为低频多谐振荡器，输出 u_{o1} 振荡频率 $f_1\approx1$ Hz；555(2)为高频多谐振荡器，输出 u_{o2} 振荡频率 $f_2\approx1$ kHz。当 555(1)的输出信号 u_{o1} 为高电平时，555(2)的 $\overline{R}_D$ 也为高电平，555(2)开始振荡，输出端 u_{o2} 驱动扬声器发出频率为 1 kHz 的声响；当 555(1)的输出信号 u_{o1} 为低电平时，555(2)的 $\overline{R}_D$ 也为低电平，555(2)停止振荡，输出端 u_{o2} 无振荡信号，扬声器不发声。所以，模拟声响电路的扬声器发出的是频率为 1 kHz 的间歇声响，工作波形如图 6-19(b)所示。

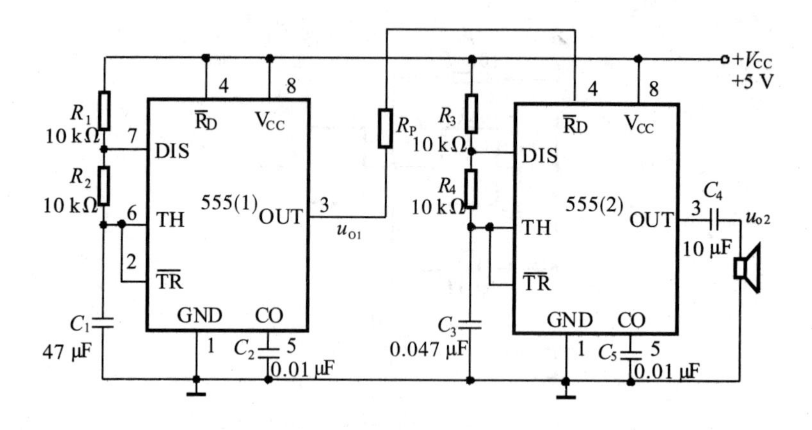

(a)电路图

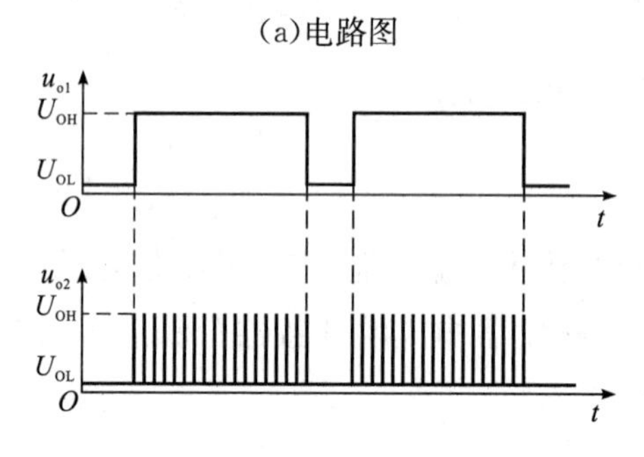

(b)工作波形图

图 6-19　模拟声响电路

3. 双音门铃

图 6-20 所示的是用多谐振荡器构成的双音电子门铃。当按钮开关 AN 按下时，V_{cc}经 D_2向 C_3充电，复位端 $\overline{R}_D$（4 脚）电位很快上升至 V_{cc}，复位无效；D_1将 R_3短路，V_{cc}经 D_1、R_1、R_2向 C_1充电，充电时间常数 $\tau_1=(R_1+R_2)C_1$，放电时间常数 $\tau_2=R_2C_1$，多谐振荡器产生高频振荡信号，喇叭发出高音。

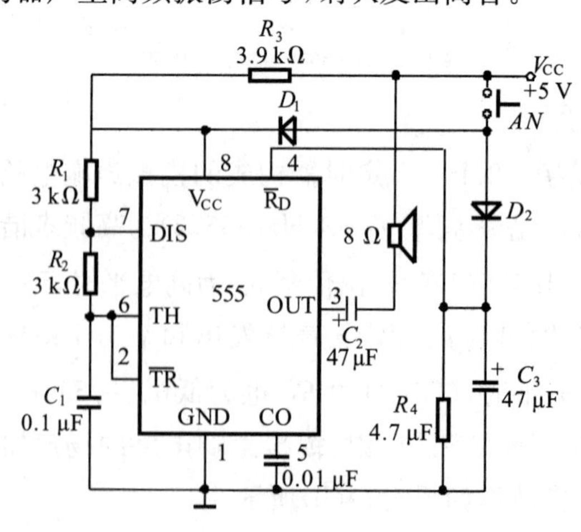

图 6-20　双音门铃电路

当按钮开关 AN 断开时，电容 C_3 经 R_4 放电，在复位端电位降至低电平之前，电路将继续产生高频振荡信号；但此时 V_{cc} 经 R_3、R_1、R_2 向 C_1 充电，充电时间常数 $\tau_1=(R_3+R_1+R_2)C_1$，放电时间常数 $\tau_2=R_2C_1$，多谐振荡器产生低频振荡信号，喇叭发出低音。当电容 C_3 放电使复位端电位降至低电平时，555 定时器被复位，多谐振荡器停止发出振荡信号，喇叭停止发声。

经以上分析，只要调节电路中相关电路元件的参数，可以改变高、低音振荡信号的频率以及低音维持的时间。

6.5　Multisim 仿真实例

【例 6-1】　图 6-21(a)为 555 定时器构成的施密特触发器，(b)为示波器显示的输入正弦信号波形和输出矩形脉冲波形。输入的正弦信号由 0 上升至 $\frac{2}{3}V_{cc}$ 时，输出信号跳变至低电平；输入的正弦信号由峰值下降至 $\frac{1}{3}V_{cc}$ 时，输出信号跳变至高电平。

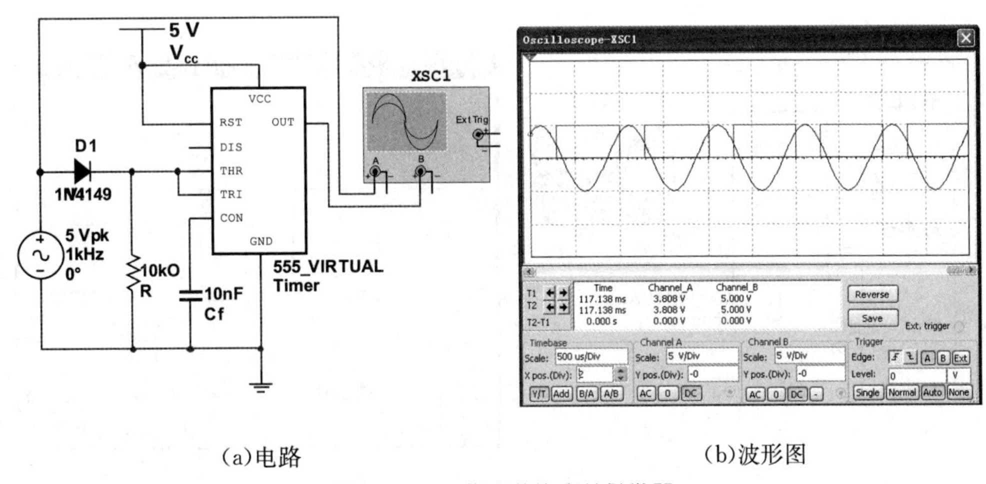

(a)电路　　　　(b)波形图

图 6-21　555 构成的施密特触发器

【例 6-2】　图 6-22(a)为 555 定时器构成的单稳态触发器，(b)为示波器显示的由上到下三个信号，分别为输入触发信号、电容 C 充放电波形和输出矩形脉冲波形。电容充电时间就是脉冲宽度，$t_w=1.1RC\approx550\ \mu s$。

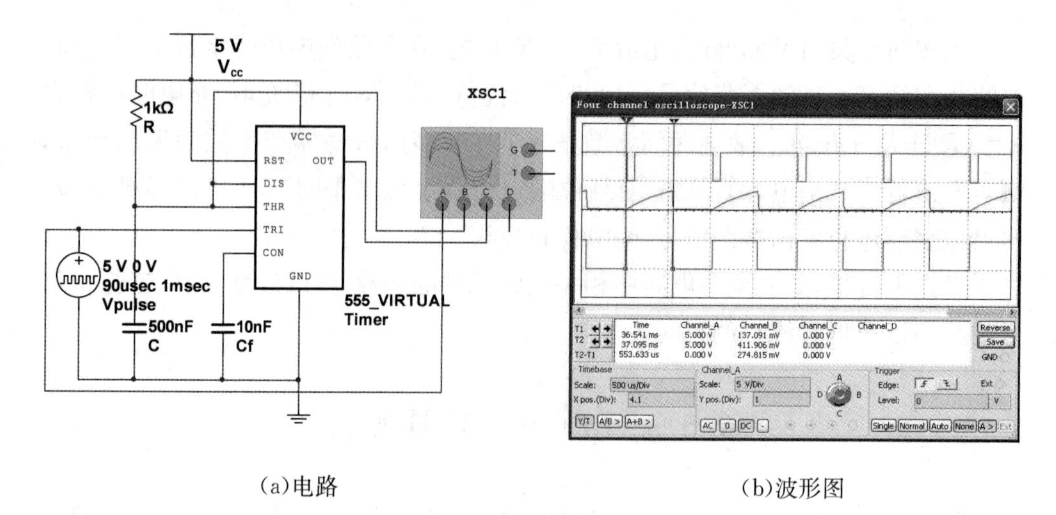

(a)电路　　　　　　　　(b)波形图

图 6-22　555 构成的单稳态触发器

【例 6-3】 图 6-23(a)为 555 定时器构成的多谐振荡器,(b)为示波器显示的电容 C_1 充放电波形、输出矩形脉冲波形。电容充电时,输出信号维持高电平;电容放电时,输出信号维持低电平。经过计算得:$T=T_1+T_2=0.7(R_1+2R_2)C\approx 10^{-3}\,\text{s}$,频率 $f=1\text{kHz}$,占空比 $q=T_1/T\approx 55\%$。

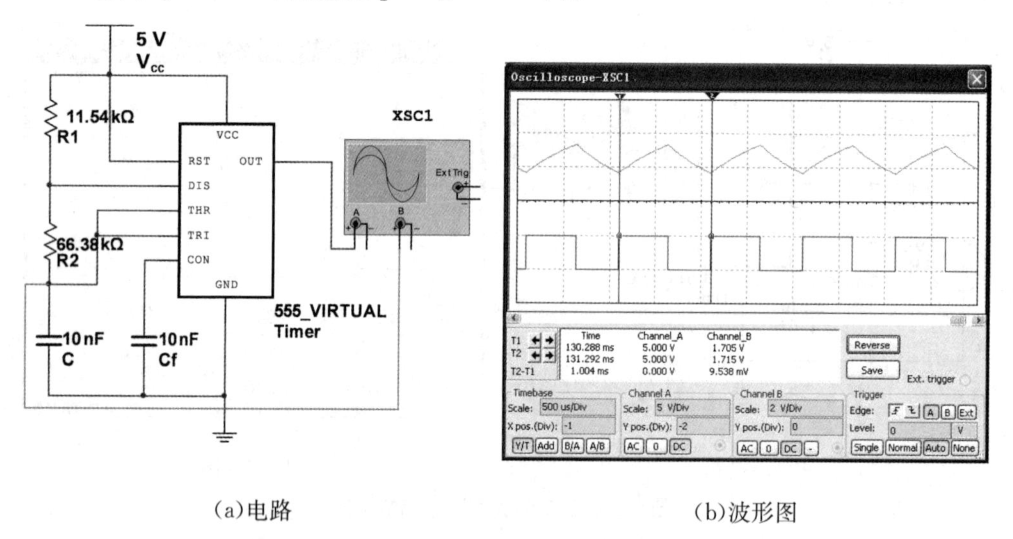

(a)电路　　　　　　　　(b)波形图

图 6-23　555 构成的多谐振荡器

本章小结

555 定时器是一种中规模集成电路,该器件由于体积小巧、使用方便等特点,被广泛应用。使用 555 定时器,只需要在其外围加入少量电阻和电容,就能构成施密特触发器、单稳态触发器和多谐振荡器等电路。

施密特触发器是一种常用的脉冲整形电路，它能将边沿变化缓慢的电压信号整形为标准的矩形脉冲信号。施密特触发器可用来进行波形变换、波形整形及幅度鉴别等。施密特触发器有两个稳定状态，有两个不同的触发电平，因此具有回差特性。它的两个稳定状态是靠两个不同的电平来维持的，输出脉冲的宽度由输入信号的波形决定。此外，调节回差电压的大小，也可改变输出脉冲的宽度。

单稳态触发器也属于脉冲整形电路，可将输入的触发脉冲变换为宽度和幅度都符合要求的矩形脉冲，常用于脉冲的定时、整形、展宽（延时）等。单稳态触发器有一个稳定状态和一个暂稳态。其输出脉冲的宽度只取决于电路本身 R、C 定时元件的数值，与输入信号无关。改变 R、C 定时元件的数值，可调节输出脉冲的宽度。

多谐振荡器是一种自激振荡电路，属于脉冲产生电路，不需要外加输入信号，就可以自动地产生出矩形脉冲。多谐振荡器没有稳定状态，只有两个暂稳态。暂稳态之间的相互转换完全靠电路本身电容的充电和放电自动完成。改变 R、C 定时元件数值的大小，可调节振荡频率。在振荡频率稳定度要求很高的情况下，可采用石英晶体振荡器。

习题 6

一、单项选择题

1. 多谐振荡器是一种（　　），只要接通电源，输出端就可以自动得到矩形波。

A. 自激振荡电路　　B. 定时电路　　C. 放大电路　　D. 整形电路

2.（　　）多谐振荡电路的频率稳定性最高。

A. 石英晶体　　B. 由 555 定时器构成　　C. 对称式　　D. 非对称式

3. 用 555 定时器组成施密特触发器，控制电压输入点端 CO 外接电压 $U_{co}=15$ V，回差电压 $\Delta U_T=$（　　）。

A. 7.5 V　　B. 5 V　　C. 6.66 V　　D. 10 V

4. 由 555 定时器构成的单稳态触发器的输出脉冲宽度取决于（　　）。

A. 电源电压　　B. 触发信号频率

C. 触发信号幅度　　D. 定时元件 R、C 的大小

5. 施密特电路和（　　）能够把不规则的信号转变成矩形脉冲信号。

A 多谐振荡电路　　B. 单稳态触发电路　　C. 自激振荡电路　　D. 环形振荡电路

二、填空题

1. 获得脉冲波形的方法主要有两种：一种是________，另一种是________。

2. 石英晶体多谐振荡器利用石英晶体的________特性，只有频率为________的信号才能满足自激振荡条件。

3. 施密特触发器具有________特性，所以抗干扰能力很强。

4. 单稳态触发器具有________和暂稳状态两种状态，其暂稳状态的维持时间 T_w 由________决定，与触发信号无关。

5. 集成单稳态触发器按能否被重触发分类，一类是________，另一类是________。

三、计算题

1. 在图 6-3(a)所示的由 555 定时器构成的施密特触发器中，若 CO 端接 0.01 μF 电容接地，$V_{cc}=15$ V，正弦信号 u_i 的幅值为 15 V，频率为 2 kHz。要求：

(1)求阈值电压 U_{T+}、U_{T-} 和回差电压 ΔU_T。

(2)请在题图 6-1 中，根据 u_i 画出的 u_o 波形。

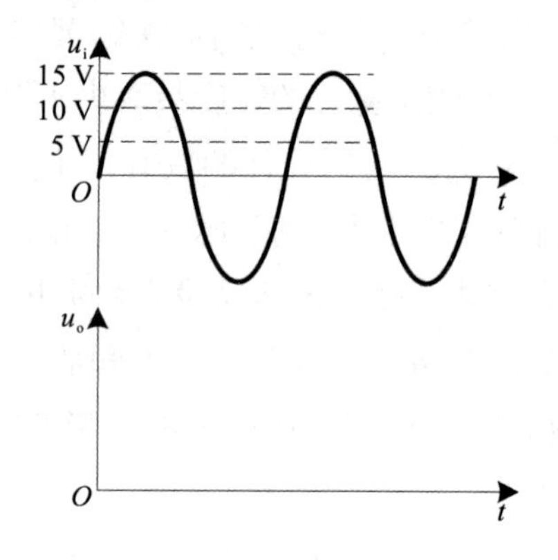

题图 6-1

2. 如图 6-9(a)所示的由 555 定时器组成的单稳态触发器中 $V_{cc}=10$ V、$C=0.1$ μF、$R=20$ kΩ。要求：

(1)求输出脉冲 u_o 的宽度 t_w。

(2)请在题图 6-2 中，根据 u_i 画出的 u_c 和 u_o 波形。

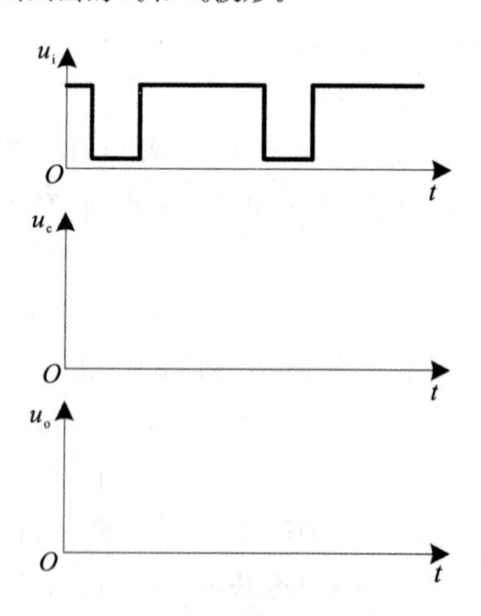

题图 6-2

3. 如图 6-14(a)所示的由 555 定时器组成的多谐振荡器中 $V_{cc}=10$ V、$C=0.1$ μF、$R_1=15$ kΩ、$R_2=22$ kΩ。求解多谐振荡器的振荡频率 f。

半导体存储器

半导体存储器是目前广泛使用的大规模集成电路，本章主要介绍了半导体存储器，包括只读存储器（ROM）和随机存取存储器（RAM）的电路结构、工作原理和使用方法。

7.1　概述

半导体存储器是大规模集成电路的一种，主要用于存储信息、程序和数据，是计算机、智能手机、电视机等需要存储大量二进制信息和数据的数字系统中不可缺少的组成部分，其容量大、存取速度快、耗电低、体积小、使用寿命长，因此被广泛地应用于数字系统中。存储器的种类很多，可以按照制造材料、采用元件、存取信息方式等进行分类，其中最常用的分类方式是存取信息方式，按此分类方式，半导体存储器可分为只读存储器（ROM）和随机存取存储器（RAM）。

7.2　只读存储器（ROM）

只读存储器英文简写为ROM(Read Only Memory)，顾名思义其存储内容是固定不变，由厂家在生产过程中写入的，工作时内容不能更改，只能读出，而且所储存的内容在断电后仍能保持，因此常用于存放固定程序和数据，如计算机启动时的自检程序，初始化程序等。随着电子技术的发展，相继又出现了可编程ROM（PROM）和可擦除可编程ROM（EPROM），PROM的内容由用户编写，一旦写入就不能再更改，EPROM存储的数据可以进行改写，但改写过程比较麻烦，因此在工作中一般只进行读出操作。

7.2.1　掩模只读存储器（ROM）

掩膜只读存储器（ROM）中的内容在生产时由掩模板确定，使用时无法更改，是存储器中结构最简单的一种，其主要特点是在工作中，即使电源断电，所存储的数据也不会丢失。ROM在数字系统中用途广泛，如用来实现任意的真值表，与采用逻辑门电路或中规模集成电路相比，用ROM来实现可以节省体积、重量，降低成本，同时也可用于代码变换、符号和数字显示电路、存储各种函数表等。

一、ROM 的结构

ROM 的电路结构主要由地址译码器、存储矩阵和输出缓冲器三部分组成。读取数据的过程为输入读取地址，通过地址译码器译码，从存储矩阵中相应的地址单元取出数据，再通过输出缓冲器输出数据。ROM 的结构框图如图 7-1 所示。

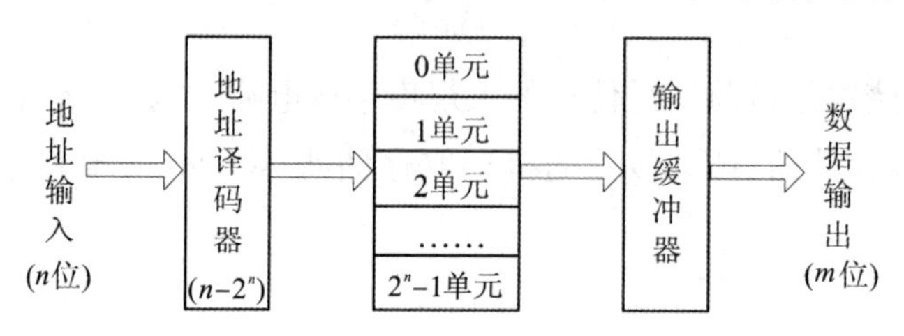

图 7-1　ROM 的结构框图

1. 地址译码器

地址译码器的功能是将输入的 n 位二进制地址代码翻译成 2^n 个相应的地址，根据此地址可以选中存储矩阵中的相应存储单元，以便将该单元的 m 位数据传送给输出缓冲器。图 7-2 所示的为二极管与门和或门构成的最简单的只读存储器，其中的与门阵列实现的即为译码器功能，译码器与存储单元相连的线 $W_{n-1}, \cdots, W_1, W_0$ 等称为字线。字线的取值与输入地址的最小项相对应，如图 7-2 中 $W_0 = \overline{A}_1 \overline{A}_0$，即当 $A_1A_0 = 00$ 时，二极管 D_{i1}、D_{i2}、D_{i5}、D_{i6} 导通，D_{i3}、D_{i4}、D_{i7}、D_{i8} 截止，则 $W_3W_2W_1W_0 = 0001$，即选中 W_0 字线（0 单元）。

2. 存储矩阵

存储矩阵由 2^n 个存储单元组成，即图 7-2(a)中的或门阵列。每一个存储单元与译码器由字线连接，此字线即为该存储单元对应的地址。每个存储单元由 2 的整数倍的基本存储电路组成。基本存储电路可以由二极管、三极管或 MOS 管构成，根据管子状态的不同，每个存储电路只能存储一位二进制代码“0”或者“1”。基本存储电路与输出缓冲器相连的线 $D_{n-1}, \cdots, D_1, D_0$ 等称为位线。位线的取值为相应的字线相或得到，如图 7-2 中 $D'_3 = W_3 + W_1$。当 W_0 字线被选中时，除二极管 D_{i11}、D_{i17} 导通，其他或门阵列中的二极管都截止，因此 D'_2 和 D'_0 为 1，而 D'_3 和 D'_1 为 0，即缓冲后 $D_3D_2D_1D_0$ 输出 0101。由以上分析可以推出，当字线与位线交叉处有二极管连接时，存储“1”，没有二极管连接时，存储“0”。为了设计方便，常将存储矩阵简化为阵列图，如图 7-2(b)所示。图中用黑点“·”代表二极管，表示存“1”，无黑点的表示存“0”。

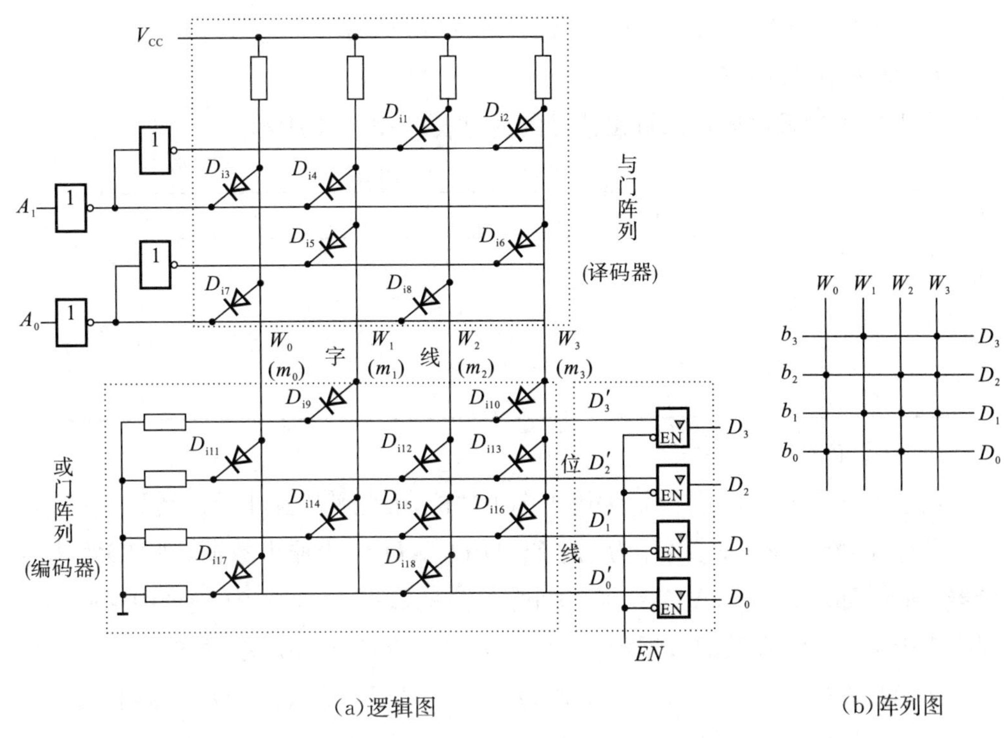

(a)逻辑图　　(b)阵列图

图7-2　存储矩阵的逻辑图及阵列图

3. 输出缓冲器

输出缓冲器由三态门组成，一方面可以提高带负载的能力，另一方面可以实现对输出状态的三态控制，对数据进行缓冲，以便与系统的数据总线连接。

4. 存储容量

存储器的存储容量就是该存储器的基本存储电路数，由字数和位数共同决定，表明存储器存储数据的能力，其表达式为：存储容量＝字数×位数。

如图7-2中的存储容量为4×4＝16位。1024位为1K，则1024×4可简写为4K。在已知存储容量时，可推出地址线数量以及位数，如存储容量为256×4，因为$256=2^8$，则地址线数量为8，位数为4。

5. 工作原理

以图7-2为例讲述ROM的工作原理。

(1)输出信号的逻辑表达式。

由图7-2可知：

$W_0=\overline{A}_1\overline{A}_0=m_0$　$W_1=\overline{A}_1A_0=m_1$　$W_2=A_1\overline{A}_0=m_2$　$W_3=A_1A_0=m_3$

$$D_0=W_0+W_2=m_0+m_2=\overline{A}_1\overline{A}_0+A_1\overline{A}_0=\overline{A}_0$$

$$D_1=W_1+W_2+W_3=m_1+m_2+m_3=\overline{A}_1A_0+A_1\overline{A}_0+A_1A_0=A_1+A_0$$

$$D_2=W_0+W_2+W_3=m_0+m_2+m_3=\overline{A}_1\overline{A}_0+A_1\overline{A}_0+A_1A_0=A_1+\overline{A}_0$$

$D_3 = W_1 + W_3 = m_1 + m_3 = \overline{A}_1 A_0 + A_1 A_0 = A_0$

(2)输出信号的真值表。

由上述表达式可以得出输出信号的真值表,如表 7-1 所示。

表 7-1　ROM 输出信号的真值表

A_1	A_0	D_3	D_2	D_1	D_0
0	0	0	1	0	1
0	1	1	0	1	0
1	0	0	1	1	1
1	1	1	1	1	0

(3)功能说明。

由于 ROM 中集成了译码、编码等多种功能,因此其用途十分广泛。

①存储功能。将 A_1、A_0 作为地址码,$D_3D_2D_1D_0$ 作为输出数据,则 ROM 为存储器功能。如图 7-2 中,A_1A_0=00 地址中存放的数据为 0101,01 地址中存放的数据为 1010,10 地址存放的数据为 0111,11 地址中存放的数据为 1110。

②函数发生器功能。将 A_1、A_0 作为输入变量,D_3、D_2、D_1、D_0 作为输出函数,则 ROM 可用作函数发生器。A_1A_0=00 时,输出函数 $D_3=0$、$D_2=1$、$D_1=0$、$D_0=1$。

③编码器功能。将与门阵列作为译码器,或门阵列作为编码器,则此时 ROM 实现译码编码功能。A_1A_0取值 00～11,分别译码为 W_0～W_3,或门阵列再对W_0～W_3进行编码,其中 W_0的编码为 0101,W_1的编码为 1010,W_2的编码为 0111,W_3的编码为 1110。

7.2.2　可编程只读存储器(PROM)

ROM 存储器的内容由厂家编写,设计人员不能更改,缺乏灵活性,而 PROM 是一种一次性可编程只读存储器,可以由设计人员自己将编写的程序写入存储器,写入后只能读取,不能修改。

图 7-3 为 PROM 的结构原理图,在存储矩阵的所有字线和位线的交叉点上都用三极管连接,此时三极管的发射结作为二极管使用。当字线被选中时,相当于位线被置"1",即存储单元存入"1"。

要在存储单元存入"0",则需要熔断三极管发射极上接的快速熔断丝。这些快速熔断丝是用低熔点的合金或很细的多晶硅导线制成。其工作原理是:首先找到要写入"0"的单元地址,选中其相应字线,使其为高电平。然后在相应的位线上加入规定的高电压脉冲,使稳压管 D_Z导通,写入放大器 A_w的输出呈低电平、低内阻状态,相连三极管饱和导通,有较大的脉冲电流流过熔断丝,将其熔断。正常工作时,放大器 A_R输出的高电平不足以使 D_Z导通,A_w不工作。熔断丝熔断后,则相应位线只能输出低电平，即存储单元存储“0”。因此一旦写入就不能更改，所以一般 PROM 只能写入一次，灵活性仍然不够理想。

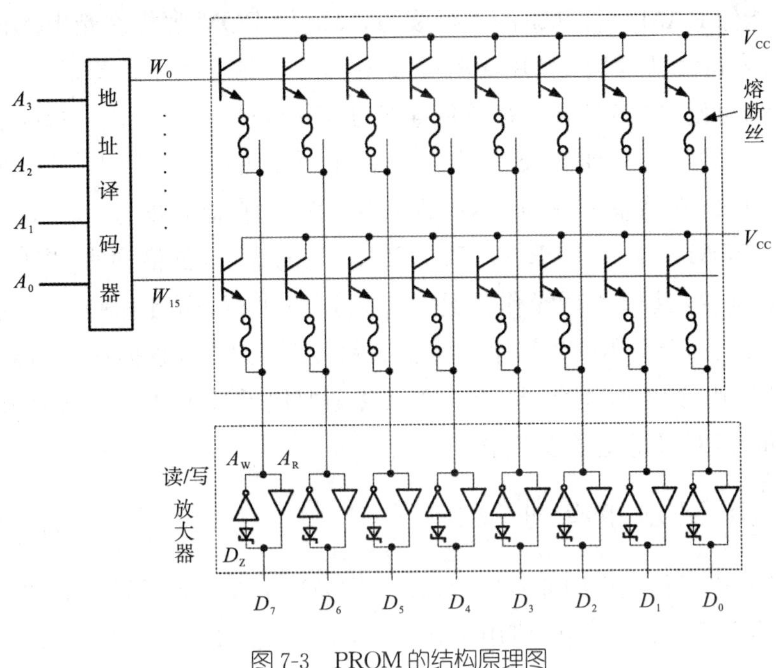

图 7-3　PROM 的结构原理图

7.2.3　可擦除可编程只读存储器(EPROM)

在研究设计过程中，存入的数据难免要做些修改，而 PROM 只能进行一次编程，所以一旦出错，芯片就只能报废，因此可以进行反复改写的可擦除可编程只读存储器被研制出来。根据对芯片内容擦除方式的不同，可分为紫外线擦除方式(EPROM)，电擦除可编程方式(EEPROM)，以及综合前两种优点的 Flash ROM。

EPROM 的存储单元结构是用一个特殊的浮栅 MOS 管替代熔丝。它在专用的编程器下，用幅度较大的编程脉冲作用后，使浮栅中注入电荷，成为永久导通态，相当于熔丝接通，存储信息“1”。在需要擦除信息时，将它置于专用的紫外线擦除器中受强紫外线照射后，可消除浮栅中的电荷，成为永久截止态，相当于熔丝断开，存储信息“0”。擦除和写入都是通过芯片上的石英窗口，因此在写入信息后，需用不透光胶纸将石英窗口密封，可保存数据十年左右。EPROM 的优点是可多次擦除、重新编程，但其缺点是只能整片擦除，不能按单元擦除，且擦除时需将芯片从线路板上取下，擦除后需用专用编程器写入数据。EPROM 种类较多，如 ATMEL 公司 AT27BV010，其存储容量为 1 MB；AT27BV020 的存储容量为 2 MB；AT27BV4096 的存储容量为 4 MB。

随着技术的发展，灵活性更好的电可擦除、可编程只读存储器(EEPROM)和闪速只读存储器(Flash ROM)相继被开发出来。

EEPROM是能用电压信号快速擦除的EPROM，它的主要特点是能进行在线读写、擦除、更改，不需要专用擦除设备，且擦除和读写的速度比PROM快得多。它既能像RAM一样随机的进行读写，又能像ROM那样在断电的情况下保存数据，且容量大、体积小、使用简单可靠，因此广泛地应用于计算机主板的BIOS ROM芯片，可使BIOS具有良好的防毒能力，同时还应用于手机、单片机、家用电器等电子产品领域，其种类较多，如ATMEL公司的AT24C04，其存储容量为4 KB；AT24C08的存储容量为8 KB；AT24C1024的存储容量为1024 KB等。

Flash ROM综合了EPROM和EEPROM的优点，价格便宜、集成度高，擦除、重写速度快，其读和写操作都是在单电压下进行，而且存储容量普遍大于EPROM。成品Flash ROM芯片可反复擦除百万次以上，数据保存时间至少20年，读取速度快，读取时间小于90 ns，现在逐渐取代了EPROM，广泛应用于优盘、计算机BIOS ROM等电子设备中。

7.2.4 ROM应用举例

ROM在电子行业应用非常广泛，其中ROM和PROM两种类型由于内容写好后就不能更改，因此在实际应用中并不多，用户大量使用的是可擦除、可编程的EPROM、EEPROM和Flash ROM等。这里主要介绍ROM在数字逻辑电路中的应用。

由ROM的逻辑结构可知，ROM中包含了与门阵列构成的译码器和或门阵列。在组合逻辑电路章节中，学习过用译码器可以得到地址变量的全部最小项，再通过或门可以完成最小项的或运算，因此利用ROM可以实现任意的组合逻辑函数。

【例7-1】 试用ROM实现下列函数：

$$\begin{cases} Y_1 = A\overline{B} + \overline{B}C \\ Y_2 = AB + AC \end{cases}$$

解： (1)写出函数的标准与或式。

$$\begin{cases} Y_1 = \sum m(1,4,5) \\ Y_2 = \sum m(5,6,7) \end{cases}$$

(2)画出用ROM实现的逻辑阵列。

由于有3个输入变量，2个输出函数，因此，采用8×2位ROM来完成，画出ROM的阵列图如图7-4所示。

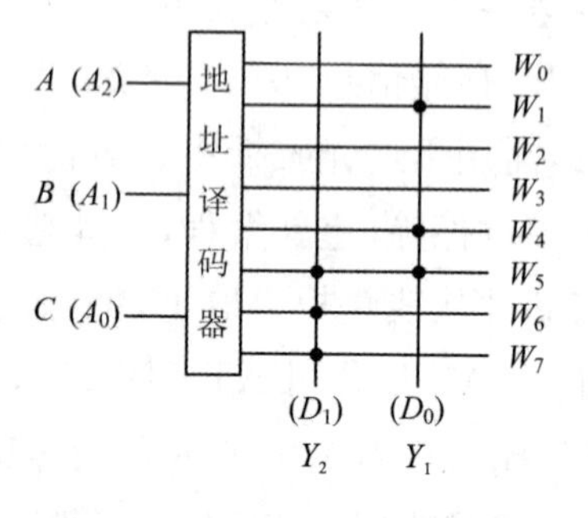

图7-4　例7-1的ROM阵列图

【例7-2】 用ROM实现一位全加器。

解： 用 A_i、B_i 表示加数，用 C_{i-1} 表示来自低位的进位，用 S_i 表示全加和，用 C_i 表示送给高位的进位，根据全加运算规则列出真值表 7-2。

表 7-2　一位全加器真值表

A_i	B_i	C_{i-1}	S_i	C_i
0	0	0	0	0
0	0	1	1	0
0	1	0	1	0
0	1	1	0	1
1	0	0	1	0
1	0	1	0	1
1	1	0	0	1
1	1	1	1	1

根据真值表可得逻辑表达式：

$$S_i = \overline{A}_i\,\overline{B}_i C_{i-1} + \overline{A}_i B_i\,\overline{C}_{i-1} + A_i\,\overline{B}_i\,\overline{C}_{i-1} + A_i B_i C_{i-1}$$

$$C_i = \overline{A}_i B_i C_{i-1} + A_i\,\overline{B}_i C_{i-1} + A_i B_i\,\overline{C}_{i-1} + A_i B_i C_{i-1}$$

将 A_i、B_i、C_{i-1} 分别用 ROM 的地址码 A_2、A_1、A_0 表示，S_i、C_i 分别用数据输出 D_1、D_0 表示。由于有 3 个输入变量，2 个输出函数，因此，采用 8×2 位 ROM 来完成，画出 ROM 的阵列图如图 7-5 所示。

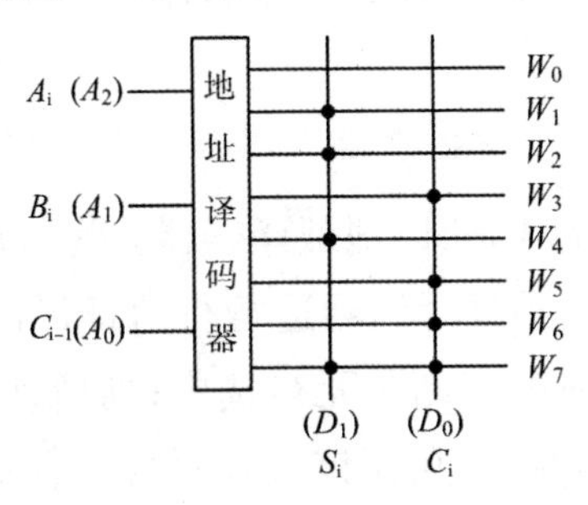

图 7-5　一位全加器的 ROM 阵列图

7.3　随机存取存储器(RAM)

顾名思义，随机存取存储器(RAM)，可以随时从任一指定地址读出(取出)数据或写入(存入)数据，读写方便，使用灵活，但数据存在易失性，一旦停电，所存储的数据便会丢失，不利于数据的长期保存。

按照制造工艺的不同 RAM 可分为双极型 RAM 和 MOS 型 RAM。双极型 RAM 的存取速度快，但功耗大，集成度低；MOS 型 RAM 功耗小、集成度高，但比双极型 RAM 速度慢。

按照工作原理的不同，RAM 又分为静态 RAM（SRAM）和动态 RAM（DRAM）。

7.3.1 RAM 的结构和工作原理

RAM 通常由存储矩阵、地址译码器和读/写控制电路三部分组成，其结构如图 7-6 所示。

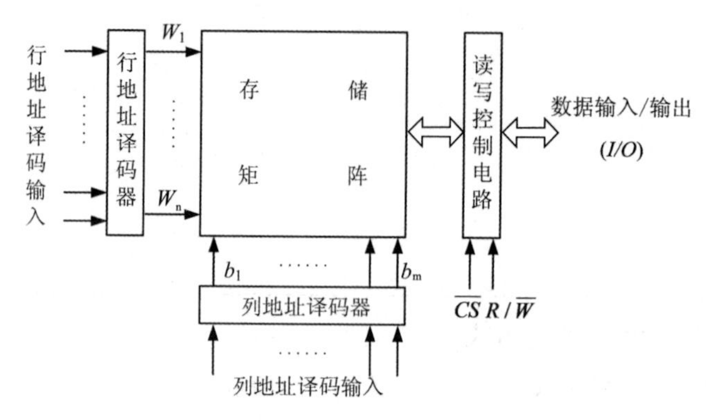

图 7-6　RAM 的结构框图

1. 存储矩阵

存储矩阵由 $n \times m$ 个存储单元排列成矩阵形式，每个存储单元存放一位二进制数据（0 或 1），在译码器和读/写控制电路的控制下，既可以写入数据，又可以将所存储的数据读出。

2. 地址译码器

由于存储单元为矩阵形式，所以地址译码器分为行地址译码器和列地址译码器。在进行读/写操作时，行地址译码器进行行地址译码，对应的行地址线 W（字线）被选中，从而该字线对应的存储单元被选中；列地址译码器进行列地址译码，对应的列地址线 b（位线）被选中，从而该位线对应的存储单元被选中，因此，字线与位线交叉处的基本存储单元被选中。

图 7-7 所示为一个容量为 1024 个字，每字 1 位（1024×1）的 RAM 存储器。地址线$A_0 \sim A_4$为行译码器输入，译码成 32 根行选线 $X_0 \sim X_{31}$；地址线 $A_5 \sim A_9$ 为列译码器输入，译码成 32 根列选线 $Y_0 \sim Y_{31}$。1024 个存储单元排列成 32×32 的矩阵，图中每一个方块代表一个二进制存储单元，方块中的号码，即为该存储单元对应的地址。当输入一个地址码 $A_0 \sim A_9$ 时，有一对相应的行、列选择线被选中，即可对对应的存储单元进行读/写操作。例如 $A_9 \sim A_0$ 为 0000100001 时，行选择线选中 X_1，列选择线选中 Y_1，所以存储单元 1－1 与数据线 D 和 $\overline{D}$ 连通，可以进行读/写操作。

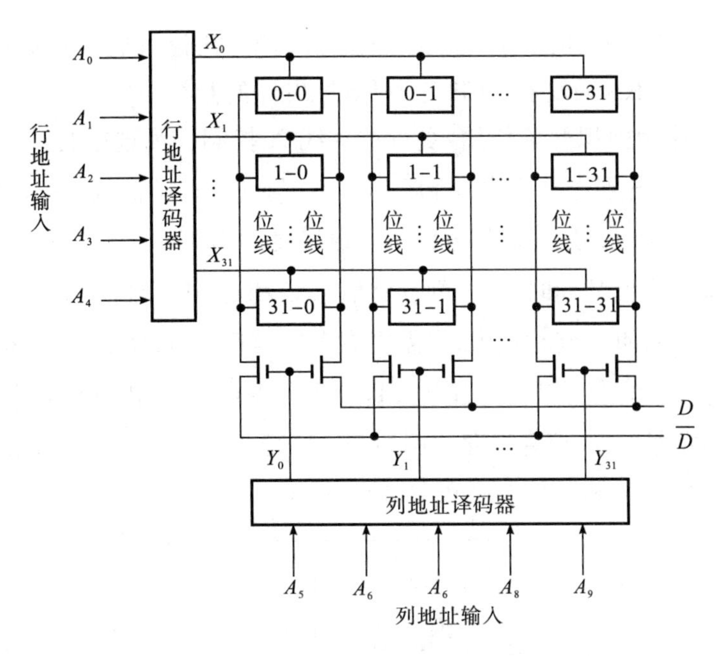

图7-7　1024×1RAM的存储矩阵和地址译码器

3. 读/写控制电路

读/写控制电路如图7-8所示，用于对电路的工作状态进行控制，包括两个控制信号：片选端$\overline{CS}$和读/写控制端$R/\overline{W}$。当片选端$\overline{CS}=1$时，与门G_1、G_2输出为0，三态门G_3～G_5均处于高阻状态，输入/输出(I/O)端与数据线D、$\overline{D}$隔离，存储器禁止读/写操作。当片选端$\overline{CS}=0$时，三态门G_3～G_5解除高阻状态，若$R/\overline{W}=1$，则实现读操作；若$R/\overline{W}=0$，则实现写操作。

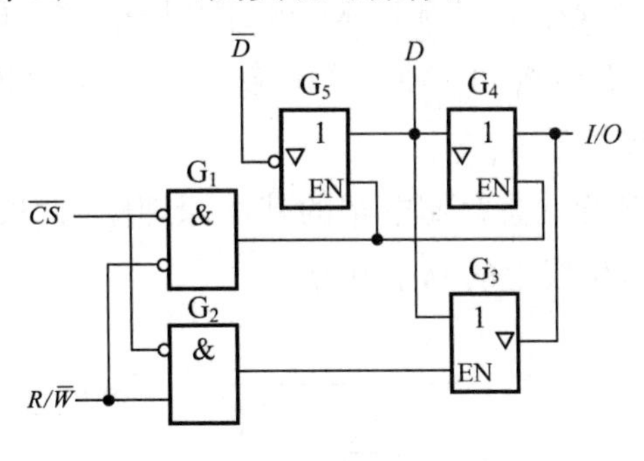

图7-8　读/写控制电路图

7.3.2　RAM的存储单元

1. 静态随机存储器(SRAM)

静态随机存储器(SRAM)是在静态触发器的基础上加入控制线或门控管而构成的，依靠电路状态的自保功能储存数据，因此在不停电的情况下，信息能长时间保留。它工作状态稳定，速度快，常用于计算机的高速缓存。

SRAM 存储单元如图 7-9 所示，是由 6 个 MOS 管组成的存储单元。其中 T_1～T_4组成基本 RS 触发器，Q 和 $\overline{Q}$ 为 RS 触发器的互补输出，可储存一位二进制数据。T_5、T_6作为模拟开关使用，受行选择线 X_i控制。X_i选中时，T_5、T_6导通，Q 和 $\overline{Q}$ 的存储信息分别送至位线 B 和 $\overline{B}$。T_7、T_8与 T_5、T_6类似，但受列选择线 Y_j控制。Y_j选中时，T_7、T_8导通，数据分别送至数据线 D 和 $\overline{D}$。

读操作时，X_i和 Y_j同时选中，则存储信息 Q 和 $\overline{Q}$ 被读到 D 和 $\overline{D}$。

写操作时，X_i和 Y_j同时选中，将需要写入的信息加在 D 上，经反相后 $\overline{D}$ 线上有其相反的信息，信息经 T_7、T_8和 T_5、T_6加到触发器的 Q 和 $\overline{Q}$ 端，即加在 T_1、T_3的栅极，使触发器触发，信息保存。例如 $Q=1$，$\overline{Q}=0$ 时，T_3导通，$\overline{Q}$ 箝位为 0，T_1截止，Q 保持为 1，X_i和 Y_j信号撤销后，信息保留。

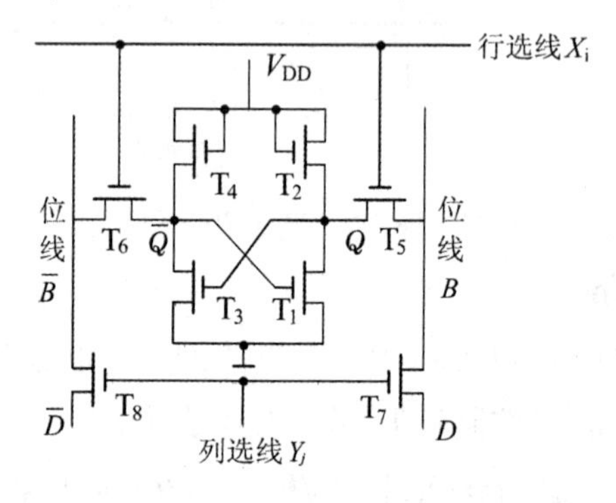

图 7-9　静态 RAM 的存储单元

2. 动态随机存储器(DRAM)

动态随机存储器(DRAM)是利用 MOS 管栅极电容能够储存电荷的原理制成的，有单 MOS 管、3MOS 管和 4MOS 管电路等，其中单 MOS 管电路功耗小、集成度大，目前应用最为广泛。

图 7-10 为单 MOS 管动态存储电路的基本原理图，它只包含一个 MOS 管和一个存储电容 C_S，C_B为位线上的分布电容。

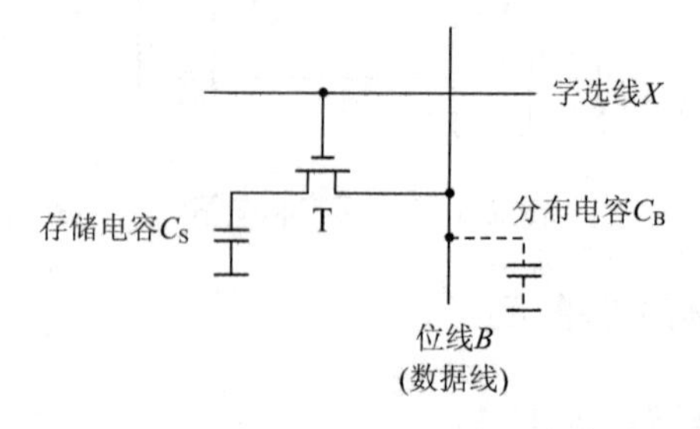

图 7-10　单 MOS 管动态存储电路的基本原理图

在进行写操作时，字选线 X 被选中，为高电平，T 导通，位线上的数据被存入存储电容 C_S，若数据为“1”，则电容 C_S充电直至其端电压变为高电平，存储“1”；若数据为“0”，则 C_S放电至低电平，存储“0”。

在进行读操作时，字选线 X 同样被选中，为高电平，T 导通，C_S通过 T 向位线分布电容 C_B提供电荷，使位线获得读出的信号电平。由于实际电路中分布电容 $C_B \gg C_S$，在位线读出数据时会导致读出的电压信号很小，例如，假设 C_S上原来的电压为 u_{CS}，位线电压为 u_B，则执行读操作后，C_S向 C_B提供电荷，至稳态后，C_S与 C_B并联，两者电压相等，都等于 u_B，根据充电前后总电荷量不变，可得位线电平为

$$u_B = \frac{C_S}{C_S + C_B} u_{CS} \approx \frac{C_S}{C_B} u_{CS} \tag{7-1}$$

当 $u_{CS} = 5$ V，$C_S/C_B = 1/50$，则读完后 $u_B = 0.1$ V，C_S上的电压 u_{CS}也降为 0.1 V，所以这是一种破坏性读出。另外，为了检测出位线上的信号，需要用高灵敏度的读出放大器。由于每次读出信息时，电容的放电使存储电荷减少，电容两端电压下降，导致存储信息出错。为了及时补充减少的电荷以避免存储的信号丢失，必须定时的给存储电容补充电荷，这种操作叫作刷新。在单管放大电路中每次读出操作后，都必须刷新。在刷新时，位线电平保持为“0”，数据不会被送到数据总线上，因此刷新时不能进行正常读写操作。

与静态 SRAM 相比，动态 DRAM 具有集成度高、功耗低、价格便宜等优点，因此在大容量存储器中应用较多。

7.3.3　RAM 芯片举例

RAM 芯片种类很多，静态 RAM 芯片有 2114、2142、6116、6264 等，动态 RAM 芯片有 2116、2117、2118、2164 等，除存储容量不同外，基本性能都差不多。下面以 2114 为例，简单介绍其芯片性能。

2114 芯片引脚如图 7-11 所示，采用双列直插式 18 脚封装，存储容量为1K×4 位，有 4096 个基本存储单元。$A_0 \sim A_9$为 10 根地址线，可寻址 1024 个存储单元。$I/O_1 \sim I/O_4$为 4 根双向数据线，可读可写。$\overline{WE}$ 为写允许控制信号线，$\overline{WE} = 0$ 时为写入，$\overline{WE} = 1$ 时为读出。$\overline{CS}$ 为芯片片选信号，$\overline{CS} = 0$ 时，该芯片被选中。

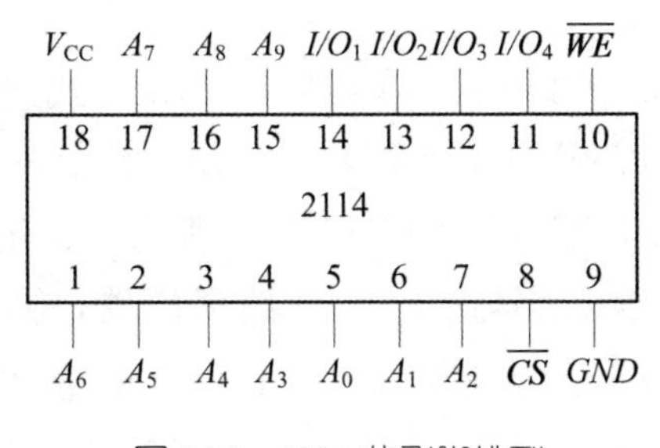

图 7-11　2114 的引脚排列

7.4 存储器容量的扩展

单片 RAM/ROM 的容量是有限的，通常都不能满足存储量的需求，因此需要将多片 RAM/ROM 组合到一起，形成一个容量更大的 RAM/ROM，这就是存储器容量的扩展。根据需要，常用的扩展方式有位扩展和字扩展两种。

7.4.1 位扩展

当一片存储器中的字数够用，而每个字中的位数不够用时，可以采用位扩展。位扩展可以利用芯片并联实现，图 7-12 为八片 1024×1 位的 RAM 扩展为1024×8 位 RAM 的连接图。只需要将八片 RAM 的所有地址线、$R/\overline{W}$、$\overline{CS}$ 分别并联在一起，而每一片的 I/O 端都成为整个 RAM 的 I/O 端的一位，则总的存储量扩展为一片存储量的八倍。ROM 芯片上没有读/写控制端 $R/\overline{W}$，位扩展时，其他引出端的连接方法与 RAM 相同。

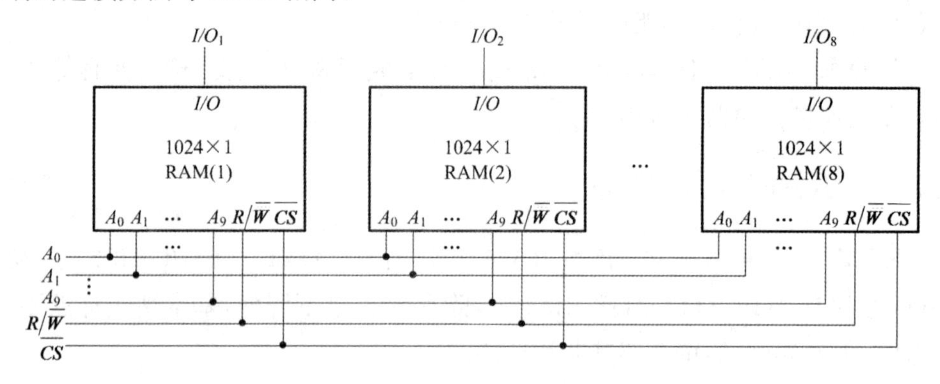

图 7-12 RAM 的位扩展接法

7.4.2 字扩展

当一片存储器中的位数够用，而字数不够用时，可以采用字扩展，也称地址扩展。

图 7-13 为将四片 256×8 位 RAM 按照字扩展方式连接成 1024×8 位 RAM 的连接图，除片选端 $\overline{CS}$ 以外，其他线都并联。每一片 256×8 位 RAM 都有 A_7～A_0 八位地址码输入端，要扩展到 1024 个字则必须有十位地址码，因此必须增加两位地址码 A_9、A_8。将 A_9、A_8 信号送入 2－4 线译码器，再将译码器输出信号分别连接到四片 RAM 的片选信号端 $\overline{CS}$。当 A_9A_8＝00 时，选中第一片 RAM；A_9A_8＝01 时，选中第二片 RAM，以此类推，RAM 被选中后，再根据 A_7～A_0 选中对应的字。四片 RAM 的地址分配如表 7-3 所示。

ROM 的字扩展的方法与 RAM 相同。

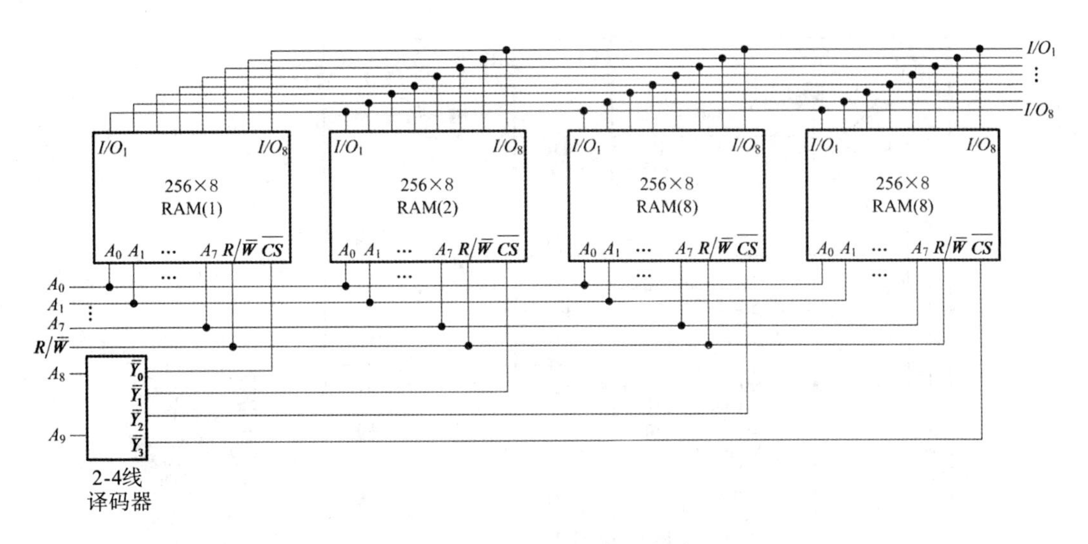

图 7-13　RAM 的字扩展接法

表 7-3　图 7-13 中各片 RAM 的地址分配

器件	A_9	A_8	$\overline{Y}_0$	$\overline{Y}_1$	$\overline{Y}_2$	$\overline{Y}_3$	地址范围（$A_9A_8A_7A_6A_5A_4A_3A_2A_1A_0$）（等效十进制数）
RAM(1)	0	0	0	1	1	1	0000000000～0011111111 （0）～（255）
RAM(2)	0	1	1	0	1	1	0100000000～0111111111 （256）～（511）
RAM(3)	1	0	1	1	0	1	1000000000～1011111111 （512）～（767）
RAM(4)	1	1	1	1	1	0	1100000000～1111111111 （768）～（1023）

7.5　Multisim 仿真实例

【例 7-1】　图 7-14 为二极管 ROM 电路结构的仿真图。开关 J_1、J_2 为 2 位地址输入，开关 J_3 为三态门使能控制端。打开电源开关，当 J_3 接高电平时，三态门为高阻态，X_1～X_4 输出指示灯都亮。当 J_3 接低电平时，$AB=00$ 时，输出 0101；$AB=01$ 时，输出 1011；$AB=10$ 时，输出 0100；$AB=11$ 时，输出 1110。

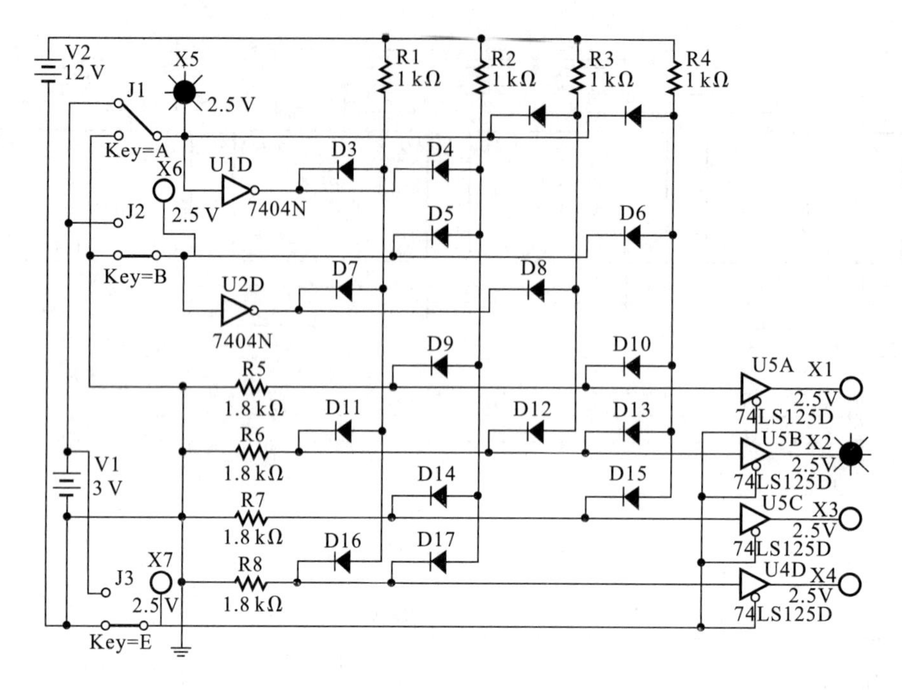

图 7-14　二极管 ROM 的 Multisim 仿真

【例 7-2】 图 7-15 为 HM6116A120RAM 芯片存取功能仿真电路。HM6116A120 的特性表如表 7-4 所示，$\overline{CS}$为片选信号，$\overline{OE}$为输出允许信号，$\overline{WE}$为写允许信号，$A_{10} \sim A_0$为 11 位地址输入量，$I/O_0 \sim I/O_7$为 8 位数据输入/输出端口。当$\overline{CS}=0$、$\overline{OE}=0$、$\overline{WE}=1$时，进行读操作；当$\overline{CS}=0$、$\overline{OE}=\times$、$\overline{WE}=0$时，进行写操作。

为了简便验证 RAM 芯片数据的写入与读出过程，只对低 4 位地址制定的存储单元进行读/写操作，用 4 位二进制计数器 74LS161N 的状态输出作为 RAM 芯片的低 4 位地址输入信号，高位$A_{10} \sim A_4$分别接地，只使用$I/O_0 \sim I/O_3$低 4 位数据输入/输出端口。

表 7-4　HM6116A120 的特性表

$\overline{CS}$	$\overline{OE}$	$\overline{WE}$	$I/O_0 \sim I/O_7$	功能
1	×	×	高阻	禁止
0	0	1	OUT	读
0	1	0	IN	写
0	0	0	IN	写

(1)写功能仿真。

单击运行开关后，将 J4～J7 开关分别接至 J8～J11 开关，准备进行写入操作。将 J3 接地后再接 V_{CC}，产生一个清零信号，将地址清零，操作 J8～J11 开关，输入想写入的数据，如图 7-15 中为 1110，对应 16 进制 E。来回拨动地址开关 J2，形成计数脉冲，使地址处于需要写入的地址，如图 7-15 中为 0001。将读/写控制开关 J5

接地(写),再接回 V_{CC}(读),数据即被写入地址 0001,对其他地址的写入操作类似。

(2)读功能仿真。

将 J4～J7 开关分别接至 U4 数码管,准备进行读出操作。来回拨动地址开关 J2,形成计数脉冲,使地址为需要读出数据的地址,将读/写控制开关 J5 接 V_{CC}(读),则数码管 U4 将显示刚输入的数据,如图 7-15 所示。

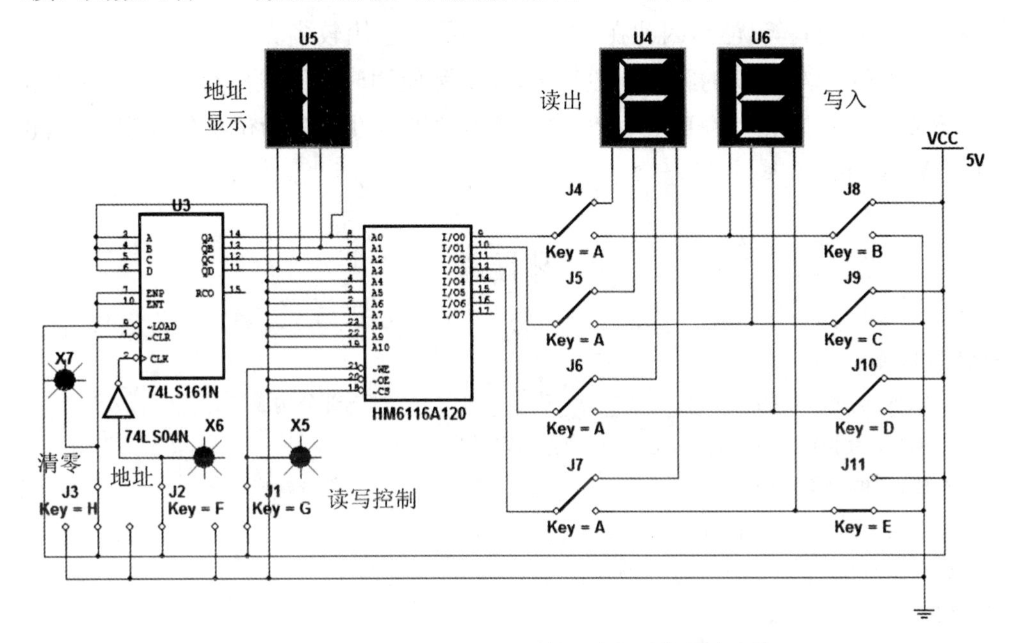

图 7-15　HM6116A120RAM 芯片存取功能仿真电路

本章小结

半导体存储器是大规模集成电路的一种,主要用于存储二进制信息、程序和数据。根据存取信息的方式分类,半导体存储器可分为只读存储器(ROM)和随机存取存储器(RAM)。

只读存储器 ROM 中的内容由厂家在生产过程中写入,工作时内容不能更改,只能读出,断电后,数据不会丢失。随着电子技术的发展,相继出现了可编程 ROM(PROM)和可擦除可编程 ROM(EPROM),PROM 的内容由用户编写,一旦写入就不能再更改,EPROM 存储的数据可以进行改写,但改写过程比较麻烦,因此在工作中也一般只进行读出操作。

随机存取存储器 RAM 由存储矩阵、地址译码器和读/写控制电路三部分组成，可以随时从任一指定地址读出数据或写入数据，读写方便，使用灵活，但数据存在易失性，一旦停电，所存储的数据便会丢失，不利于数据的长期保存。

随机存取存储器 RAM 分为静态随机存储器 SRAM 和动态随机存储器 DRAM，静态 SRAM 在不停电的情况下，信息能长时间保留，工作状态稳定，速度快，常用于计算机的高速缓存。与静态 SRAM 相比，动态 DRAM 具有集成度高、功耗低、价格便宜等优点，因此在大容量存储器中应用较多。

单片 RAM/ROM 的容量一般较小，在实际使用时，都要进行存储器容量的扩展，形成一个容量更大的 RAM/ROM。常用的扩展方式分为位扩展和字扩展，也可以位、字同时扩展。

习题 7

一、填空题

1. ROM 的电路结构主要由________、________和________三部分构成。

2. ROM 的字数为 1024，位数为 8 位，则存储容量为__________。

3. RAM 的电路结构通常由________、________和________三部分构成。

4. 按照工作原理的不同，RAM 又分为________和________。

5. 存储器容量扩展的方式，常用的有________和________两种。

二、选择题

1. 以下存储器中存储容量最大的是(　　)。

A. 1024×8　　B. 4096×1　　C. 256×8　　D. 2048×8

2. ROM 存储容量为 1024×8，它的地址线和数据线各为(　　)条。

A. 10、8　　B. 10、3　　C. 8、3　　D. 1024、8

3. 题图 7-1 中的阵列图对应的逻辑表达式为(　　)。

A. $\begin{cases} Y_0=A\overline{B}+\overline{B}C \\ Y_1=AB+BC \end{cases}$　　B. $\begin{cases} Y_0=A\overline{B}+C \\ Y_1=AB+BC \end{cases}$

C. $\begin{cases} Y_0=A\overline{B}+\overline{B}C \\ Y_1=A+C \end{cases}$　　D. $\begin{cases} Y_0=A\overline{B}+C \\ Y_1=\overline{A}B+BC \end{cases}$

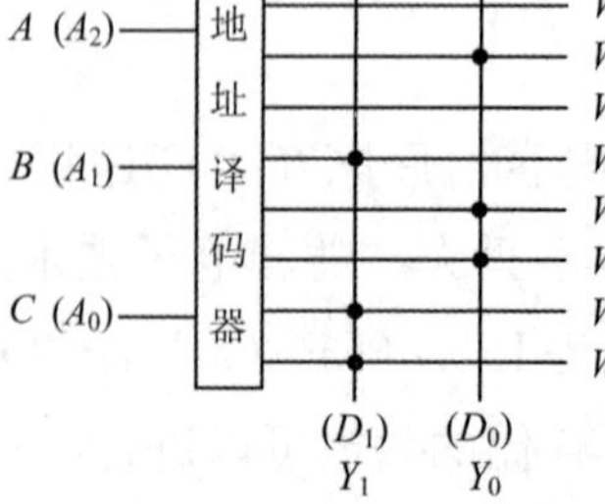

题图 7-1

三、简答题

1. ROM 有哪几种主要类型？它们有何异同点？

2. RAM 和 ROM 在电路结构和工作原理上有何不同？

3. 什么是静态存储器？什么是动态存储器？它们在电路结构和读写操/作上各有何特点？

四、设计题

1. 用 ROM 实现下列组合逻辑函数：

(1) $Y_0 = ABCD$；

(2) $Y_1 = \overline{A} + B\overline{C}\,\overline{D}$；

(3) $Y_3 = \overline{AB}CD + \overline{A}BC\overline{D} + ABCD$；

(4) $Y_4 = \overline{A}\,\overline{B}\,\overline{C} + \overline{B}\,\overline{C}\,\overline{D} + \overline{A}\,\overline{B}\,\overline{D} + \overline{A}\,\overline{C}\,\overline{D}$。

2. 用 ROM 设计两个两位二进制数相乘的运算器，列出 ROM 的数据表，画出阵列图。

3. 用 4 片 2114(1024×4 位 RAM)，组成一个 1024×16 位的 RAM，画出接线图。

4. 用 4 片 2114(1024×4 位 RAM)，组成一个 4096×4 位的 RAM，画出接线图。

可编程逻辑器件

本章首先介绍了可编程逻辑器件 PLD(Programmable Logic Device)的基本结构和表示方法，重点介绍了可编程阵列逻辑 PAL(Programmable Array Logic)、通用逻辑阵列 GAL(Generic Array Logic)以及现场可编程门阵列 FPGA(Field Programmable Gate Array)基本结构和工作原理。

8.1 概述

8.1.1 PLD 器件的基本结构

可编程逻辑器件，简称 PLD(Programmable Logic Device)，其基本结构框图如图 8-1 所示，主要包括输入电路、与阵列、或阵列、输出电路。由于任何组合逻辑函数都可用“与一或”表达式来表示，因此可用与门和或门来实现，而组合逻辑电路和触发器又可构成时序逻辑电路。故采用 PLD 可以设计组合逻辑电路和时序逻辑电路。

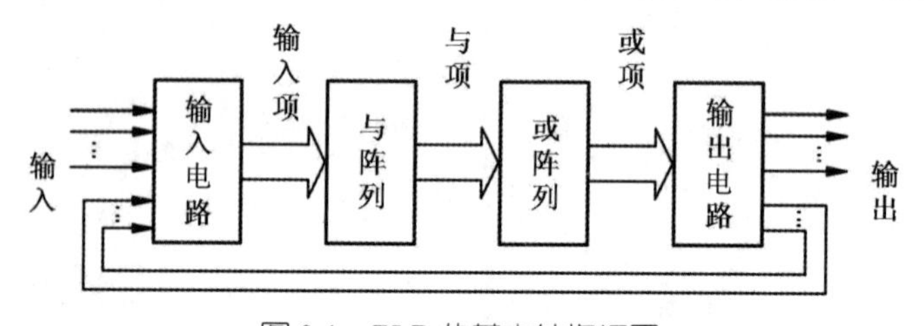

图 8-1　PLD 的基本结构框图

8.1.2 PLD 器件的表示方法

1. 阵列交叉点的逻辑表示

PLD 阵列交叉点的连接方式如图 8-2 所示。图(a)连线交叉处有实点的，表示固定连接，不可编程；图(b)连线交叉处有“×”的，表示可编程连接；图(c)交叉处没有任何连接，表示断开连接，或者编程时“×”点被擦除过。

(a)固定连接　(b)可编程连接　(c)断开连接

图 8-2　PLD 阵列交叉点连接方式

2. 输入/输出缓冲器的逻辑表示

输入缓冲器如图8-3(a)所示，由互补输出门构成；输出缓冲器如图8-3(b)所示，由三态输出门构成。输入/输出缓冲器使得输入/输出信号具有足够的驱动能力。

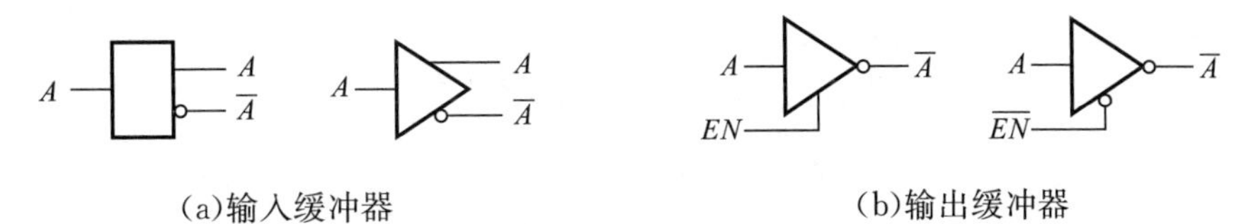

(a)输入缓冲器　　(b)输出缓冲器

图8-3　输入/输出缓冲器逻辑符号

3. 与门和或门的逻辑表示

为了更方便地表示逻辑电路图，多输入与门、或门的逻辑表示如图8-4所示。图(a)中 $Y = ABCD$，图(b)中 $Y = A + B + C + D$。

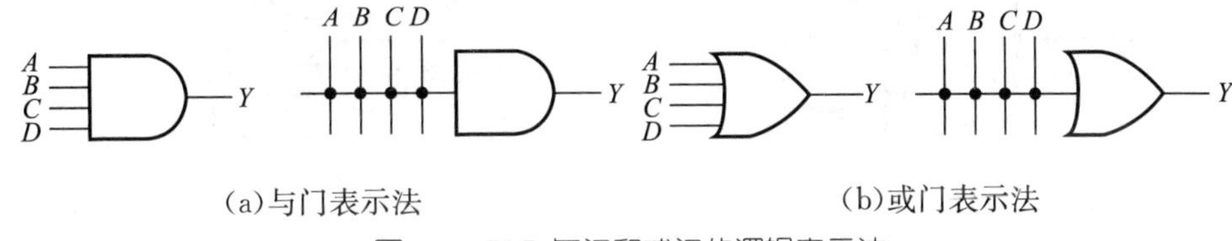

(a)与门表示法　　(b)或门表示法

图8-4　PLD与门和或门的逻辑表示法

4. 与门的缺省状态

当输入缓冲器的互补输出同时接到一个与门输入端时，与门输出始终为0，这种状态称为与门的缺省状态，如图8-5所示，$Y_1 = A \cdot \overline{A} \cdot B \cdot \overline{B} = 0$，即为缺省状态，为方便表示缺省状态，可省掉交叉处的“×”，只在与门符号框画上“×”，如 Y_2 所示。

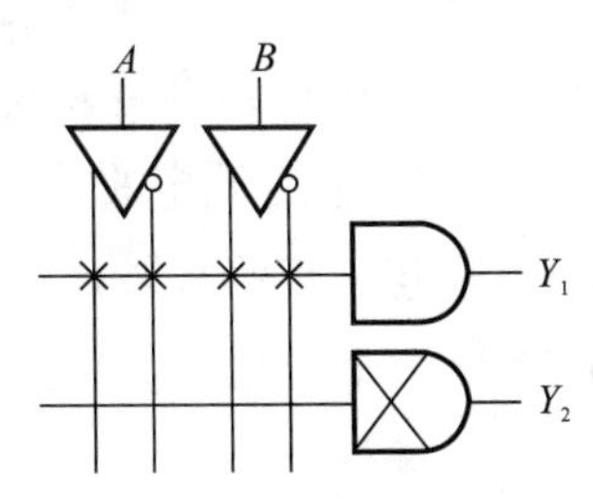

图8-5　与门的缺省状态

8.2　可编程阵列逻辑(PAL)

8.2.1　PAL的基本结构

可编程阵列逻辑PAL(Programmable Array Logic)是20世纪70年代末期推

出的可编程逻辑器件。PAL 采用双极型工艺，熔丝编程方式。PAL 器件由可编程与阵列、固定（不可编程）或阵列和输出电路组成，如图 8-6（a）所示。编程之前，与阵列的所有交叉点上均有熔丝接通，编程后有用的熔丝保留，无用的熔丝将被熔断。图 8-6（b）为编程后的 PAL 电路结构，根据电路连接情况，可知对应的逻辑函数为：

$$Y_0 = AB + \overline{A}\,\overline{B}$$

$$Y_1 = ABC + \overline{A}\,\overline{B}$$

$$Y_2 = AC + \overline{B}\,\overline{C}$$

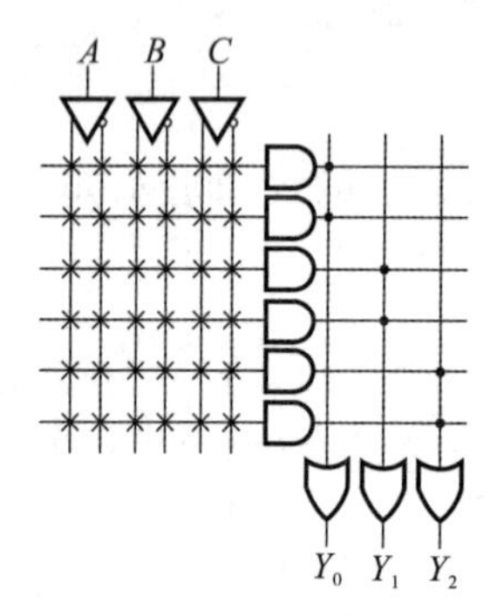

（a）编程前 PAL 的内部电路结构

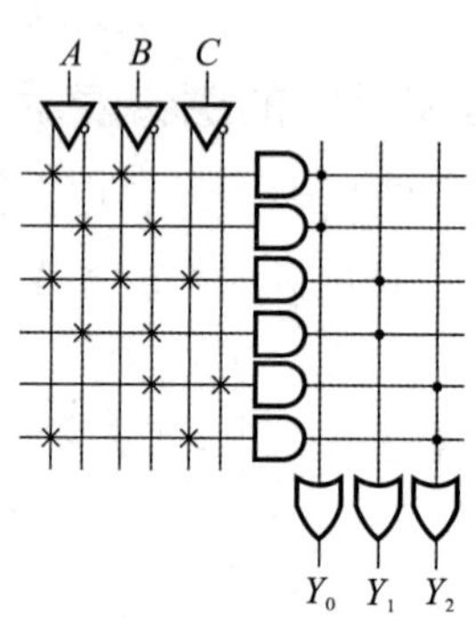

（b）编程后 PAL 的内部电路结构

图 8-6　PAL 的基本电路结构

8.2.2　PAL 的输出和反馈结构

1. 专用输出结构

PAL 的专用输出结构如图 8-7 所示，采用与－或阵列构成，又称为基本组合输出结构，其输出由输入决定，适用于构造组合逻辑电路。若输出采用或门，则输出高电平有效；若输出采用或非门，则输出低电平有效。具有这种结构的产品有 PAL10H8（10 个输入，8 个输出，高电平有效）、PAL10L8（10 个输入，8 个输出，低电平有效）和 PAL16C1（16 个输入，1 个输出，互补型）。

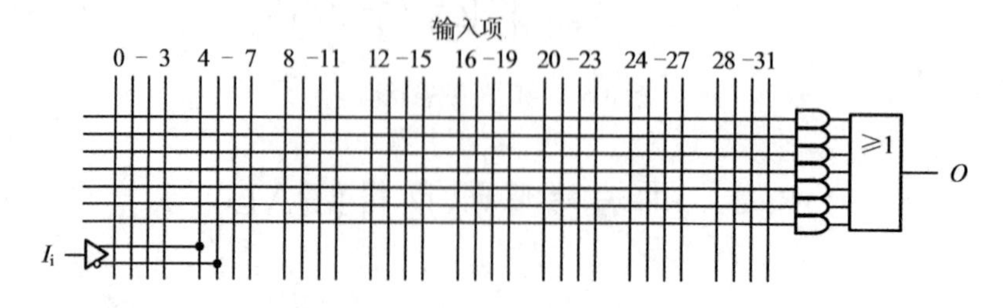

图 8-7　PAL 的专用输出结构

2. 可编程输入/输出结构

PAL 的可编程输入/输出结构如图 8-8 所示。输出端接入一个可编程控制的三态缓冲器，三态缓冲器的使能控制信号由与阵列中的第一个乘积项控制。当使能信号低电平时，三态缓冲器输出高阻态，I/O 端作为输入端，外部输入信号通过反馈缓冲器送给与阵列输入端。当使能信号高电平时，三态缓冲器被选通，I/O 端作为输出端，同时通过反馈缓冲器将输出信号反馈到与阵列输入端。具有这种结构的产品有 PAL16L8（10 个输入，8 个输出，6 个反馈输入）和 PAL20L10（12 个输入，10 个输出，8 个反馈输入）。

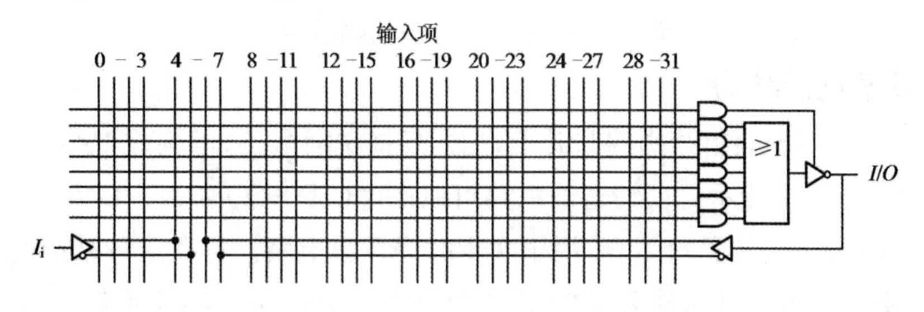

图 8-8　PAL 的可编程输入/输出结构

3. 寄存器输出结构

PAL 的寄存器输出结构如图 8-9 所示。在或门和三态缓冲器之间增加了一个同步 D 触发器，D 触发器的反相输出端接反馈缓冲器。在外部时钟信号上升沿作用下，将或门的输出存入 D 触发器中，触发器反相输出端信号反馈给与阵列输入端，可以实现时序逻辑电路。输出三态门使能信号 OE 为高电平有效，D 触发器 Q 端信号经三态缓冲器反相后，输出到 I/O 端。具有这种结构的产品有 PAL16R8（8 个输入，8 个寄存器输出，8 个反馈输入）。

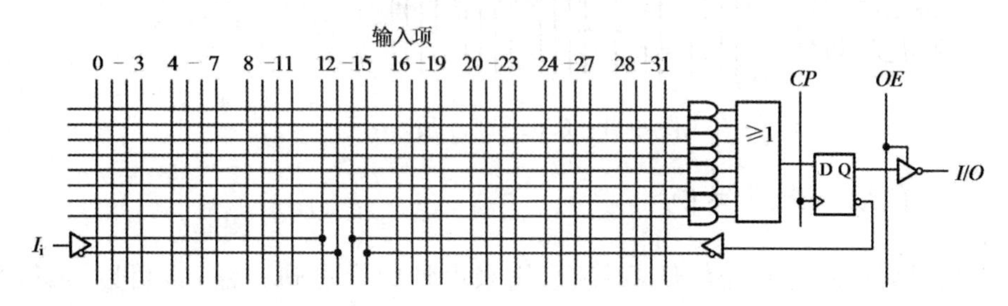

图 8-9　PAL 的寄存器输出结构

4. 异或寄存器输出结构

PAL 异或寄存器输出结构如图 8-10 所示。在寄存器输出结构的基础上，增加了一个异或门。8 个与门输出分成两组作为两个或门的输入信号，或门的输出信号经过异或门后，作为 D 触发器的输入信号。D 触发器由外部时钟信号上升沿触发，使能信号 OE 高电平有效。具有这种结构的产品有 PAL20X8（10 个输入，8 个异或门，8 个 D 触发器，10 个反馈输入，10 个输入/输出，1 个公共时钟和 1 个公共选通控制信号）。

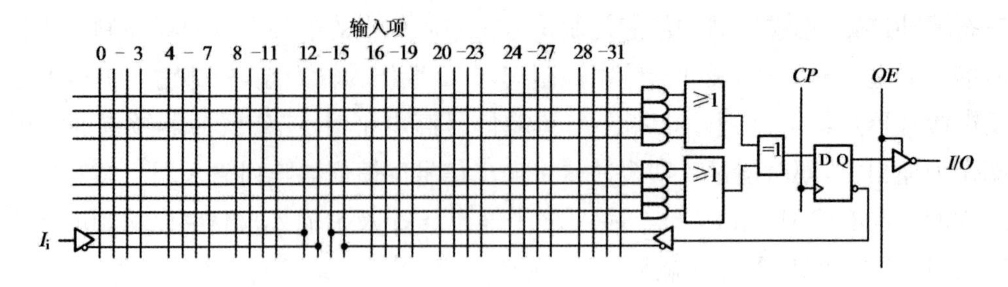

图 8-10　PAL 的异或寄存器输出结构

5. 算术反馈结构

在异或寄存器输出结构的基础上，加入反馈选通电路，可构成 PAL 的算术反馈结构，如图 8-11 所示。反馈选通电路可以产生（$\overline{A}+\overline{Q}$）、（$\overline{A}+Q$）、（$A+\overline{Q}$）、（$A+Q$）四种不同的逻辑运算，用于实现时序逻辑电路。具有这种结构的产品有 PAL16A4(8 个输入，4 个寄存器输出，4 个可编程 I/O 输出，4 个反馈输入，4 个算术选通反馈输入)。

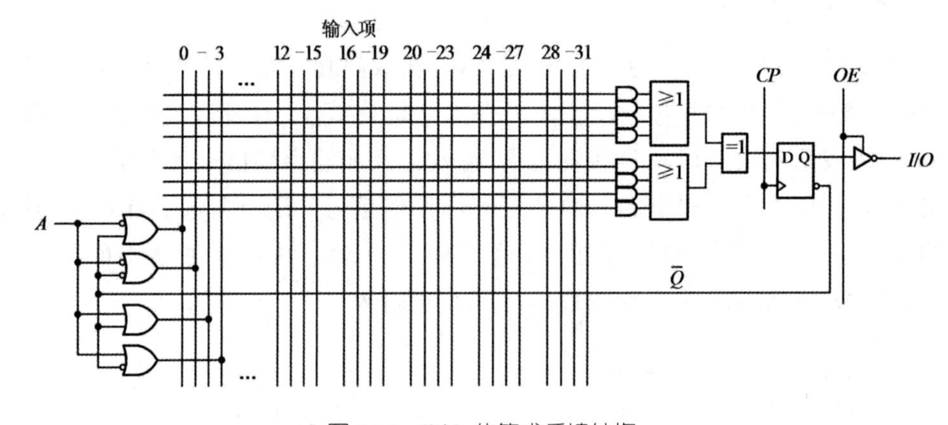

图 8-11　PAL 的算术反馈结构

8.2.3　PAL 设计举例

PAL 器件速度快，功耗低，不仅可用来设计组合逻辑电路，也可以设计时序逻辑电路。

【例 8-1】 用 PAL 器件实现一个带使能输出的 2—4 线译码器。

解： 列 2—4 线译码器真值表如表 8-1 所示，使能端为 $\overline{ST}$，输入端为 A_1、A_0，输出端为 $\overline{Y}_3 \sim \overline{Y}_0$。

表 8-1　例 8-1 真值表

输入			输出			
$\overline{ST}$	A_1	A_0	$\overline{Y}_3$	$\overline{Y}_2$	$\overline{Y}_1$	$\overline{Y}_0$
1	×	×	1	1	1	1
0	0	0	1	1	1	0
0	0	1	1	1	0	1
0	1	0	1	0	1	1
0	1	1	0	1	1	1

根据表 8-1，可写出输出逻辑表达式。

$$\overline{Y}_3 = \overline{\overline{\overline{ST}}A_1A_0}, \quad \overline{Y}_2 = \overline{\overline{\overline{ST}}A_1\overline{A}_0}$$

$$\overline{Y}_1 = \overline{\overline{\overline{ST}}\,\overline{A}_1A_0}, \quad \overline{Y}_0 = \overline{\overline{\overline{ST}}\,\overline{A}_1\overline{A}_0}$$

选用输出低电平有效的基本“与一或”阵列结构或可编程输入/输出 PAL 器件。图 8-12 为简化的示意图，使用了 4 个单元，每个单元使用了 2 个乘积项，其他乘积项没有画出。

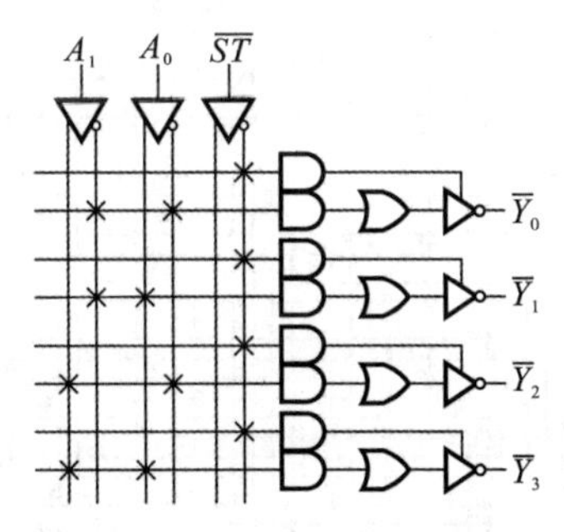

图 8-12　例 8-1 简化逻辑阵列图

8.2.4　PAL16L8 芯片

PAL 器件 PAL16L8 逻辑图如图 8-13 所示。由 6 个图 8-8 所示的可编程输入/输出结构和 2 个不带反馈的可编程输入/输出结构构成。16 个输入缓冲器产生 32 条纵线，作为输入信号，16 个输入缓冲器分别来自 1～9、11 脚 10 个输入端和 13～18 脚 6 个 I/O 端。阵列中每条横线对应一个与门，代表一个乘积项，该阵列共有 64 个乘积项，分别组成 8 组，每组 8 个与门，其中 7 个与门的输出作为或门的输入，还有一个与门的输出作为输出三态门的使能控制信号。每个或门经一个三态缓冲器输出一个逻辑函数。

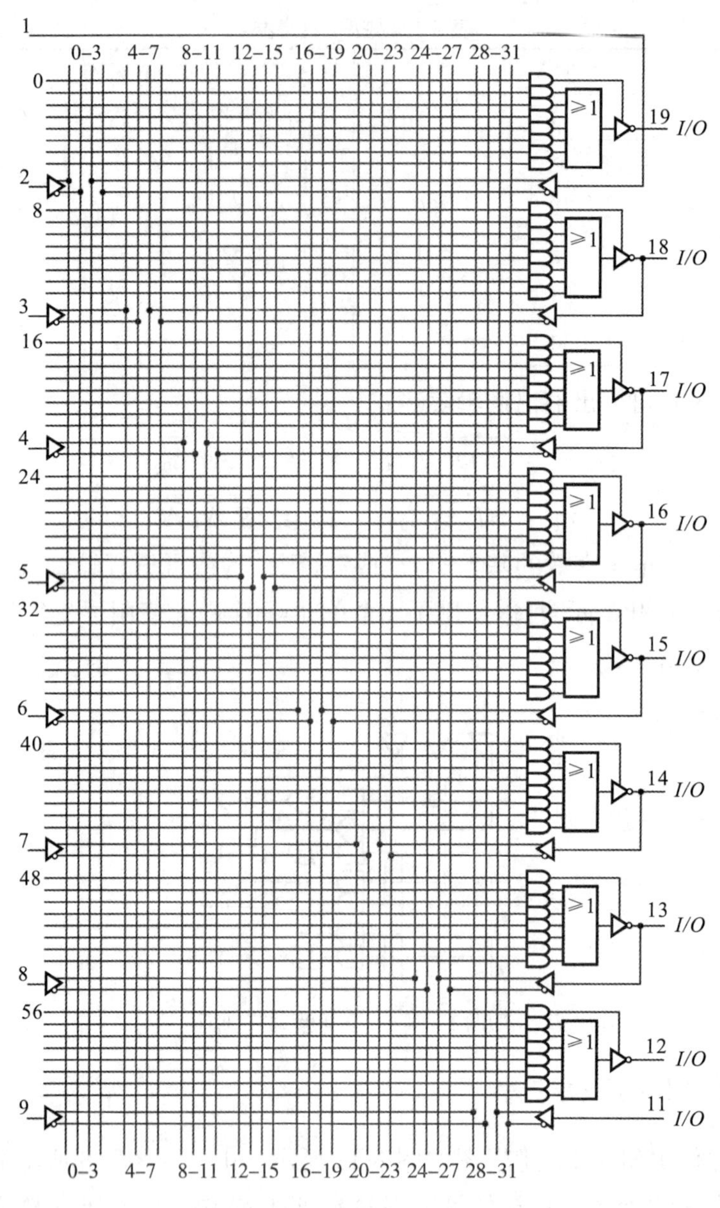

图 8-13　PAL16L8 逻辑电路

8.3　通用阵列逻辑(GAL)

8.3.1　GAL 的基本结构

通用阵列逻辑简称为 GAL(Generic Array Logic)，是在 PAL 基础上发展起来的一种具有较高可靠性和灵活性的新型可编程逻辑器件，采用 E^2CMOS 工艺，将数片中小规模集成电路集成在芯片内部，具有可反复编程的特性。基本结构仍是可编程与阵列、固定或阵列。与PAL相比，GAL的输出结构采用了输出逻辑宏单元(Output Logic Macro Cell，OLMC)，通过对输出逻辑宏单元编程，GAL可以实现组合逻辑电路和时序逻辑电路。

图8-14为GAL16V8逻辑电路，可编程与阵列由8×8个与门构成，每个与门有32个输入端，形成32列×64行2048个编程单元，8个输出逻辑宏单元OLMC，16个具有互补输出的缓冲器，8个三态输出缓冲器。

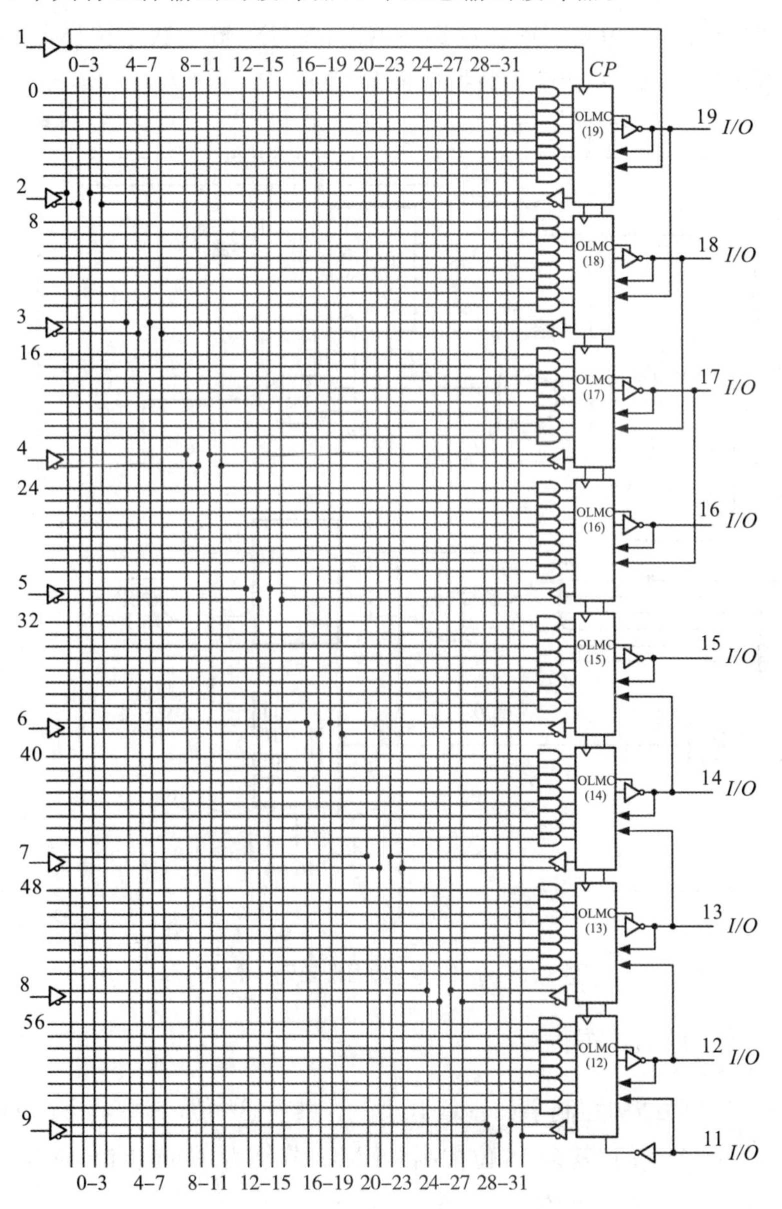

图8-14　GAL16V8逻辑电路

8.3.2 GAL的输出逻辑宏单元(OLMC)

OLMC原理图如图8-15所示，主要由8输入或门、D触发器、数据选择器和控制电路组成。或门中，每个输入由一个乘积项提供，每个输出为有关乘积项之和。异或门用来控制输出信号极性，当$XOR(n)$为1时(n为芯片引脚号)，异或门实现反相功能，D触发器对异或门实现寄存功能，使OLMC能适用于时序电路。4个数据选择器分别为乘积项数据选择器PTMUX、输出数据选择器OMUX、三态数据选择器TSMUX和反馈数据选择器FMUX。

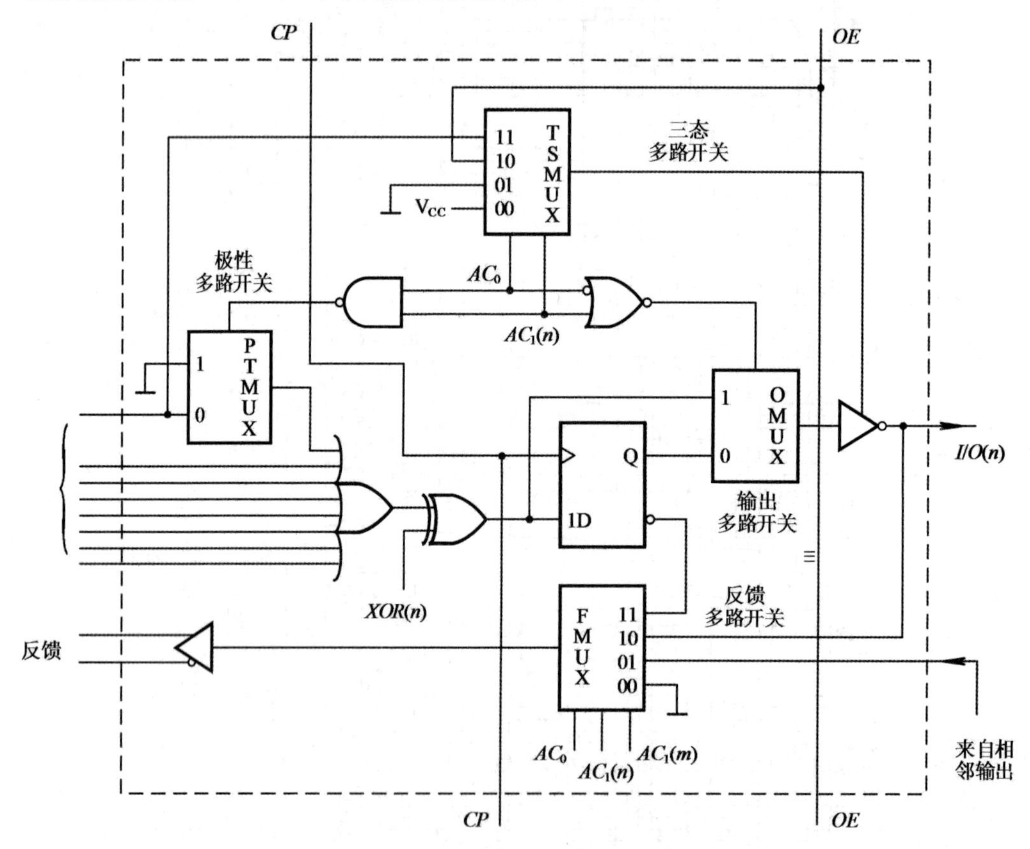

图8-15 GAL输出逻辑宏单元(OLMC)

8.3.3 结构控制字

GAL16V8的结构控制字如图8-16所示，共有82位，其中有64位用于控制与阵列中的64个与门，其余18位控制OLMC，分别为：①同步位SYN；②极性控制位$XOR(n)$；③结构控制位AC_0、$AC_1(n)$。

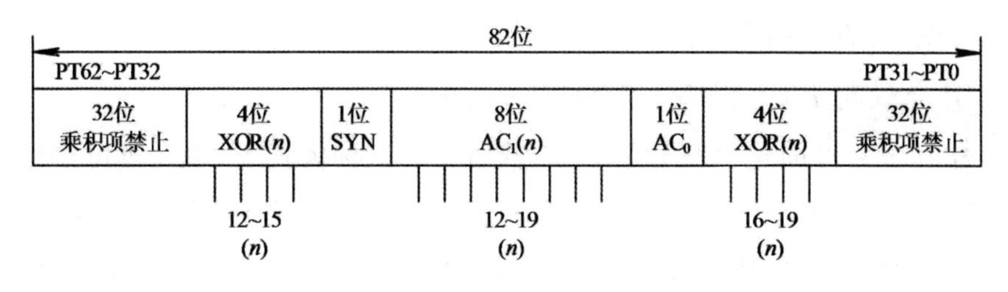

图 8-16　GAL16V8 结构控制字

8.3.4　输出逻辑宏单元 OLMC 的工作模式

根据 SYN、AC_0、$AC_1(n)$ 的取值组合，OLMC 有 5 种工作模式，如表 8-2 所示。

表 8-2　OLMC 的 5 中输出组态

SYN	AC_0	$AC_1(n)$	工作模式
0	1	0	时序电路，寄存器输出
0	1	1	时序电路，组合输出
1	0	0	组合电路专用输出
1	0	1	组合电路专用输入，三态门禁止
1	1	1	组合电路双向 I/O 端

1. 寄存器输出（$SYN=0, AC_0=1, AC_1(n)=0$）

OLMC 寄存器输出简化电路如图 8-17(a)所示。由于 $SYN=0$，芯片中至少有一个为时序输出，又由于 AC_0 和 $AC_1(n)$组成的控制字为 10，故本单元为时序输出。其他单元可配置成时序输出（010 模式），也可配置成组合输出（011 模式）。此结构可用于实现时序逻辑电路，如计数器、移位寄存器等。

2. 时序电路中的组合输出（$SYN=0, AC_0=1, AC_1(n)=1$）

在这种模式下，AC_0 和 $AC_1(n)$组成的控制字为 11，输出缓冲器由第一乘积项控制，或门输入只有 7 个乘积项。OLMC 时序电路中的组合输出简化电路如图 8-17(b)所示，此结构可实现组合逻辑和时序逻辑。

3. 专用组合输出（$SYN=1, AC_0=0, AC_1(n)=0$）

OLMC 专用组合输出简化电路如图 8-17(c)所示。在这种模式下，引脚 1 与引脚 11 作为输入使用，反馈开关未用，可被邻级借用。由于本单元引脚不能作输入，故称之为输出模式（专用输出模式）。此结构可用于实现组合逻辑电路。

4. 专用组合输入（$SYN=1, AC_0=0, AC_1(n)=1$）

在这种模式下，输出三态门总是处于高阻状态，本单元不能输出，但其他单元可配置成组合输出，故芯片为组合型。引脚 1 与引脚 11 均为输入数据端，反馈来自邻级输出，故称它为相邻输入模式（专用输入模式）。OLMC 专用组合输入简化电路如图 8-17(d)所示。

5. 组合双向 $I/O(SYN=1, AC_0=1, AC_{1(n)}=1)$

组合双向 I/O 简化电路如图 8-17(e)所示。这种模式下,单元既可作输入,又可作输出,由第一乘积项确定。由于第一乘积项已作为选通控制信号,故或门只有 7 个乘积项。此结构可以实现双向组合逻辑,如三态输入输出缓冲器等。

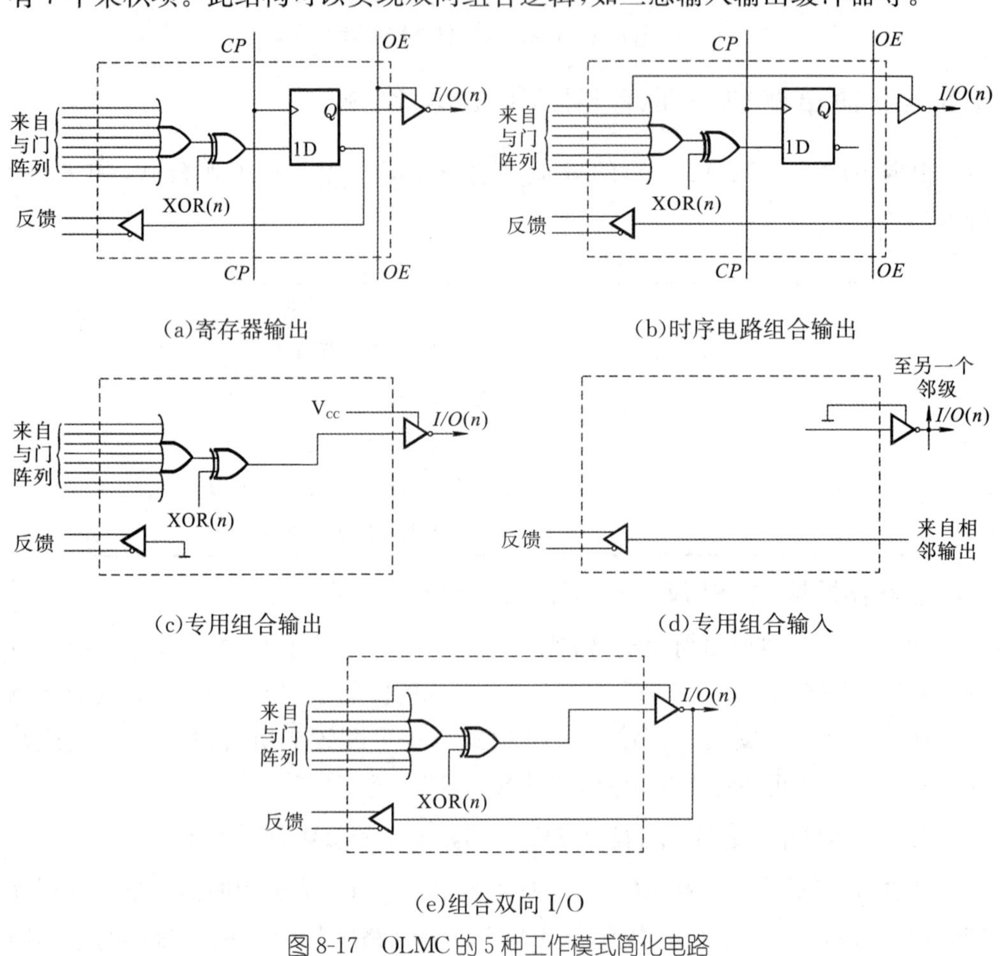

图 8-17 OLMC 的 5 种工作模式简化电路

8.4 现场可编程门阵列(FPGA)

现场可编程门阵列 FPGA 是在 PAL、GAL 等可编程器件的基础上进一步发展的产物,作为专用集成电路领域中的一种半定制电路而出现的,既解决了定制电路的不足,又克服了原有可编程器件门电路数有限的缺点。PAL、GAL 器件的基本电路采用与阵列、或阵列、输出逻辑宏单元的结构模式,而 FPGA 的电路结构采用逻辑单元阵列结构 LCA(Logic Cell Array),由配置逻辑模块 CLB (Configurable Logic Block)、可编程输入/输出模块 IOB(Input/Output Block)、互连资源 ICR(Interconnect Resource)组成。

8.4.1　FPGA 的基本结构

FPGA 的基本结构是将逻辑功能块排成阵列,并由可编程的互连资源连接这些功能块来实现各种逻辑设计。目前生产 FPGA 芯片产品主要有 Xilinx 公司和 Altera 公司,不同公司生产的 FPGA 的结构和性能不尽相同,下面主要介绍 Xilinx 公司 XC4000E 系列 FPGA 的基本结构和功能模块。

XC4000E 系列的 FPGA 采用 CMOS SRAM 编程技术,器件基本结构如图 8-18所示,它主要由三个基本部分组成:可配置逻辑模块(CLB)、可编程输入/输出模块(IOB)、可编程连线 PI(Programmable Interconnect)和由它组成的编程开关矩阵 PSM(Programmable Switch Matrix)。多个 CLB 组成二维阵列,是实现设计者所需的各种逻辑功能的基本单元,也是 FPGA 的核心。IOB 位于器件的四周,提供内部逻辑阵列与外部引出线之间的可编程逻辑接口,通过编程可将 I/O 引脚设置成输入、输出和双向等不同功能。

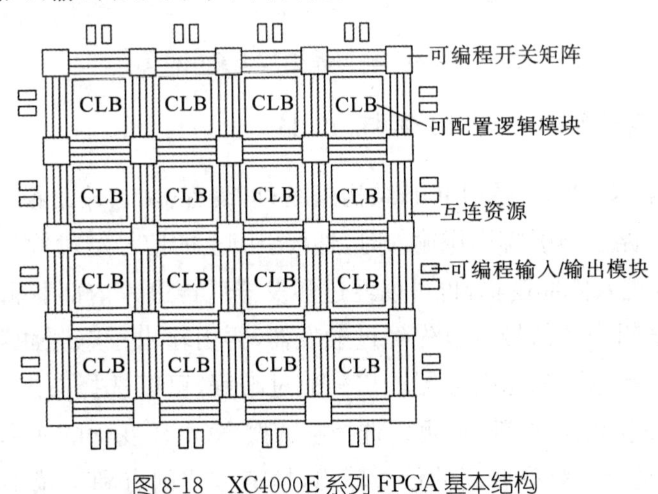

图 8-18　XC4000E 系列 FPGA 基本结构

8.4.2　可配置逻辑模块 CLB

可配置逻辑模块 CLB 是 FPGA 实现各种逻辑功能的基本单元。图 8-19 为 XC4000E 的 CLB 结构框图,它主要由快速进位逻辑、3 个逻辑函数发生器、2 个 D 触发器、多个可编程数据选择器以及其他控制电路组成。CLB 共有 13 个输入和 4 个输出。在 13 个输入中,$G_1 \sim G_4$、$F_1 \sim F_4$为 8 个组合逻辑输入,K 为时钟信号,$C_1 \sim C_4$是 4 个控制信号,它们通过可编程数据选择器分配给触发器时钟使能信号 EC、触发器置位/复位信号 SR/H_0、直接输入信号 DIN/H_2及 H_1;在 4 个输出中,X、Y 为组合输出,X_Q、Y_Q为寄存器/控制信号输出。

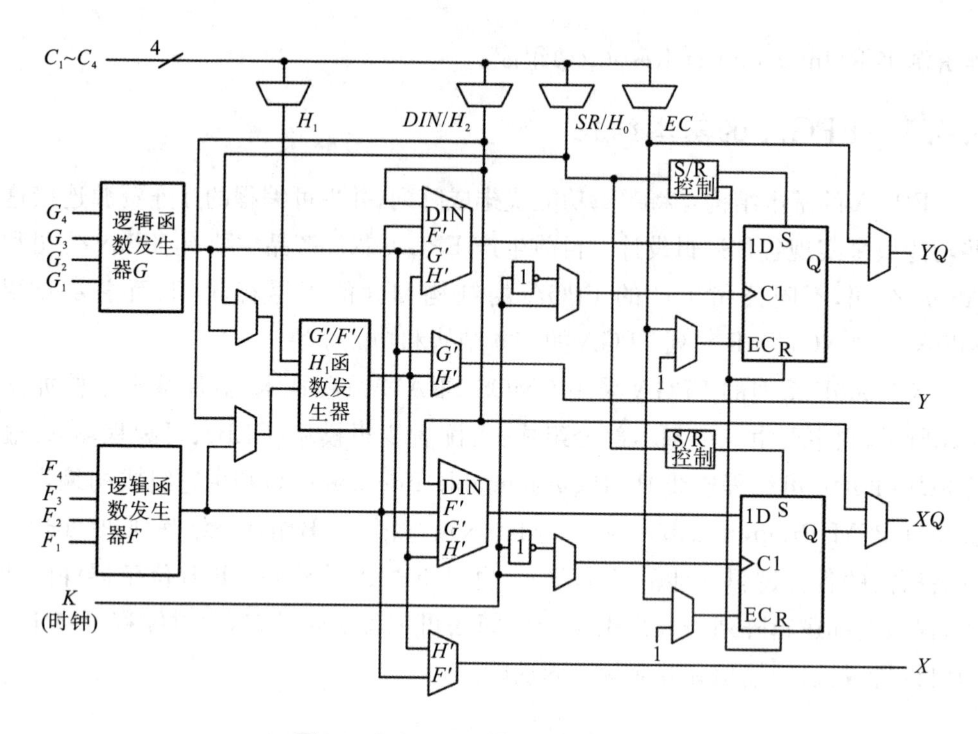

图 8-19　XC4000E 系列 CLB 结构框图

8.4.3　可编程输入/输出模块 IOB

图 8-20 为 XC4000E 系列 IOB 结构框图，可编程输入/输出模块 IOB 中有输入、输出两条通路。当引脚用作输入时，外部引脚上的信号经过输入缓冲器，可以直接由 I_1 或 I_2 进入内部逻辑，也可以经过触发器后再进入内部逻辑；当引脚用作输出时，内部逻辑中的信号可以先经过触发器，再由输出三态缓冲器送到外部引脚上，也可以直接通过三态缓冲器输出。通过编程，可以选择三态缓冲器的使能信号为高电平或低电平有效，还可以选择它的摆率（电压变化的速率）为快速或慢速。快速方式适合于频率较高的信号输出，慢速方式则有利于减小噪声、降低功耗。对于未使用的引脚，为避免受到其他信号的干扰，需要通过上拉电阻接电源或通过下拉电阻接地。两个 D 触发器共用一个时钟使能信号，但其时钟信号是独立的，可以是上升沿触发或下降沿触发。

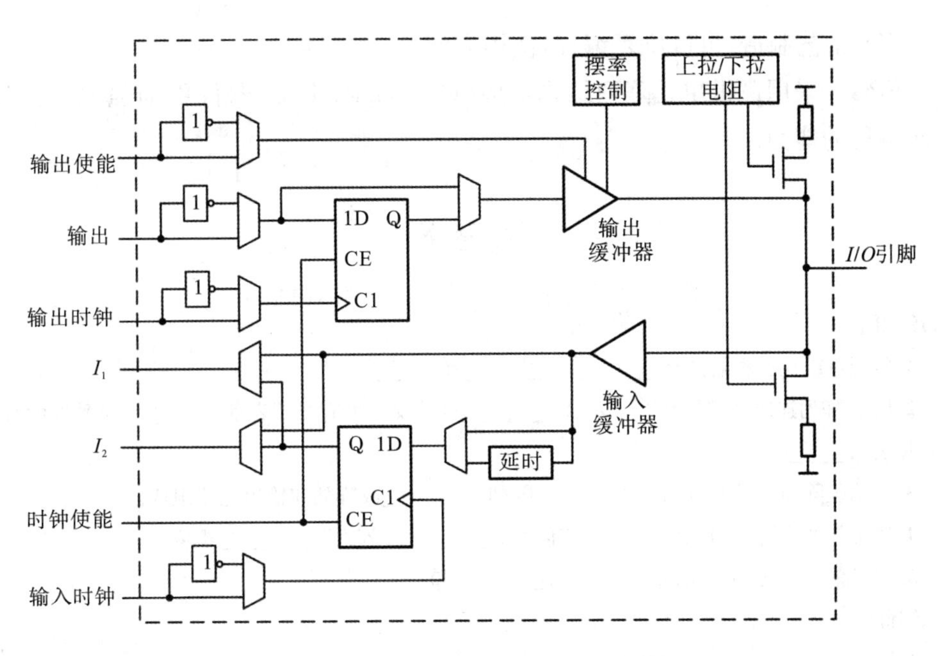

图 8-20　XC4000E 系列 IOB 结构框图

8.4.4　可编程内部连线 PI

FPGA 有丰富的内部连线，分布在各个 CLB 之间、CLB 和 IOB 之间。内部连线均带有可编程开关，通过对这些开关的编程，可以按设计者的逻辑描述，有效地将各个 CLB、IOB 有机组合起来，实现系统逻辑功能。器件的内部阵列规模和连线的数量、种类与系列型号有关，阵列规模越大，连线数量就越多，芯片系列越先进，PIR 的种类就越多。

可编程内部连线 PI 包括内部连接导线、可编程连接点和可编程开关矩阵。XC4000E 系列内部连线主要有：通用单长线、双长线、长线。

本章小结

本章主要介绍了 PLD 器件的基本结构及其表示方法。常用的可编程逻辑器件有 PAL、GAL、FPGA 等。

PAL 由与阵列、或阵列和输出电路组成，其中与阵列可编程，或阵列固定。

GAL 由与阵列、或阵列和输出逻辑宏单元组成，GAL 的输出逻辑宏单元包含的器件、编程点较多，因此 GAL 相对于 PAL 器件功能较强。GAL 采用

E^2CMOS工艺制造，可以反复编程，使用方便。

FPGA 采用逻辑单元阵列结构，其功能比 GAL、PAL 器件更加强大，具有无限次编程的能力。

习题 8

一、填空题

1. 常用可编程逻辑器件有________、________和________。

2. PLD 阵列连线交叉处有“·”表示________，连线交叉处有“×”表示________，交叉处没有任何连接表示________。

3. 可编程阵列逻辑 PAL 由________与阵列、________或阵列和输出电路组成。

4. 通用阵列逻辑 GAL 由________与阵列、________或阵列和________组成。

5. 逻辑单元阵列 LCA 包括________、________和________。

二、选择题

1. PAL 具有(　　)。

A. 可编程与阵列、固定或阵列

B. 可编程与阵列、可编程或阵列

C. 固定与阵列、可编程或阵列

D. 固定与阵列、固定或阵列

2. GAL 具有(　　)。

A. 固定与阵列、可编程或阵列

B. 可编程与阵列、可编程或阵列

C. 可编程与阵列、固定或阵列

D. 固定与阵列、固定或阵列

3. 下列具有输出逻辑宏单元结构的器件为(　　)。

A. PAL 器件

B. GAL 器件

C. PROM

D. FPGA

4. 下列属于 FPGA 的结构为(　　)。

A. 与阵列

B. 或阵列

C. 输出逻辑宏单元

D. 逻辑单元阵列

三、分析计算题

1. 使用 PLD 点阵示意图表示下列逻辑函数。

$Y=\overline{A}BC+A\overline{B}C+AB\overline{C}+ABC$

$Y=\overline{A}\,\overline{B}\,\overline{C}\,\overline{D}+A\overline{B}C+AB\overline{C}\,\overline{D}+ABCD$

2. 试写出题图 8-1 所示电路的逻辑表达式。

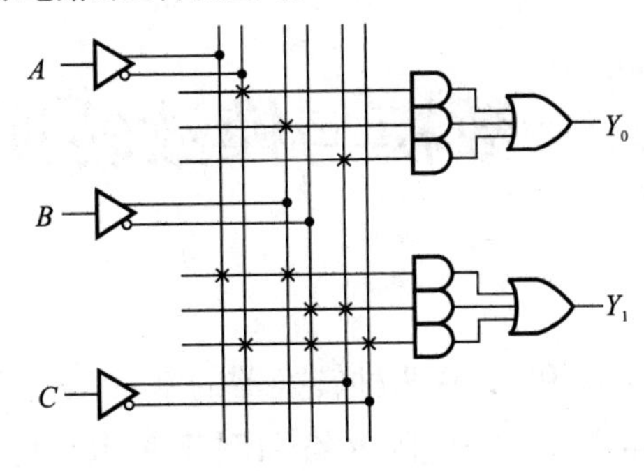

题图 8-1

3. 试用 PLD 点阵实现 3－8 线译码器。

4. 试用 PAL16L8-4 设计一个代码转换电路，将 4 位二进制码转换为格雷码。

5. 试用 PAL16L8-4 设计一个 8421BCD 码转换为余 3BCD 码的电路。

6. 试用 GAL16V8 设计一位全加器。

7. 试用 GAL16V8 实现一个 8421BCD 码十进制计数器。

数模与模数转换电路

本章主要介绍了 D/A 和 A/D 两种转换器的基本工作原理。在 D/A 转换器中,分别介绍了权电阻网络、T 型电阻网络和倒 T 型电阻网络三种 D/A 转换器。在 A/D 转换器中,介绍 A/D 转换一般步骤后,分别介绍了并联比较型、逐次逼近型和双积分型三种 A/D 转换器。

9.1 概述

在工程应用中,经常需要测量如温度、压力、流量等模拟量,这些量都是连续的数值,不能简单地用 0 或 1 来表示,数字电路无法识别。因此,为了能够使用数字电路处理模拟量,必须把模拟量转换成相应的数字量,即二进制的量。同时,数字电路处理后的数字信号,也需要转换成模拟量,以便于模拟装置识别。前一种从模拟量到数字量的转换称为模/数转换(或称 A/D 转换,简写成 ADC),而后一种从数字量到模拟量的转换称为数/模转换(或称 D/A 转换,简写成 DAC)。由此可见,A/D 转换和 D/A 转换是沟通模拟系统和数字系统之间的桥梁。

图 9-1 给出了常用的 A/D、D/A 转换器应用系统框图。系统通过传感器检测生产过程中的压力、温度、流量、液位等物理量,将其转换成电压或电流信号,再通过四路模拟开关选择后,将其中一种物理量送入 A/D 转换器,转换成数字信号送入数字控制计算机。数字控制计算机经过计算后,将控制信号通过 D/A 转换成模拟信号送入模拟控制器,再对生产过程进行调节。

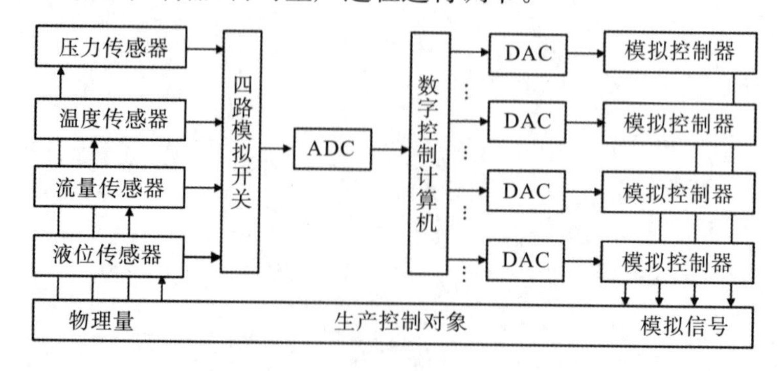

图 9-1　常用 A/D、D/A 转换器应用系统框图

在转换过程中,为了保证信号传递以及结果处理的准确性,要求 A/D 和 D/A

转换器有足够的转换精度。同时，为了适应适时控制和检测过程的快速性，要求A/D和D/A转换器有足够快的转换速度。因此，转换精度和转换速度是衡量一个A/D或D/A转换器性能优劣的主要参数。

9.2 D/A 转换器

9.2.1 D/A 转换的基本原理

D/A转换器的功能是将数字量转换成模拟量。数字量用二进制表示，而模拟量一般用十进制表示，那么D/A转换器实际上就是一种将二进制数转换成十进制数的电路。因此，首先要找出数字量与模拟量之间的关系，再构建电路实现转换器的功能。

如果一个n位二进制数用$D_n=d_{n-1}d_{n-2}\cdots d_1d_0$表示，则从高位到低位，每一位的权值依次为$2^{n-1}$、$2^{n-2}$、…、$2^1$、$2^0$。设该数字量对应的模拟量为$V_0$，则

$$V_0=2^{n-1}d_{n-1}+2^{n-2}d_{n-2}+\cdots+2^1d_1+2^0d_0 \tag{9-1}$$

由上式知，与数字量相对应的模拟量是由数字量的每一位和相对应的权值相乘之后再求和所得。那么，所构建的转换器电路需包括三个功能：0和1的选择功能、权值的实现以及最后的求和功能。0和1的选择功能可用模拟电子开关实现。权值的实现可用电阻网络的方式解决，常用的有权电阻网络、T型电阻网络和倒T型电阻网络等。求和功能可用求和运放电路构成。

1. 权电阻网络D/A转换器

四位电路结构如图9-2所示，它由电阻网络、4个模拟开关和1个求和运放电路构成。开关S_0～S_3分别受代码d_0～d_3的控制，代码为0时，开关接地；代码为1时，开关接参考电压U_{ref}，故d_i为0时支路电路为零，d_i为1时有支路电路流向求和运放电路。2^3R～R为权值电阻，权值电阻一端接开关，另一端虚地。当开关接U_{ref}时，各支路对应的电流为

$$I_{n-1}=\frac{U_{ref}}{2^3R}2^{n-1} \qquad (n=1、2、3、4) \tag{9-2}$$

即与对应位的权成正比。将各支路电流相加后可得

$$\begin{aligned}I&=I_3+I_2+I_1+I_0\\&=\frac{U_{ref}}{R}d_3+\frac{U_{ref}}{2R}d_2+\frac{U_{ref}}{2^2R}d_1+\frac{U_{ref}}{2^3R}d_0\\&=\frac{U_{ref}}{2^3R}(2^3d_3+2^2d_2+2^1d_1+2^0d_0)\end{aligned} \tag{9-3}$$

推广到n位权电阻网络D/A转换器则有

$$I = \frac{U_{\text{ref}}}{2^{n-1}R}(2^{n-1}d_{n-1} + 2^{n-2}d_{n-2} + \cdots + 2^1 d_1 + 2^0 d_0) \tag{9-4}$$

经过运放电路后，输出电压为

$$u_{\text{o}} = -I\frac{R}{2} = -\frac{U_{\text{ref}}}{2^n}(2^{n-1}d_{n-1} + 2^{n-2}d_{n-2} + \cdots + 2^1 d_1 + 2^0 d_0) = -\frac{U_{\text{ref}}}{2^n}D_n \tag{9-5}$$

式(9-5)中括号部分为与数字量相对应的模拟量，说明输出的电压模拟量 u_{o} 与输入数字量 D_{n}成正比，其中 $-\frac{U_{\text{ref}}}{2^n}$ 为转换比例系数，可看做是 D/A 转换器的单位电压。当数字量 D_n 从全 0 取到全 1 时，对应输出电压 u_{o}的变化范围为：0～$-\frac{U_{\text{ref}}}{2^n}2^{n-1}$。

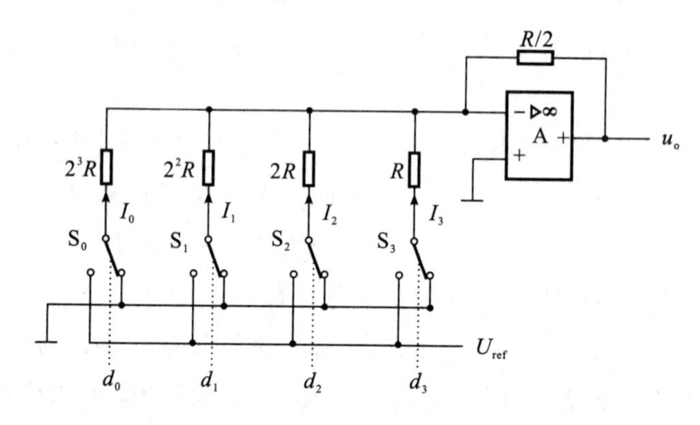

图 9-2　四位权电阻网络 D/A 转换器电路

权电阻网络 D/A 转换器电路结构简单，所用器件较少，但是随着数字量位数增多，所需要的电阻也越多，阻值变化范围也越大，所以其精度难以保证，必然会影响到转换器的转换精度，而 T 型电阻网络 D/A 转换器和倒 T 型电阻网络 D/A 转换器可以较好地解决这一问题。

2. T 型电阻网络 D/A 转换器

图 9-3 给出了四位 T 型电阻网络 D/A 转换器的电路结构，其中开关的接法与权值电阻网络一样，而权值电阻呈 T 型结构，且只有 R 和 $2R$ 两种阻值。设只有 d_0为 1，其他位均为 0，则只有 S_0开关接 U_{ref}，其他均接地。如图 9-4 所示，将 AA′左侧网络进行戴维南等效后可知，a 点电位为 $\frac{U_{\text{ref}}}{2}$，等效电阻为 R，与 ab 间电阻 R 串联后得到 $2R$。再与 b 点上的 $2R$ 并联得到的等效电阻仍然为 R，b 点上得到的电位为 $\frac{U_{\text{ref}}}{2}$ 的再次分压，即 $\frac{U_{\text{ref}}}{2^2}$，以此类推至 d 点时，戴维南等效电压为 $\frac{U_{\text{ref}}}{2^4}$。同理可推出，当只有 d_1为 1，其他均为 0 时，b、c、d 点的电压分别为 $\frac{U_{\text{ref}}}{2^2}$、$\frac{U_{\text{ref}}}{2^3}$、$\frac{U_{\text{ref}}}{2^4}$，以此类推可以得到其他位为 1 时，d 点戴维南等效电压的大小。根据叠加定

理可得 d 点的戴维南等效总电压为：

$$
\begin{aligned}
u_d &= \frac{U_{ref}}{2}d_3 + \frac{U_{ref}}{2^2}d_2 + \frac{U_{ref}}{2^3}d_1 + \frac{U_{ref}}{2^4}d_0 \\
&= \frac{U_{ref}}{2^4}(2^3 d_3 + 2^2 d_2 + 2^1 d_1 + 2^0 d_0)
\end{aligned} \tag{9-6}
$$

经过运放后，可得

$$
u_o = -u_d = -\frac{U_{ref}}{2^4}(2^3 d_3 + 2^2 d_2 + 2^1 d_1 + 2^0 d_0) \tag{9-7}
$$

推广到 n 位可得

$$
u_o = -\frac{U_{ref}}{2^n}(2^{n-1} d_3 + 2^{n-2} d_2 + \cdots + 2^1 d_1 + 2^0 d_0) = -\frac{U_{ref}}{2^n}D_n \tag{9-8}
$$

输出的模拟电压 u_o 与输入数字量 D_n 成正比，其中 $-\frac{U_{ref}}{2^n}$ 为转换比例系数。

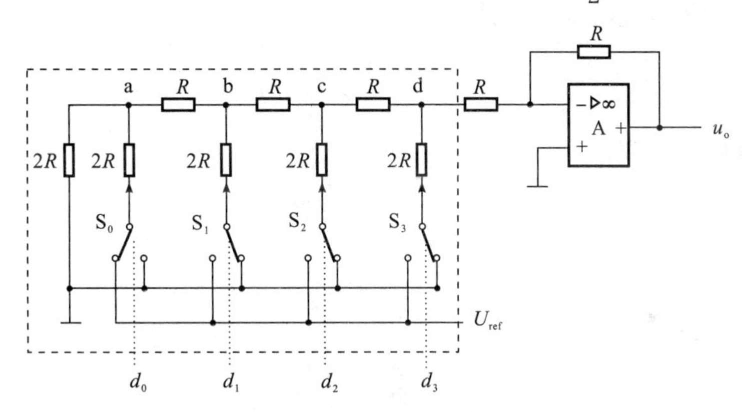

图 9-3　四位 T 型电阻网络 D/A 转换器

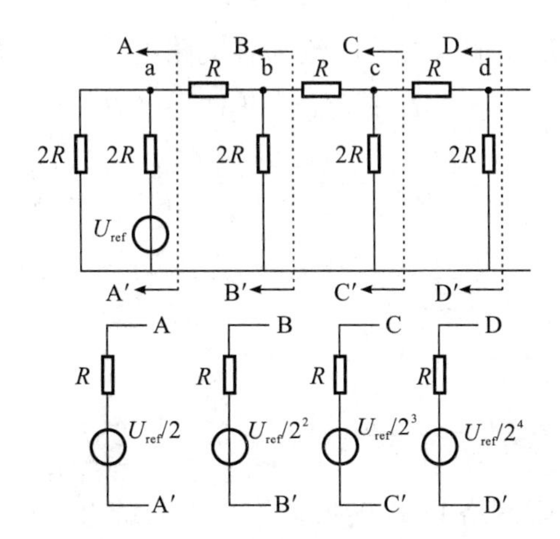

图 9-4　四位 T 型电阻网络戴维南等效电路

T 型电阻网络 D/A 转换器采用的电阻只有 R 和 $2R$ 两种，有利于电路的集成化，但是由于信号传递到运算放大器要经过各级电阻分压，需要一定的传输时间，当位数较多时，传输时间更长，所以导致转换器的转换速度变慢，而且各级信号传递到运放的时间也不一样，有可能在输出端产生较大的尖峰脉冲，进一步延长转换时间。倒T型电阻网络D/A转换器可解决此问题。

3. 倒T型电阻网络D/A转换器

四位倒T型电阻网络D/A转换器的电路结构如图9-5所示，电阻网络用R和$2R$两种阻值连接成倒T型结构，因而称为倒T型电阻网络。当$d_n=0$时，对应开关与地相连，当$d_n=1$时，对应开关与运放反相端相连（虚地）。两种情况都与地相连，因此流经$2R$电阻的电流与开关的位置无关。将a～d各节点从左到右进行电阻等效，可以发现，a～d节点向左看的等效电阻都是R，与两节点之间的电阻R串联后都为$2R$，因此每个节点的$2R$支路的电流都为流进节点电流的$\frac{1}{2}$。由于d点向左的等效电阻为R，则可算出：

$$I=\frac{U_{\mathrm{ref}}}{R} \tag{9-9}$$

则各支路电流为：

$$\begin{aligned} I_3 &= \frac{I}{2}=\frac{U_{\mathrm{ref}}}{2R} \\ I_2 &= \frac{I}{2^2}=\frac{U_{\mathrm{ref}}}{2^2R} \\ I_1 &= \frac{I}{2^3}=\frac{U_{\mathrm{ref}}}{2^3R} \\ I_0 &= \frac{I}{2^4}=\frac{U_{\mathrm{ref}}}{2^4R} \end{aligned} \tag{9-10}$$

流入运算放大器反相输入端的电流为各支路电流之和，即

$$\begin{aligned} i_{\mathrm{f}} &= I_3d_3+I_2d_2+I_1d_1+I_0d_0 \\ &= \frac{U_{\mathrm{ref}}}{2R}d_3+\frac{U_{\mathrm{ref}}}{2^2R}d_2+\frac{U_{\mathrm{ref}}}{2^3R}d_1+\frac{U_{\mathrm{ref}}}{2^4R}d_0 \\ &= \frac{U_{\mathrm{ref}}}{2^4R}(2^3d_3+2^2d_2+2^1d_1+2^0d_0) \end{aligned} \tag{9-11}$$

输出电压u_{o}为

$$u_{\mathrm{o}}=-i_{\mathrm{f}}R=-\frac{U_{\mathrm{ref}}}{2^4}(2^3d_3+2^2d_2+2^1d_1+2^0d_0) \tag{9-12}$$

此公式与T型电阻网络D/A转换器推导出的结果一样，以此类推，n位转换器的模拟量与数字量之间的关系式与式(9-8)一致。

在倒T型电阻网络D/A转换器中，各支路电流直接流入运算放大器的输入端，不存在传输上的时间差，减少了输出端的尖峰脉冲，提高了传输速度，因此倒

T 型电阻网络 D/A 转换器是目前 D/A 转换器中用的较多，且速度较快的一种。

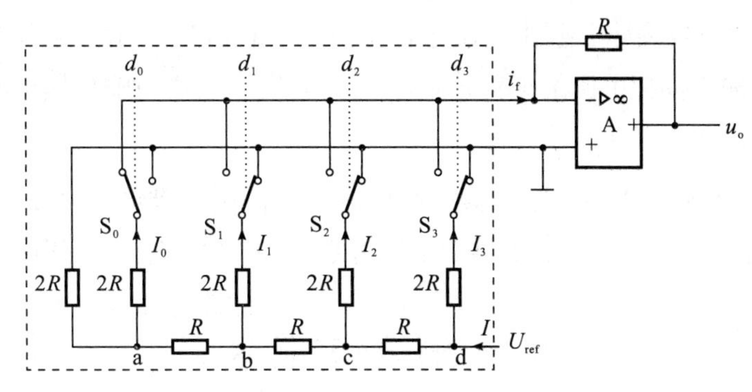

图 9-5　四位倒 T 型电阻网络 D/A 转换器

【例 9-1】　四位倒 T 型电阻网络 D/A 转换器如图 9-5 所示，设 $U_{ref}=5\text{ V}$，试求二进制输入为 1101 和 0110 时的输出电压 u_o。

解：　输入为 1101 时，

$$u_o=-\frac{U_{ref}}{2^n}(2^{n-1}d_3+2^{n-2}d_2+\cdots+2^1d_1+2^0d_0)$$

$$=-\frac{5}{2^4}(2^3\times1+2^2\times1+2^1\times0+2^0\times1)$$

$$=-4.0625\text{ V}$$

输入为 0110 时，

$$u_o=-\frac{U_{ref}}{2^n}(2^{n-1}d_3+2^{n-2}d_2+\cdots+2^1d_1+2^0d_0)$$

$$=-\frac{5}{2^4}(2^3\times0+2^2\times1+2^1\times1+2^0\times0)$$

$$=-1.875\text{ V}$$

9.2.2　D/A 转换器的主要参数

1. 分辨率

n 位的数字量，经过 D/A 转换器转换后可以得到与 0…0 至 1…1 相对应的 2^n 个输出电压。分辨率是指与 00…01 对应的最小输出模拟电压 U_{LSB} 和与 1…1 对应的最大输出电压 U_{om} 之比，即 n 位的 D/A 转换器，其分辨率为：

$$\text{分辨率}=\frac{U_{LSB}}{U_{om}}=\frac{1}{2^n-1} \tag{9-13}$$

例如 8 位的 D/A 转换器，其分辨率为 $\frac{1}{2^8-1}=0.004$，也可以说分辨率是 8 位。分辨率位数越多，分辨率越高，转换精度也越高。

2. 转换误差

造成转换误差的原因有多种，如参考电压 U_{ref} 的波动、运放的零点漂移、电阻网络中电阻阻值的偏差、模拟开关的导通压降和内阻等。转换误差可以用占输出电压满刻度值的百分数表示，或用最低有效位（LSB）的倍数表示。例如转换误差为0.5LSB，表示输出模拟电压的绝对误差等于输入为00…01时输出模拟电压的一半。

3. 转换时间

转换时间是指D/A转换器从输入数字信号开始转换，到输出模拟电压达到稳定值所需的时间。它反映D/A转换器的工作速度。转换时间越小，工作速度就越高。

9.3 A/D转换器

9.3.1 A/D转换的一般步骤和取样定理

A/D转换与D/A转换相反，它将模拟量转换成数字量。在D/A转换中，数字量可以直接转换成模拟量，而模/数转换则不行，因为模拟量在时间上是连续的，而数字量是离散的，所以转换时只能选定一系列时刻上的模拟量，将其转换成数字量，这就是取样。A/D转换的一般步骤包括取样、保持、量化和编码四个过程，一般取样和保持可以用同一个电路完成，而量化和编码也可以同时实现，其过程如图9-6所示。

取样由取样脉冲u_s控制模拟开关S来完成，取样过程的波形转换如图9-7所示，其中u_i为输入模拟信号，u_s为取样脉冲信号，u_o为取样后的输出信号。其工作过程为：当取样脉冲u_s为高电平时，S闭合，$u_o=u_i$；当u_s为低电平时，S断开，$u_o=0$，由此，随时间连续变化的模拟信号变换为时间离散的信号。保持由电容C来完成，保持过程为：取样后的u_o信号经过电容C后，在S断开时，电容电压保持不变；而在S闭合时，电容在原电压基础上充电，由于充电时间常数很小，因此电容电压很快上升到下一个取样值，所以保持电路输出信号为如图9-6中的$u'_o(t)$的阶梯波形。

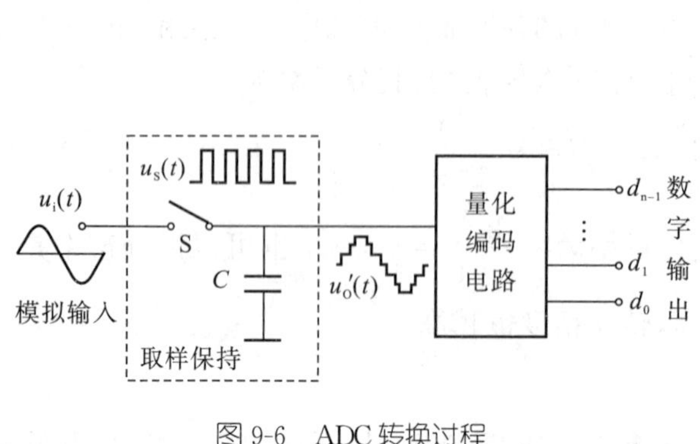

图9-6 ADC转换过程

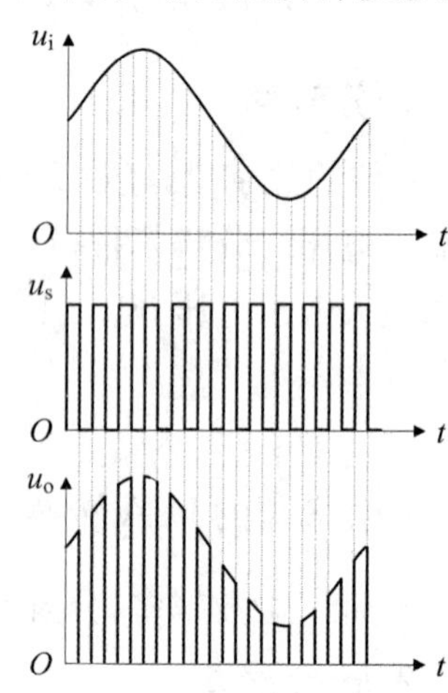

图9-7 取样波形图

1. 取样和保持

取样的作用是把随时间连续变化的模拟信号变换为时间离散的信号，是对模拟量在一系列离散的时刻进行采集，得到一系列等距不等幅的脉冲信号。图 9-8 为采样保持电路的基本形式，其中 S 为 N 沟道增强型 MOS 管，作为模拟开关；C 为存储电容，作为保持电路；运放连接成电压跟随器形式，起隔离缓冲负载作用。

模拟开关 S 闭合时，输入模拟量对电容 C 充电，为取样过程。显然取样频率 f_s 越高，单位时间内选取的时刻越多，取样信号 u_o 的包络线越接近 u_i，越能正确反映输入信号，即取样信号必须有足够高的频率，但 f_s 太高时，又会导致二进制编码位数过多，给技术实现上带来一定的难度。为了不失真地恢复原来的模拟信号，采样频率应不小于输入模拟信号频谱中最高频率的两倍，这就是取样定理，即：

$$f_s \geqslant 2f_{imax} \tag{9-15}$$

由于后期的量化、编码需要一定的时间，因此每次取样的结果都要保持一段时间，即为保持功能。当图 9-8 中模拟开关 S 断开时，低通滤波器电容 C 上的电压保持一段时间不变，实现保持功能。

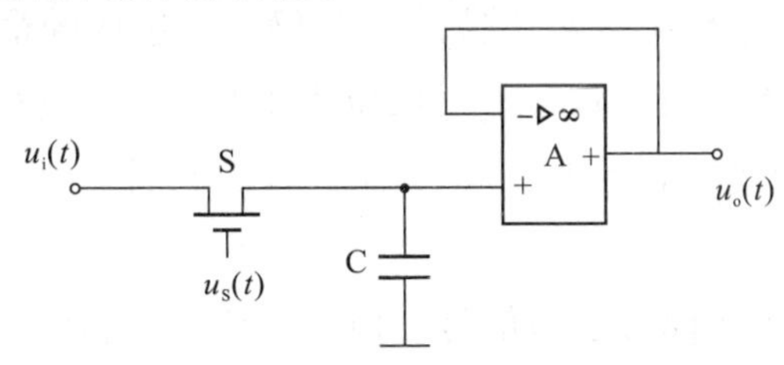

图 9-8　采样保持电路的基本形式

目前采样保持电路大多采用专用集成电路，如 LF398 等芯片，它们使用方便，而且精度能达到一定的要求。图 9-9 为 LF398 内部电路结构及外部元件典型连接图。芯片 3 脚为输入端，5 脚为输出端，A_1 和 A_2 是两个运算放大器，S 为模拟开关，L 为开关驱动器，当 U_L 为高电平时，S 闭合，运放 A_1、A_2 都处于电压跟随器状态，则有 $u_o = u'_o = u_i$，并通过 R_2 对外接电容 C_h 充电至 u_i；当 U_L 为低电平时，S 断开，C_h 上电压基本维持 S 断开前的电压不变，实现保持功能。在 S 断开这段时间，如果 u_i 发生了变化，则 u'_o 的变化可能很大，甚至超过开关电路所能承受的电压，因此需增加由两个反并联二极管 D_1 和 D_2 组成的保护电路。当 u'_o 与 u_o 之间的差值高于二极管的导通压降 U_D 时，D_1 或 D_2 就会导通，使 u'_o 限制在 $u_i \pm U_D$ 范围内。而 S 闭合后，因 $u_o \approx u'_o$，D_1、D_2 都不会导通，不影响取样工作状态。

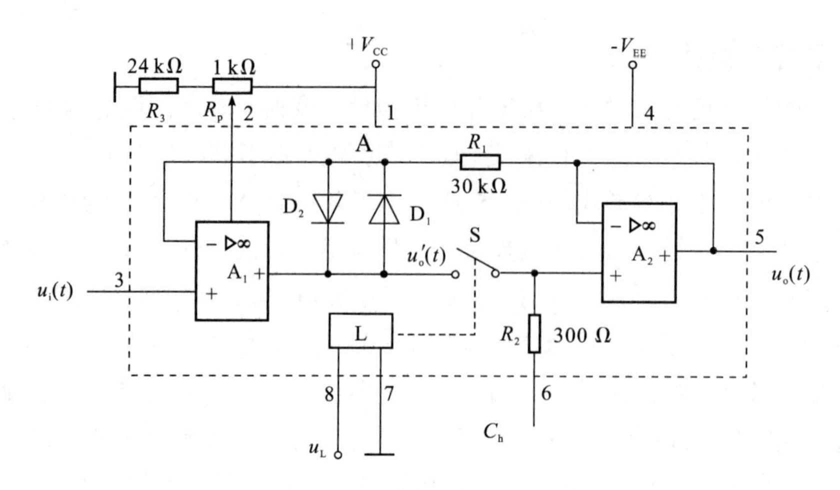

图 9-9　LF398 内部电路结构及外部元件典型连接

2. 量化和编码

将输入模拟信号通过取样、保持转换成脉冲电压后，需经过量化和编码才能转换成数字量。所谓量化就是，首先规定一个合适的最小数量单位，然后将脉冲电压的大小表示为这个最小数量单位的整数倍。所选取的最小数量单位称为量化单位，用 Δ 表示。Δ 一般取数字量最低位为 1 时所对应的模拟量的大小。将量化后的结果用二进制代码表示出来，称为编码。编码后的结果就是与输入模拟信号相对应的数字量。

例如要求将 0～1 V 模拟电压信号转换为 3 位二进制代码，即将 0～1 V 电压分成 $1/2^3$ 份，那么取 Δ=1/8 V，并规定模拟电压在 0～1/8 V 之间时，为 0Δ，转化为二进制代码 000；若在 1/8～2/8 V 之间时，为 1Δ，转化为 001，依此类推直到全部转换完毕。在转换过程中将0～1 V 分成 8 份，即为量化，将分成的 8 份与二进制代码相对应，即为编码。在这个过程中，一个区间内的模拟电压对应一个数字量，显然不是每一个模拟电压都能被 Δ 整除，不可避免地会引入误差，称为量化误差。按照上述取 Δ 的方式，误差最大达 1/8 V，为 1Δ。要使量化误差减少，可取 0～1/8 V 的中间值，即 2/15，为 Δ 的大小，并规定模拟电压在 0～1/15 V 之间时，为 0Δ，转化为二进制代码 000；若在 1/15～3/15 V 之间时，为 1Δ，转化为 001，依此类推直到全部转换完毕。此时二进制代码对应的电压值处于输入模拟电压区间的中点，最大量化误差减小为 1/15 V，为 Δ/2。

9.3.2　并联比较型 A/D 转换器

图 9-10 为 3 位并联比较型 A/D 转换器的典型形式，输入为 0～U_{ref}间的模拟电压 u_i，输出为 3 位二进制代码 $d_2d_1d_0$，由电压比较器、寄存器和代码转换器三部分组成，省略了取样保持电路，认为输入的模拟电压信号已经是取样保持电路的

输出信号。图中串联的 8 个电阻将 U_{ref}分为 8 份，即为量化过程，量化单位 $\Delta=2/15$，然后将量化后的七个电平送入电压比较器的输入端，作为电压比较器的参考电压，同时，将输入的模拟电压 u_i送入七个电压比较器的另外一个输入端，与七个参考电压相比较。

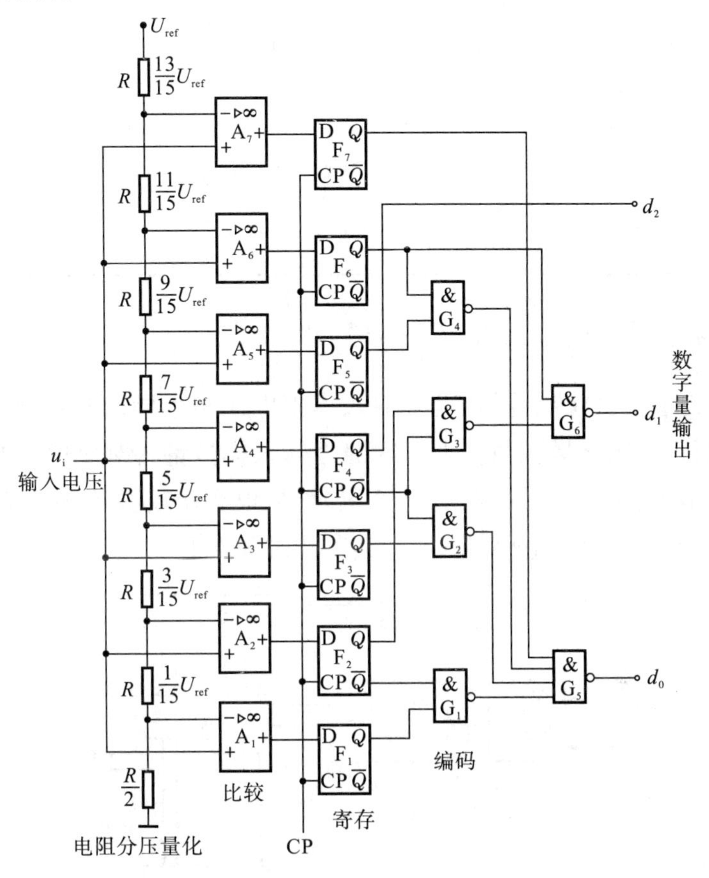

图 9-10　三位并联比较型 A/D 转换器

当 $u_i<U_{ref}/15$ 时，所有比较器的输出都为低电平，当 CP 信号到来后，所有寄存器中的触发器都被置成 0 状态，经编码器后可得 $d_2d_1d_0=000$。依此类推，可列出 u_i为不同电压时所对应的二进制代码，如表 9-1 所示。

并联比较型 A/D 转换器的转换是并行的，各位代码的转换几乎是同时进行，转换时间只受比较器、触发器和编码电路延迟时间的限制，因此其转换速度最快。但是随着输出数字量的位数增多，所用触发器和比较器也增多，如 3 位二进制代码需要 $2^3-1=7$ 个比较器，n 位时需要 2^n-1 个比较器，造成电路复杂、成本较高的问题。

表 9-1 三位并联比较型 A/D 转换器真值表

输入模拟电压	寄存器状态							输出数字量		
u_i	Q_7	Q_6	Q_5	Q_4	Q_3	Q_2	Q_1	d_2	d_1	d_0
$(0\sim1/15)U_{ref}$	0	0	0	0	0	0	0	0	0	0
$(1/15\sim3/15)U_{ref}$	0	0	0	0	0	0	1	0	0	1
$(3/15\sim5/15)U_{ref}$	0	0	0	0	0	1	1	0	1	0
$(5/15\sim7/15)U_{ref}$	0	0	0	0	1	1	1	0	1	1
$(7/15\sim9/15)U_{ref}$	0	0	0	1	1	1	1	1	0	0
$(9/15\sim11/15)U_{ref}$	0	0	1	1	1	1	1	1	0	1
$(11/15\sim13/15)U_{ref}$	0	1	1	1	1	1	1	1	1	0
$(13/15\sim1)U_{ref}$	1	1	1	1	1	1	1	1	1	1

9.3.3 逐次逼近型 A/D 转换器

逐次逼近型 A/D 转换器就是将输入模拟电压与不同的参考电压做多次比较，使转换所得的数字量在数值上逐次逼近输入模拟量的对应值。如图 9-11 所示，4 位逐次逼近型 A/D 转换器由 D/A 转换器、电压比较器、位移寄存器、时钟信号、逻辑控制单元和数据寄存器组成。其工作过程如下：

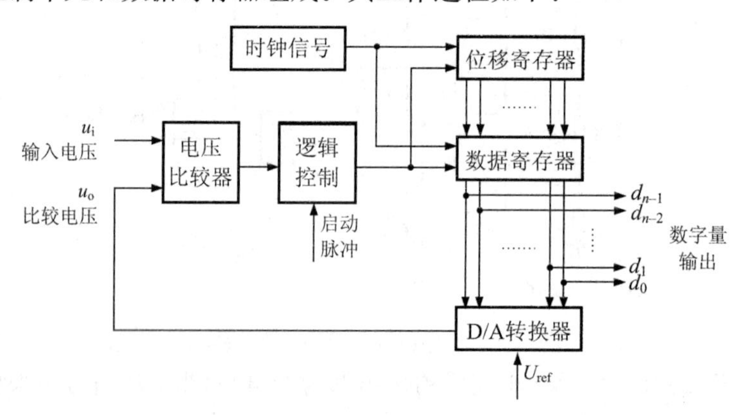

图 9-11 逐次逼近型 A/D 转换器

转换前先将寄存器清零，此时送入 D/A 转换器的数字量全为 0，当逻辑控制单元的转换控制信号来临时转换开始。首先，时钟信号将寄存器的最高位置成 1，即其输出为 100…00，此数字量经过 D/A 转换器转换后成为相应的模拟电压 u_o，并送到电压比较器与输入信号 u_i 相比较。如果 $u_o>u_i$，说明 100…00 这个数字量过大，需要减小，即最高位的 1 要置 0，而将低一位置 1，此时数字量输出为 010…00；如果 $u_o<u_i$，则说明 100…00 这个数字量不够大，需要增大，即最高位的 1 保留，并将低一位置 1，此时数字量输出为 110…00。然后，再比较 u_o 和 u_i，以确定低一位的 1 是否保留。这样逐位比较下去，直到最低位为止，此时的寄存器中的数字量就是最接近输入模拟信号的输出数字量。

逐次逼近型 A/D 转换器分辨率较高、误差较低、转换速度较快，但受到位数的影响，位数越多，转换时间也相应加长。这种转换器是目前用的最多的一种 A/D转换器。

9.3.4　双积分型 A/D 转换器

双积分型 A/D 转换器是一种间接型 A/D 转换器，它通过积分器将输入模拟电压转换为与之成正比的时间信号，再将时间信号转换为数字量输出。

图 9-12 给出了双积分型 A/D 转换器的原理图，它由基准电压、积分器、电压比较器、计数器和逻辑控制门等组成。在转换前，控制电路将计数器清零、电子开关 S_2闭合，电容 C 放电结束后 S_2断开。转换时，电子开关 S_1合向输入模拟电压 u_i，积分器对输入模拟电压进行定时积分，积分器输出电压 u_0 为负值，并反向增大，u_i和 u_o的波形如图 9-13 所示。此时电压比较器输出 C_o为高电平，使时钟输入控制门打开，CP 脉冲信号进入 n 位二进制加法计数器，计数器开始递增计数，直至计数器计满归零。

此过程需要的时间 t_1，即为积分器对 u_i的积分时间，其大小为

$$t_1 = N_1 T_{CP} = 2^n T_{CP} \tag{9-16}$$

式(9-16)中 N_1为 n 位二进制加法计数器的容量，T_{CP}为 CP 脉冲信号的周期。积分期间，输入电压 $u_i = U_i$保持不变，则积分结束时，积分器的输出电压 $U_o(t_1)$为

$$U_o(t_1) = -\frac{1}{RC}\int_0^{t_1} u_i \mathrm{d}t = -\frac{1}{RC}\int_0^{t_1} U_i \mathrm{d}t = -\frac{U_i}{RC}t_1 = -\frac{U_i}{RC}2^n T_{CP} \tag{9-17}$$

当计数器计满归零时，定时器置 1，逻辑控制门使电子开关 S_1合向基准电压 $-U_{ref}$。由于电压为负值，积分器输出电压由原来的反向最高电压开始反向减小，并仍然为负值。此时电压比较器输出仍为高电平，时钟输入控制门是打开的，计数器重新从 0 开始递增计数。直到积分器输出电压反向减小到零时，电压比较器输出转为低电平，时钟输入控制门关闭，计数器停止计数。设反向积分过程结束时，计数器的数值为 $N_2 = D$，则对 $-U_{ref}$的反向积分时间为：

$$t_2 = N_2 T_{CP} \tag{9-18}$$

积分器对 $-U_{ref}$反向积分时，t_2时刻的积分器输出电压 $U_o(t_2)$为零，则有

$$U_o(t_2) = U_o(t_1) - \frac{1}{RC}\int_0^{t_2} (-U_{ref})\mathrm{d}t = 0 \tag{9-19}$$

则

$$U_o(t_1) = -\frac{U_{ref} t_2}{RC} \tag{9-20}$$

将式(9-20)代入式(9-17)，可得

$$t_2 = \frac{2^n T_{CP} U_i}{U_{ref}} \tag{9-21}$$

将式(9-21)代入式(9-18),可求出 N_2 为

$$N_2 = D = U_i / \frac{U_{ref}}{2^n} \tag{9-22}$$

令 $\Delta = U_{ref}/2^n$,则

$$D = U_i/\Delta \tag{9-23}$$

Δ 可看做转换过程中的单位电压,U_{ref} 和 n 不变时,Δ 为恒定值。显然,由于对 u_i 的积分时间固定,因此,u_i 越大,积分器反向最高电压也越大,S_1 合向基准电压 $-U_{ref}$ 时,反向电压下降到零的时间也越长,即 t_2 也越大。这样就把输入模拟电压信号转换成了时间信号,并通过计数器转换成了相应的数字量 D。

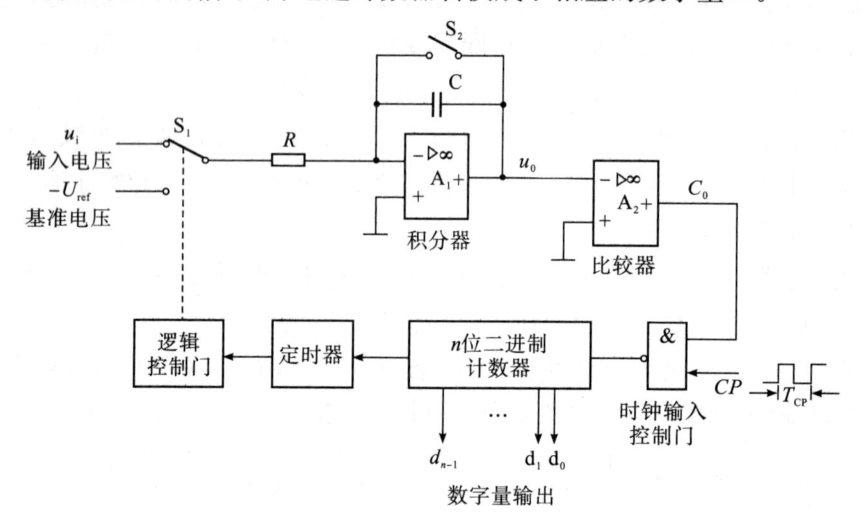

图 9-12 双积分型 A/D 转换器原理图

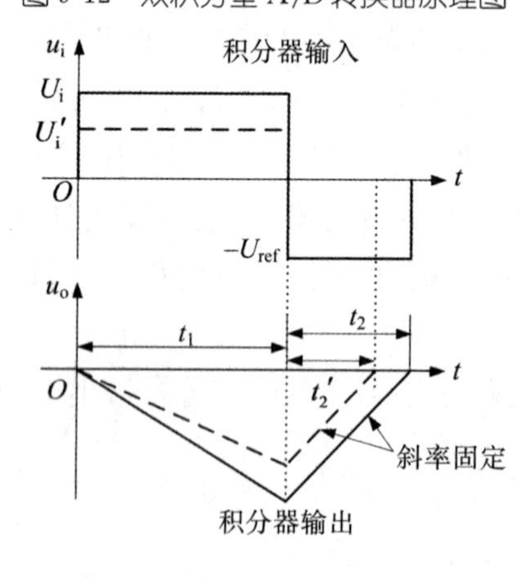

图 9-13 积分器输入、输出电压与时间的关系

双积分型 A/D 转换器由于转换一次要进行两次积分,所以转换时间长、工作速度低,但它结构简单、转换精度高、抗干扰能力强,因此常用于低速场合,如数字电压表等检测仪器大都采用这种 A/D 转换器。

9.3.5　A/D 转换器的主要参数

1. 分辨率

分辨率指 A/D 转换器对输入信号的分辨能力，以输出二进制或十进制数字的位数表示。位数越多，转换精度越高，分辨率也越高。例如，8 位输出的 A/D 转换器，输入信号最大值为 5 V，则能分辨的最小输入电压变化量为：

$$\frac{5\ \text{V}}{2^8} = 19.53\ \text{mV}$$

2. 转换误差

转换误差表示 A/D 转换器实际输出的数字量和理想输出数字量之间的差别，通常用最低有效位 LSB 的倍数表示。例如相对误差≤LSB/2 时，指 A/D 转换器实际输出数字量和理论上应得到的输出数字量之间的误差不大于最低位的 1/2。

3. 转换速度

转换速度是指完成一次 A/D 转换所需要的时间，主要取决于转换电路的类型。不同类型的 A/D 转换器的转换速度差别很大。一般并联比较型 A/D 转换器转换速度最高，八位输出的单片集成 A/D 转换器的转换时间不超过 50 ns。逐次逼近型 A/D 转换器次之，转换时间多数在 10～50 μs。双积分型 A/D 转换器转换速度最低，大多在几十毫秒到几百毫秒之间。

9.4　Multisim 仿真实例

【例 9-2】 图 9-14 给出了一个 4 位倒 T 型电阻网络 D/A 转换器的 Multisim 仿真图，拨动开关模拟数字量输入，输出模拟电压显示会随之改变，可观察模拟电压输出与数字输入之间的线性关系。

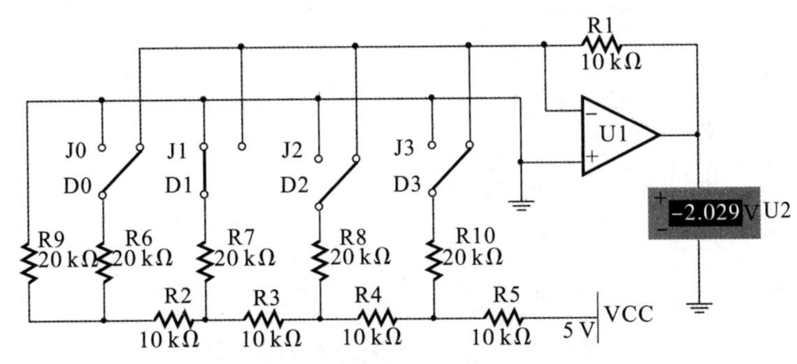

图 9-14　倒 T 型电阻网络 D/A 转换器仿真电路图

【例 9-3】 图 9-15 给出了 8 位 D/A 转换器的 Multisim 仿真图，字发生器设置为输出从十六进制 0000 计数到 0013，共 20 个数字量，频率设为 1 kHz。数字量被转换成模拟电压后由示波器显示出来。每个循环有 20 个阶梯，每个阶梯的时间约为 1 ms，每个阶梯的电压差值为 19.5 mV。

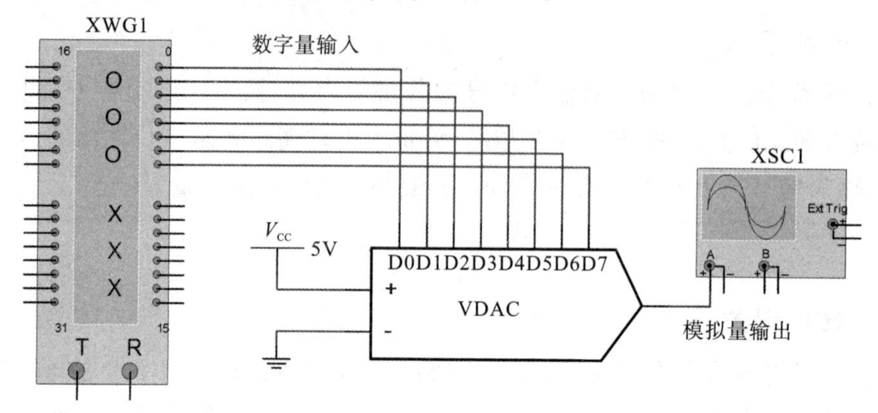

图 9-15　VDAC 的 Multisim 仿真电路图

【例 9-4】 图 9-16 为 3 位并联比较型 A/D 转换器，图中用正弦波模拟输入电压的变化，采用 94LS374N 的 7 个 D 触发器实现寄存功能，经过编码器 74LS148N 编码后，模拟输入电压被转换成数字量 000～111。

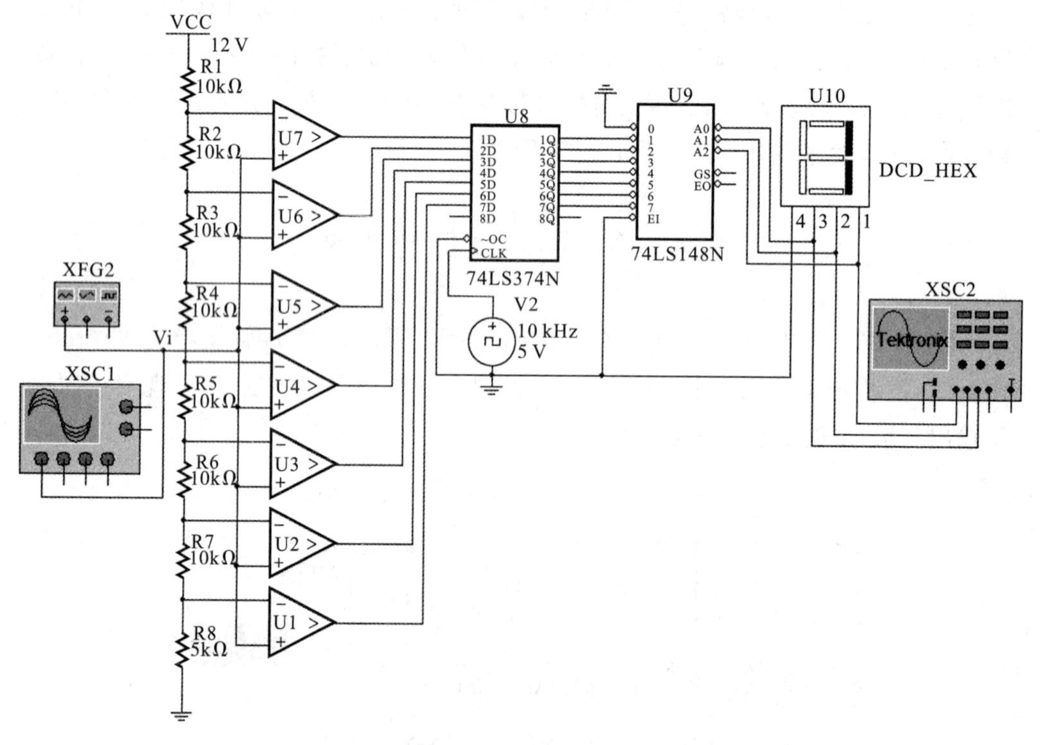

图 9-16　3 位并联比较型 A/D 转换器

本章小结

D/A 转换器是将输入的数字量转换成与之成正比的模拟电量。常用的 DAC 主要是权电阻网络 DAC、T 形电阻网络 DAC 和倒 T 形电阻网络 DAC 等，其中倒 T 形电阻网络 DAC 速度快、性能好，因而被广泛采用。

A/D 转换器是将输入的模拟电压转换成与之成正比的数字量。它一般包括取样、保持、量化和编码四个过程，其中采样－保持电路对输入模拟信号抽取样值，并展宽(保持)。采样时必须满足采样定理，即 $f_s \geqslant 2f_{imax}$。量化过程是对样值脉冲进行分级。最后编码将分级后的信号转换成二进制数字量。

A/D 转换器种类包括直接转换型和间接转换型。其中直接转换型包括并联比较型和逐次渐近型，间接转换型主要是双积分型。这三种类型 A/D 转换器各有优缺点，在应用场合转换速度要求较高时，可选择并联比较型或逐次逼近型，而在要求转换精度较高的场合可选择双积分型。当然，在选择的时候还要注意与其配合的外围器件的参数选择。

D/A 转换器和 A/D 转换器的主要技术参数是转换精度和转换速度，分辨率位数越多，分辨率越高，转换精度也越高。

习题 9

一、填空题

1. 8 位倒 T 型电阻网络 D/A 转换器中，设 $U_{ref}=-10$ V，则当 $D=d_7d_6\cdots d_1d_0=01001101$ 时，对应输出的模拟电压 U_o 为＿＿＿＿＿＿。

2. 在 D/A 转换器中，最小分辨电压 $U_{LSB}=4$ mV，最大满刻度输出模拟电压 $U_{om}=10$ V，该转换器的位数 $n=$＿＿＿＿＿＿。

3. 影响 D/A 转换器转换精度的主要因素包括＿＿＿＿和＿＿＿＿。

4. A/D 转换的一般步骤包括＿＿＿、＿＿＿、＿＿＿和＿＿＿。

5. 取样时，若输入信号 v_I 最高频率分量的频率为 10 kHz，则 A/D 转换器的采样频率应高于＿＿＿。

二、选择题

1. 一个无符号 8 位数字量输入的 DAC，其分辨率为(　　)。

A. 8　　B. 4　　C. 3　　D. 1

2. 有一个 4 位 D/A 转换器，设它的满刻度输出电压为 10 V，当输入数字量为 1101 时，输出电压为（　　）。

A. 8.125 V　　B. 4 V　　C. 6.25 V　　D. 9.375 V

3. 一个无符号 4 位权电阻 DAC，最高位的电阻为 5 kΩ，则最低位处电阻为（　　）。

A. 40 kΩ　　B. 5 kΩ　　C. 10 kΩ　　D. 20 kΩ

4. 将一个时间上连续变化的模拟量转换为时间上离散的模拟量的过程称为（　　）。

A. 采样　　B. 量化　　C. 保持　　D. 编码

5. 规定一个合适的最小数量单位，然后将脉冲电压的大小表示为这个最小数量单位的整数倍，称为（　　）。

A. 采样　　B. 量化　　C. 保持　　D. 编码

6. 将量化后的结果用二进制代码表示出来称为（　　）。

A. 采样　　B. 量化　　C. 保持　　D. 编码

7. 下列几种 A/D 转换器中，转换速度最快的是（　　）。

A. 并行 A/D 转换器　　B. 计数型 A/D 转换器

C. 逐次渐进型 A/D 转换器　　D. 双积分 A/D 转换器

8. 以下说法不正确的是（　　）。

A. D/A 转换器的位数越多，能够分辨的最小输出电压变化量就越小。

B. 模拟量送入数字电路前，需经 A/D 转换。

C. A/D 转换器的转换速度主要取决于转换电路的类型。

D. 为了保证取样信号通过低通滤波器后，还能还原成原来的模拟信号，其频率必须满足 $f_s < 2f_{imax}$。

三、简答题

1. 试比较 D/A 转换器中权电阻网络、T 型电阻网络、倒 T 型电阻网络的优缺点。

2. 在 A/D 转换过程中，取样一保持电路的作用是什么？什么是量化？怎样减小量化误差？

3. 不经过采样、保持可以直接进行 A/D 转换吗？为什么？在采样保持电路中，选择保持电容 C_h 时，应考虑哪些因素？

4. 试比较并联比较型、逐次逼近型、双积分型 A/D 转换器的优缺点。

5. 在双积分型 A/D 转换器中，输入电压 v_I 的绝对值能不能大于参考电压 V_{ref} 的绝对值？为什么？

四、计算题

1. 在 8 位二进制数 D/A 转换器中，当输入数字量只有最高位为高电平时输出电压为 5 V，试求：

（1）只有最低位为高电平时的输出模拟电压 u_o；

（2）输入为 10001011 时的输出模拟电压 u_o。

2. 在 10 位二进制数 D/A 转换器中，已知其最大满刻度输出模拟电压 $u_{om}=5$ V，求最小分辨电压 U_{LSB} 及分辨率。

3. 某倒 T 形电阻 D/A 转换器中，其输入数字信号为 8 位二进制数 10110111，$U_{ref}=-10$ V，试求：

(1)当反馈电压 R_f 为 $R/2$ 时的输出模拟电压；

(2)当反馈电压 R_f 为 R 时的输出模拟电压。

4. 一个 12 位 ADC 电路的输入满量程是 $U_m=10$ V，试计算其分辨率。

5. 已知双积分型 A/D 转换器中，计数器由 8 位二进制组成，时钟脉冲 CP 频率 $f=10$ kHz，求完成一次转换最长需多少时间？

参考文献

[1]阎石.数字电子技术基础(第五版).北京:高等教育出版社,2006.

[2]康华光.电子技术基础 数字部分(第五版).北京:高等教育出版社,2006.

[3]余孟尝.数字电子技术基础简明教程(第三版).北京:高等教育出版社,2006.

[4]杨志忠.数字电子技术基础(第2版).北京:高等教育出版社,2009.

[5]梁龙学.数字电子技术.北京:人民邮电出版社,2010.

[6]徐惠民.数字电路与逻辑设计.北京:人民邮电出版社,2009.

[7]刘振庭.数字电子技术基础.陕西:西安电子科技大学出版社,2014.

[8]俞阿龙.数字电子技术.南京:南京大学出版社,2011.

[9]马义忠.数字逻辑电路.北京:人民邮电出版社,2007.

[10]候建军.数字电子技术基础.北京:高等教育出版社,2013.

[11]赵莹.数字电子技术基础.北京:机械工业出版社,2013.

[12]于晓平.数字电子技术.北京:清华大学出版社,2006.

[13]王艳春.电子技术实验与Multisim仿真(第2版).合肥:合肥工业大学出版社,2015.

[14]赵春华,张学军.Multisim 9电子技术基础仿真实验.北京:机械工业出版社,2008.

[15]江晓安.数字电子技术.西安:西安电子科技大学出版社,2008.

[16]任骏原,腾香,李金山.数字逻辑电路Multisim仿真技术.北京:电子工业出版社,2013.

[17]华成英.数字电子技术基础.北京:高等教育出版社,2002.

[18]张明莉,王斌.数字电子技术.北京:机械工业出版社,2017.

[19]高观望.数字电子技术基础.北京:中国电力出版社,2015.